비행기 구조 교과서

COLOR ZUKAI DE WAKARU JET RYOKAKKI NO HIMITSU
Copyright © 2010 Kanji Nakamura All right reserved.

No part of this book may be used or reproduced in any manner
whatsoever without written permission except in the case of brief quotations
embodied in critical articles and reviews.

Originally published in Japan in 2010 by SB Creative Corp.
Korean Translation Copyright © 2017 by BONUS Publishing Co.
Korean edition is published by arrangement with SB Creative Corp. through BC Agency.

이 책의 한국어판 저작권은 BC 에이전시를 통한 저작권자와의 독점 계약으로 보누스출판사에 있습니다.
저작권법에 의해 한국 내에서 보호를 받는 저작물이므로 무단전재와 무단복제를 금합니다.

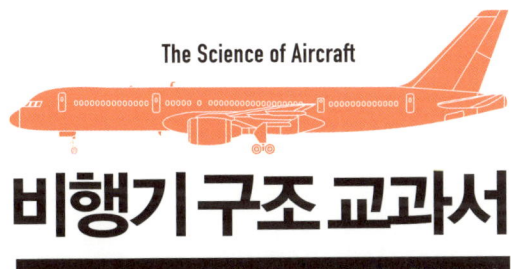

The Science of Aircraft

비행기 구조 교과서

에어버스·보잉 탑승자를 위한 항공기 구조와 작동 원리의 비밀

나카무라 간지 지음 · **전종훈** 옮김 · **김영남** 감수

머리말

'여객기가 키돌이 비행(수직원 비행. loop)을 할 수 있을까?' '제트 엔진은 어떻게 힘을 내는 걸까?' '구름 속이라 밖이 보이지 않는데 어떻게 착륙할 수 있을까?' '왜 이착륙할 때만 등받이와 테이블을 원래 자리에 돌려놓아야 할까?' 비행기를 탈 때마다 이런 의문이 생긴 적은 없는가? 이런 소박한 의문에 대해 함께 생각해보자.

어린 시절에는 누구나 '왜? 어째서?'를 연발해서 어른들을 질리게 하지만, 어른이 되면 어느 사이에 그런 궁금증이 희미해진다. 이 책에서는 희미해진 궁금증을 되살려서 비행기와 관련한 여러 의문을 설명한다. 다음과 같은 점에 중점을 두었다.

- 자세하게 설명하진 못하더라도 감각적으로 이해할 수 있게 할 것
- 백문이 불여일견이므로 그림을 중시할 것
- 수식만이 아니라, 실제 수치로 이해할 것
- 가까운 예를 들어 생각할 것

먼저 1장에서는 양력과 항력의 다른 점, 양력은 왜 발생하는가와 같은 내용을 다룬다. 양력이 어떻게 발생하는지에 대해서는 여러 주장이 제기되고 있지만, 여기서는 단순하게 공기의 반작용으로 설명한다. 전문용어를 늘어놓기보다 직관적으로 이해할 수 있도록 하는 편이 중요하다고 생각하기 때문이다.

2장에서는 항공기와 비행기의 차이점, 단발 엔진을 가진 여객기가 없는 이유 등을 알아본다. 그리고 왜 음속이 비행기와 관계있는지도 중요하게 다룬다.

3장에서는 실제 비행기의 구조와 원리를 다룬다. 비행기가 하늘을 날 수 있는 것은 많은 장치가 유기적으로 상호작용하기 때문인데 이를 시스템 또는 구조라고 부른다. 이렇듯 하늘을 날기 위한 시스템은 여러 장치 중 하나라도 고장 나면 전체에 악영향을 미칠 위험이 있어서, 여러 단계에 걸쳐 안전장치가 있다. 그 작동 원리를 재미있게 설명한다.

4장에서는 제트 엔진이 어떻게 힘을 내는지, 그 크기는 어느 정도인지를 해설한다. 가능한 한 실제 수치에 가까운 값으로 계산하여 힘의 크기를 실감할 수 있도록 한다.

5장에서는 실제로 여객기를 몰아본 조종사의 관점에서 비행기 운항을 이야기한다. 운항을 하려면 그와 관련한 여러 수치를 아는 것이 중요하다. 그래서 비행할 때 기체에 작용하는 힘의 관계를 수식만이 아니라 실제 수치를 가지고 산출한다. 각 힘의 크기를 실감할 수 있기를 바란다.

6장에서는 비행기의 안전 대책을 다룬다. 언제나 최악의 사태를 고려해 비행기를 설계하고 운행하기 때문에 탑승할 때 주의사항이 많다. 다른 운송 수단에 비해 귀찮게 느껴질지도 모르겠지만 리스크 관리라는 관점에서 생각하면 모든 것이 중요하다. 이 책을 읽은 후에 비행기에 탑승할 때, 책의 내용을 상기하며 '과연 그렇구나!'라고 생각해준다면 저자의 집필 목적은 이루어진 셈이다.

비행기는 하늘을 날기 위해 만들어졌지만 이 책에 적혀 있듯이 안전하고 확실한 비행을 하기 위해서는 많은 노력이 필요하다. 어떤 노력을 하는지 알아보거나, 왜 그렇게 되었는가를 생각하는 것은 정말 즐거운 일이다. 부디 이 책이 비행기에 대해 생각하고 즐기는 계기가 되었으면 한다. 비행기를 좋아하는 사람이 한 명이라도 더 많아지기를 바랄 뿐이다. 이 책을 쓰면서 소프트뱅크 편집부의 이시이 겐이치 씨에게 많은 도움을 받았다. 이 자리를 빌려 감사 인사를 전한다.

나카무라 간지

차 례

머리말 _ 5

Chapter 1 제트 여객기란 무엇인가

- 1-01 선녀의 날개옷과 이카로스의 날개 _ 14
- 1-02 새는 어떻게 하늘을 날 수 있을까? _ 16
- 1-03 닭은 왜 날지 못할까? _ 18
- 1-04 펭귄은 날 수 있다 _ 20
- 1-05 세계에서 처음으로 하늘을 난 사람은? _ 22
- 1-06 양력은 비행뿐만 아니라 다양하게 이용된다 _ 24
- 1-07 비행하기에 가장 적합한 고도는 성층권 _ 26
- 1-08 국제표준대기는 대기의 '표준' _ 28
- 1-09 공기의 힘은 엄청나다 _ 30
- 1-10 날개는 공기의 반작용을 받는다 _ 32
- 1-11 양력과 항력의 식 _ 34
- 1-12 비행할 때 비행기에 작용하는 힘의 관계는? _ 36
- 1-13 어떻게 앞으로 나아갈까? _ 38
- 1-14 비행기는 어느 정도의 힘으로 비행하는가? _ 40

토막 상식 1 아름답지만 위험한 성층권 _ 42

Chapter 2 제트 여객기의 종류

- **2-01** 항공기와 비행기의 다른 점은? _ 44
- **2-02** 왜 여객기는 키돌이 비행을 하지 못할까? _ 46
- **2-03** 비행기 각 부분의 역할 _ 48
- **2-04** 날개 모양이 여러 가지인 이유 _ 50
- **2-05** 음속으로 비행하면 충격파가 발생한다 _ 52
- **2-06** 초음속 여객기가 지금은 없는 이유 _ 54
- **2-07** 단발 엔진을 장착한 여객기가 없는 이유 _ 56
- **2-08** 프로펠러기와 제트기의 다른 점 _ 58
- **2-09** 마력과 추력의 차이 _ 60

토막 상식 2 비행기는 진북이 아닌 자북을 기준으로 한다 _ 62

Chapter 3 하늘을 날기 위한 구조와 원리

- **3-01** 조종실은 어떻게 생겼나? _ 64
- **3-02** 비행기가 나는 세 방향 _ 66
- **3-03** 조종간과 비행기 움직임 사이의 관계 _ 68
- **3-04** 비행기 자세를 알려주는 계기판 _ 70
- **3-05** 어떻게 현재 위치를 알 수 있을까? _ 72
- **3-06** 진화를 거듭한 오토파일럿 _ 74
- **3-07** 비행 속도는 어떻게 측정할까? _ 76
- **3-08** 비행고도란? _ 78
- **3-09** 착륙 장치의 구조 _ 80
- **3-10** 안전한 착륙을 위한 구조 _ 82
- **3-11** 이착륙 시에 활약하는 플랩 _ 84
- **3-12** 오일의 힘으로 멀리 있는 키를 조작 _ 86
- **3-13** 에어컨과 여압의 관계 _ 88

3-14 보조 동력 장치(APU)의 역할 _ 90

3-15 비행기를 지키는 여러 방빙 장치 _ 92

3-16 공기의 힘을 최대한 이용한다 _ 94

3-17 비행을 도와주는 여러 통신 _ 96

3-18 비행기가 사용하는 전력은 어떻게 마련할까? _ 98

3-19 연료 탱크는 어디에 있을까? _ 100

토막 상식 3 어두운 밤과 달밤은 크게 다르다 _ 102

Chapter 4 제트 엔진의 구조

4-01 가스 터빈 엔진이란? _ 104

4-02 제트 엔진의 등장 _ 106

4-03 제트 엔진의 추력은? _ 108

4-04 효율적으로 힘을 내기 위한 아이디어 _ 110

4-05 주류로 자리 잡은 터보팬 엔진 _ 112

4-06 엔진에 있는 팬의 역할은? _ 114

4-07 팬 회전수는 어느 정도일까? _ 116

4-08 엔진이 내는 힘은 어느 정도일까? _ 118

4-09 비행기 액셀러레이터는 손으로 조작한다 _ 120

4-10 어떻게 출력을 올릴까? _ 122

4-11 엔진 역분사란? _ 124

4-12 제트 엔진 계기판이란? _ 126

4-13 추력 크기를 알려주는 계기 _ 128

4-14 엔진 스타트 방법 _ 130

4-15 엔진이 만드는 4개의 힘 _ 132

토막 상식 4 체크리스트란 무엇인가? _ 134

Chapter 5 운항 시스템의 구조

- 5-01 비행기가 깨어날 때 _ 136
- 5-02 비행기 출발 준비 모습 _ 138
- 5-03 비행 계획이란 무엇인가? _ 140
- 5-04 탑재 연료량을 면밀하게 계산한다 _ 142
- 5-05 출발·도착 시각은 언제인가? _ 144
- 5-06 왜 붉은 라이트를 켤까? _ 146
- 5-07 다양한 추력을 사용하여 비행한다 _ 148
- 5-08 이륙하는 속도는 어느 정도일까? _ 150
- 5-09 이륙에 필요한 거리는 어느 정도일까? _ 152
- 5-10 이륙 시에 사용하는 플랩의 비밀 _ 154
- 5-11 양력으로 상승하는 것은 아니다 _ 156
- 5-12 무엇에 의지해서 상승하는가? _ 158
- 5-13 여객기는 어디까지 올라갈 수 있을까? _ 160
- 5-14 어느 정도의 속도로 상승할까? _ 162
- 5-15 대지속도는 바람의 속도를 반영한다 _ 164
- 5-16 살짝 무서운 마하의 세계 _ 166
- 5-17 비행고도를 정확하게 측정하는 방법 _ 168
- 5-18 순항고도는 어떻게 정할까? _ 170
- 5-19 순항의 주류는 '경제 순항' _ 172
- 5-20 어느 정도의 힘으로 순항하는가? _ 174
- 5-21 무거우면 하강을 천천히 한다? _ 176
- 5-22 하강 중에 아이들의 힘은? _ 178
- 5-23 여압을 1기압으로 할 이유는 없다 _ 180
- 5-24 선회할 때 비행기는 무거워진다 _ 182
- 5-25 짙은 안개 속에서도 활주로를 알 수 있는 이유 _ 184

5-26 여객기의 착륙거리는 어느 정도일까? _ 186

토막 상식 5 여러 종류의 브리핑이 있다 _ 188

Chapter 6 제트 여객기의 안전 대책

6-01 휴대전화 전원은 왜 꺼야 할까? _ 190

6-02 엔진 스타트를 중지하는 경우 _ 192

6-03 이륙 중에 엔진이 고장 나면? _ 194

6-04 이륙할 때 테이블을 원래 위치에 돌려놓는 이유 _ 196

6-05 긴급 상황에는 연료를 방출하여 무게를 줄인다 _ 198

6-06 엔진 고장의 대표적인 예는? _ 200

6-07 비행기를 지키는 여러 가지 방화 대책 _ 202

6-08 소홀히 할 수 없는 눈과 얼음 _ 204

6-09 만약 급감압이 발생하면 어떻게 할까? _ 206

6-10 가야 할까 돌아가야 할까 타이밍이 중요하다 _ 208

6-11 태평양 한가운데서도 헤매지 않는다 _ 210

6-12 태평양 한가운데서 문제가 발생한다면? _ 212

6-13 충돌을 방지하기 위한 대책 _ 214

6-14 착륙할지 말지에 대한 판단 기준 _ 216

6-15 비행 안전을 높여주는 CRM _ 218

6-16 팀으로 대처하는 훈련 LOFT _ 220

6-17 안전을 위해 빼놓을 수 없는 정기 점검 _ 222

찾아보기 _ 224

참고 문헌 _ 230

제트 여객기란 무엇인가

우리는 보통 공기의 존재를 실감하지 못한다. 하지만 비행기 날개 위에서 공기는 태풍보다 빠른 풍속 100m/초를 넘는 속도로 흐른다. 이로써 공기가 수백 톤이나 되는 비행기를 들어 올리는 힘을 내는 것이다. 1장에서는 공기의 힘이 얼마나 큰지를 알아본다.

선녀의 날개옷과 이카로스의 날개

뜨는 힘과 들어 올리는 힘의 차이는 무엇일까?

동서양을 막론하고, 사람들은 고대부터 하늘을 나는 일을 몹시 동경했다. 그래서 동양에서는 '선녀의 날개옷' 서양에서는 '이카로스'의 이야기가 유명하다.

선녀의 날개옷 이야기(우리나라에서는 '선녀와 나무꾼'으로 알려짐-옮긴이 주)는 동아시아 각지에서 전해오고 지역마다 내용이 조금씩 다르지만, 날개옷을 입은 선녀가 하늘을 난다는 내용은 똑같다. 그리스 신화에 등장하는 이카로스는 밀랍으로 붙인 날개를 이용해 하늘을 나는 데 성공하지만 지나치게 높이 올라가는 바람에 태양열에 밀랍이 녹아서 지상으로 추락하는 비운의 인물이다.

두 이야기 모두 하늘을 나는 사람이 등장하지만 하늘을 나는 방법에는 큰 차이가 있다. 우선 선녀의 날개옷은 입으면 가만히 있어도 하늘 위로 붕 '뜨는' 것이 가능하다. 그리고 이카로스의 날개는 스스로 날갯짓을 해서 자신의 몸을 '들어 올리는' 것이다. 똑같이 하늘을 나는 힘이라도 뜨는 힘은 부력, 들어 올리는 힘은 양력으로 구별해야 한다.

부력은 물속에서 실감할 수 있고, 같은 유체인 공기 중에서도 느낄 수 있다. 헬륨처럼 공기보다 가벼운 기체로 채운 풍선이 하늘로 올라가도록 물체를 수직으로 밀어 올리는 공기의 힘이 부력이다. 이외에도 따뜻한 공기가 차가운 공기보다 가볍다는 사실을 이용한 열기구가 있다.

한편 양력이란 날개와 같이 얇은 판 모양의 물체가 공중에서 움직일 때 그 진행 방향의 수직으로 작용하는 공기의 힘을 말한다. 공기보다 무거운 연이 하늘로 날아오를 수 있는 것도, 새를 모방하여 날개를 붙인 이카로스가 하늘을 난 것도 모두 양력 덕분이다.

선녀의 날개옷처럼 부력으로 하늘을 나는 것들

풍선
헬륨처럼 공기보다 가벼운 기체로 부풀려서 부력을 얻는다.

열기구
오른쪽에 있는 몽골피에 형제의 열기구와 원리는 같다.

세계에서 가장 오래된 유인 열기구
1783년 몽골피에 형제가 장작불로 데운 공기로 부력을 얻어서 공중으로 떠올랐다.

이카로스처럼 양력으로 하늘을 나는 것들

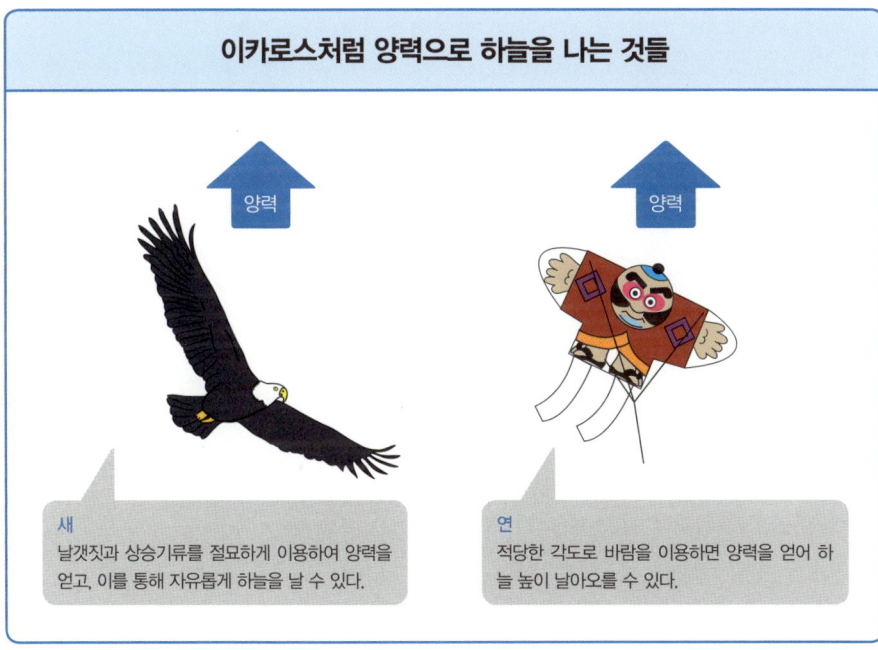

새
날갯짓과 상승기류를 절묘하게 이용하여 양력을 얻고, 이를 통해 자유롭게 하늘을 날 수 있다.

연
적당한 각도로 바람을 이용하면 양력을 얻어 하늘 높이 날아오를 수 있다.

새는 어떻게 하늘을 날 수 있을까?
날갯짓이 만드는 두 가지 힘

1-02

바쁘게 날갯짓을 하며 작은 가지 사이를 날아다니는 참새와 거의 날갯짓을 하지 않지만 유유히 큰 원을 그리며 비행하는 솔개를 보면 알 수 있듯이 새가 나는 방법은 다양하다.

날갯짓을 잘 관찰해보면, 날개를 상하로 단순하게 움직이기만 하는 것은 아니다. 날개를 내릴 때는 크게 펼쳐서 앞쪽으로, 올릴 때는 날개를 작게 뒤쪽으로 접는다. 접영을 할 때의 손동작과 비슷하다.

이렇게 날갯짓을 하면 공기에서 힘을 받는다. 마른 잎이 날아오르거나, 바람이 불어오는 방향으로 걸어갈 때 공기저항을 느끼는 것과 마찬가지다. 다만 바람에 모든 것을 맡기는 마른 잎과는 달리, 공기를 적절하게 받아 흘리며 날갯짓을 하면 공기에서 방해하는 힘(항력이라고 한다)만 받는 것은 아니다. 날개 윗면을 따라 공기를 흐르게 하여 방향을 바꾸거나, 뒤로 내리 불게 하면 날갯짓을 방해하는 힘보다 훨씬 큰 힘을 받을 수 있다. 이 힘이 양력이다.

양력은 날개가 아니라도 발생한다. 연이 나는 모습을 떠올려보자. 바람을 받아넘기는 각도(받음각 또는 영각이라고 한다)를 적절히 조절하면, 얇은 판 모양의 물체에서도 뒤로 잡아당기는 항력뿐 아니라 양력을 만들어낼 수 있다. 단순한 판 형태라면 받음각을 약간만 바꿔도 양력과 항력이 크게 변한다. 반면 날개의 단면은 활처럼 휘어져 있어서 단순한 판 형태보다도 공기를 후방으로 더 적절하게 받아넘길 수 있다. 그래서 받음각이 변해도 항력을 크게 하지 않고 안정적인 양력을 얻을 수 있는 것이다.

날갯짓이 만드는 두 가지 힘

날개 끝을 비틀어 내리며 타원을 그리듯이 날갯짓을 하여 주로 앞으로 나아가는 힘을 만든다.

양력 = 앞으로 나아가는 힘

몸통 근처의 날개는 상하로 날갯짓하여 주로 무게를 떠받치는 양력을 만든다.

양력 = 새의 무게

날개 단면을 보면 윗면은 활처럼 휘어 있다.

양력 발생 원리

진행 방향의 반대쪽으로 잡아당기는 공기의 힘을 '항력'이라 부른다.

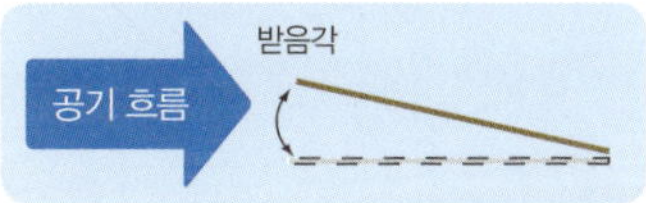

공기 흐름 / 받음각

진행 방향의 직각으로 잡아당기는 공기의 힘을 '양력'이라 부른다.

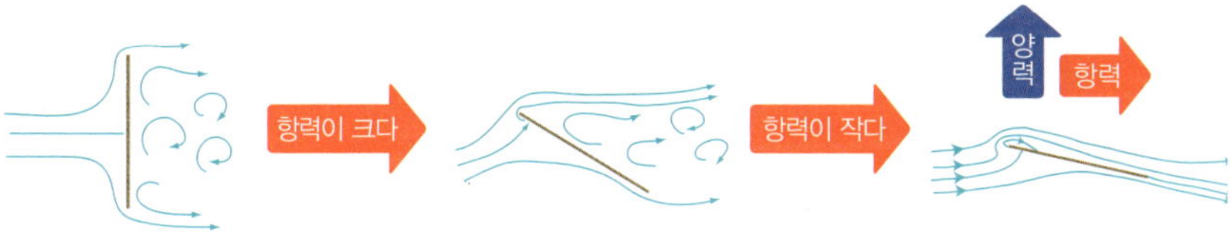

항력이 크다 / 항력이 작다 / 양력 · 항력

1 공기와 정면으로 부딪히는 경우　**2** 받음각이 큰 경우　**3** 적절한 받음각의 경우

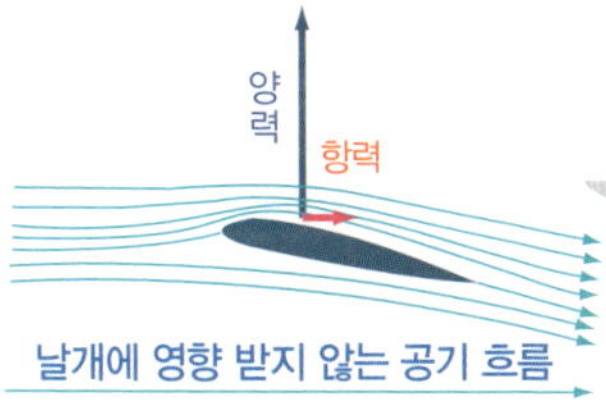

양력 / 항력

날개에 영향 받지 않는 공기 흐름

활처럼 휜 날개 윗면을 통과하는 공기는 흩어지지 않고 후방에서 흘러나간다. 이처럼 공기 흐름이 변화하면 항력뿐만 아니라 양력이 발생한다. 양력은 날개 윗면 전체에 발생하지만, 선으로 표시한다.

닭은 왜 날지 못할까?
양력을 크게 하는 두 가지 방법

1-03

 닭은 참새처럼 자유롭게 하늘을 날지 못한다. 그 이유를 생각해보자. 벌새는 초당 90번이라는 빠른 속도로 날갯짓하며 공중에 정지한 채로 꽃에서 꿀을 빨아먹을 수 있다. 체중을 떠받치기 위해서는 그만큼 운동이 필요하다는 것이다. 그리고 참새는 날갯짓과 날개를 접는 동작을 반복하며 점프하듯이 비행한다.

 참새가 이처럼 날갯짓하는 것은 에너지 소모를 줄이기 위한 대책인데, 벌새처럼 빠른 속도로 날갯짓하지는 않는다. 그 이유는 빠른 속도로 날기 때문이다. 날갯짓하는 속도와 전진히는 속도로 말미암아 날개가 공기를 가르는 상대 속도가 증가하므로 벌새보다 느린 날갯짓으로도 괜찮은 것이다. 이 사실로 알 수 있듯 양력의 크기는 날개가 공기를 가르는 속도에 비례한다.

 한편 독수리나 갈매기는 바쁘게 날갯짓을 하지 않고 날개를 펼친 채 유유하게 미끄러지듯 비행한다. 물론 벌새처럼 정지할 수는 없고, 큰 원을 그리거나 강하하면서 앞으로 나아가야 한다. 즉, 날갯짓을 대신해 앞으로 나아가며 큰 날개로 공기를 가른다. 바꿔 말하면 날갯짓을 하지 않고 체중을 떠받치기 위해서는 그만큼 큰 날개가 필요하다는 뜻이다. 이 사실에서 양력의 크기는 날개 크기(정확하게 말하자면 날개 면적)에도 비례한다는 것을 알 수 있다.

 지금까지 설명한 대로 양력은 새가 나는 속도와 날개 크기에 비례한다. 닭도 벌새처럼 매우 빠른 날갯짓을 하거나 더 큰 날개가 있으면 자신의 체중을 떠받치는 양력을 만들 수 있을지도 모른다.

작은 날개로 나는 새들

벌새는 90회/초라는 빠른 속도로 날개를 위에서 앞으로 비스듬히 내리듯이 날갯짓하여 체중을 떠받치는 양력을 만들고 이를 이용해 공중에서 정지할 수 있다.

참새는 단속적으로 날갯짓하여 점프하듯이 비행한다.

큰 날개로 비행하는 새들

상승기류   상승기류

큰 날개가 있는 새는 벌새처럼 빠른 속도로 날갯짓하지 않아도 날 수 있다. 상승기류를 이용하여 날갯짓하지 않고 활공한다.

날지 못하는 새들

몸통에 비해 날개가 작은 닭이 하늘을 날려면 벌새처럼 고속으로 날갯짓하거나 큰 날개가 있어야 한다.

펭귄은 하늘을 날지는 못해도 물속에서 날개를 잘 사용한다.

펭귄은 날 수 있다

물속에서 화살처럼 '날고 있다'

1-04

하늘을 날지 못하는 새의 대표 선수(?)인 펭귄은 지상에서 걷는 것도 썩 잘하지는 못한다. 하지만 일단 물에 들어가면 상당한 속도로 화살처럼 수영할 수 있다. 날갯짓하면서 수영하는 모습은 마치 하늘을 날고 있는 것처럼 보인다.

　펭귄이 물속에서 활약할 때는 부력이 몸을 떠받쳐준다. 하지만 부력이 지나치게 크면 수영 튜브를 물속에 집어넣으려고 할 때처럼 에너지가 필요하다. 펭귄은 최소한의 에너지로 활동하기 위해 뜨지도 가라앉지도 않을 정도의 부력을 물속에서 받는다. 따라서 펭귄이 날갯짓을 하는 주된 목적은 체중을 떠받치는 것보다 앞으로 나아가는 힘을 내기 위해서지만, 그 추진력은 하늘을 나는 새처럼 양력에 의해 만들어진다. 마찬가지로 하늘을 나는 물새는 물속에서도 날갯짓하며 수영하고 물고기를 잡는다. 물과 공기는 똑같이 유체에 속하기 때문에 유체의 힘을 이용하는 방법은 같다.

　여기서 부력이란 무엇인지 확인해보자. 배 모양으로 만든 철판과 덩어리 형태의 철을 물에 띄워보면 덩어리인 철은 가라앉아버리지만, 배는 떠 있다. 양쪽 모두 같은 무게의 철이라도 밀어내는 물의 양이 다르므로 밀어낸 물의 무게도 달라지기 때문이다. 즉, 부력의 크기는 물체가 밀어낸 물의 무게와 같다. 이것은 물속만이 아니라 공기 중에서도 마찬가지다. 기구가 뜨는 것은 밀어낸 공기의 무게보다 기구가 가볍기 때문이다. 하지만 공기보다 훨씬 무거운 새나 비행기에서는 부력보다 양력의 크기가 중요하다.

펭귄은 물속에서 날 수 있다

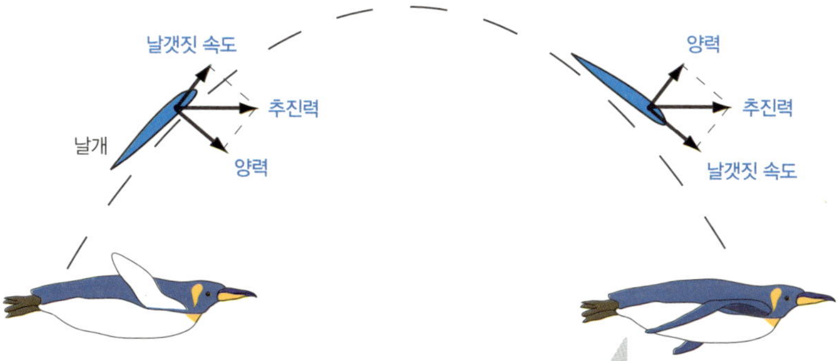

펭귄은 하늘을 나는 새처럼 날갯짓하여 물속에서 화살처럼 날(수영할) 수 있다. 공중을 나는 새와 달리, 양력을 대신해서 부력이 몸을 떠받쳐주므로, 펭귄은 추진력을 만드는 일에 전념할 수 있다. 물론 그 추진력은 날개가 만드는 양력에서 온 것이다.

부력이란

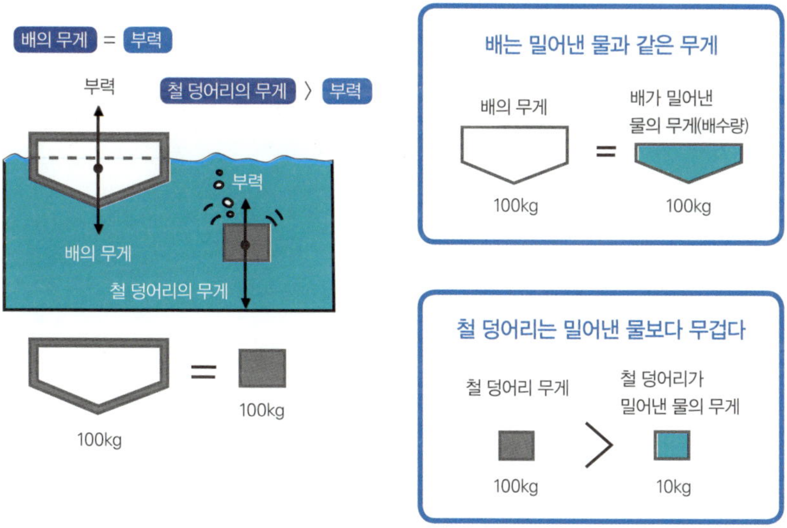

배의 무게 = 부력

철 덩어리의 무게 > 부력

배는 밀어낸 물과 같은 무게

배의 무게 = 배가 밀어낸 물의 무게(배수량)

100kg = 100kg

철 덩어리는 밀어낸 물보다 무겁다

철 덩어리 무게 > 철 덩어리가 밀어낸 물의 무게

100kg > 10kg

세계에서 처음으로
하늘을 난 사람은?

1-05

앞으로 나아가는 힘과 양력을 따로 발생시켜 성공하다

비행기란 날개에서 발생하는 양력을 이용하여 하늘을 나는 탈것이므로 부력으로 하늘로 떠오르는 기구나 비행선이 처음으로 사람을 태우고 비행한 것과는 구별하자.

양력을 이용한 비행기라면, 14세기에서 15세기에 걸쳐 활약한 천재 레오나르도 다 빈치가 그린 스케치가 남아 있다. 그중에는 새와 같은 날개를 사람의 손으로 날갯짓하는 장치인 '오르니톱터'(ornithopter. 날개치기 비행기)가 있다. 하지만 체중 약 10kg, 날개 약 3m인 신천옹(앨버트로스)보다 큰 새가 존재하지 않는다는 사실에서, 날갯짓으로 얻는 양력의 크기는 10kg 정도가 한계라고 여겨진다. 사람 힘으로 날갯짓하여 50kg보다 큰 양력을 만들어내는 것은 불가능하다는 것이다.

19세기가 끝날 무렵에는 새처럼 날개만으로 앞으로 나아가는 힘과 양력을 만드는 것이 아니라, 앞으로 나아가는 힘과 양력을 나누어 만들어내는 방법이 주류가 되었다. 그리고 1891년 독일의 오토 릴리엔탈(Otto Lilienthal)이 언덕에서 뛰어내려 날갯짓을 하지 않고 앞으로 나아가며 양력을 발생시키는 방법으로, 세계 최초의 유인 활공 비행에 성공한다. 오늘날의 행글라이더처럼 몸으로 비행기를 조종했다.

그 후, 1903년에는 미국의 라이트 형제가 세계에서 처음 동력 비행에 성공한다. 프로펠러의 힘으로 기체를 앞으로 나아가게 하고 날개에서 양력을 얻는 방법을 썼다. 비행기를 기울이기 위해 날개 끝을 뒤트는 장치와 기수를 상하좌우로 움직이기 위한 방향타도 갖추었다. 단지 바람에 모든 것을 맡기고 비행하는 것이 아니라, 사람이 자유롭게 조종해야 비로소 비행기라고 부를 수 있다.

첫 날갯짓 비행?

레오나르도 다 빈치(14~15세기)가 남긴 오르니톱터

날개 3m, 체중 10kg 정도인 신천옹은 하늘을 날 수 있는 가장 큰 새이므로, 사람의 손으로 날갯짓해서 신천옹 체중의 5배 이상이나 되는 체중을 떠받치는 것은 불가능하다고 여겨진다.

첫 활공 비행

오토 릴리엔탈의 활공 비행(1891년)

언덕 위에서 뛰어내려 앞으로 날아가면서 양력을 발생시키는 방법으로, 세계 첫 유인 비행에 성공했다. 현재의 행글라이더처럼 몸으로 비행기를 조종했다.

첫 동력 비행

라이트 형제의 첫 비행(1903년)

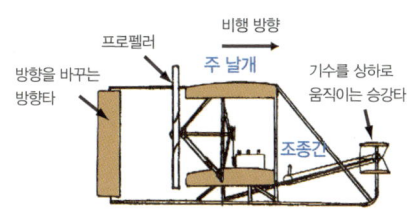

프로펠러의 힘으로 앞으로 나아가면서 날개에 양력을 발생시켜 하늘을 난 세계 첫 동력 비행이었다. 날개 끝을 뒤트는 장치와 기수를 상하좌우로 움직이기 위한 방향타도 갖추었다.

양력은 비행뿐만 아니라 다양하게 이용된다

양력을 이용한 것이 많다

1-06

　새나 비행기 이외에도 양력을 이용하는 물건은 많다. 가까운 예가 '도르래'(대를 얇게 깎고, 한가운데에 대오리로 자루를 박은 장난감)다. 도르래의 가운데 축을 양손으로 비비듯 돌려서 놓으면 하늘 높이 날아오른다. 도르래 날개의 단면은 새의 날개처럼 휘어져 올라가 있다. 그래서 날갯짓이나 앞으로 나아가는 것 대신 회전으로 양력을 발생시킨다.

　바다를 가르며 달리는 요트도 양력을 이용한다. 요트의 돛이 바람에 부푼 모습을 위에서 내려다보면 날개와 비슷하다. 이런 상태의 돛에는 바람 방향의 수직으로 양력이 발생한다. 이 양력과 방향타, 배 아랫면의 센터 보드를 이용하여 진행 방향으로 추진력을 얻을 수 있다. 요트가 가속하면 돛이 받는 바람의 상대 속도 또한 빨라지므로 양력도 커진다. 따라서 요트는 더욱 가속할 수 있다. 그 결과 요트는 바람보다도 빠르게 나아갈 수 있는 것이다.

　하늘과 바다만이 아니라 육지를 달리는 자동차도 양력을 이용한다. 고속으로 달리는 경주용 차나 스포츠카처럼 뒷부분에 있는 '리어윙'이라는 장치가 양력과 관계있다. 리어윙의 단면은 날개를 거꾸로 뒤집어놓은 것처럼 아래쪽으로 휘어져 있다. 그래서 아래 방향으로 양력이 발생하여 차체 중량 이상의 힘이 지면에 작용한다. 이 힘 덕분에 가벼운 차량이라도 지면과의 마찰이 커져 커브에서도 안정적으로 달릴 수 있다.

　여담이지만 강풍에 우산이 날아가는 것도 양력의 장난인 경우가 있다. 휜 모양으로 솟은 우산의 윗부분을 바람이 통과할 때 발생하는 양력이 우산을 위로 당겨 날려버리는 것이다.

도르래

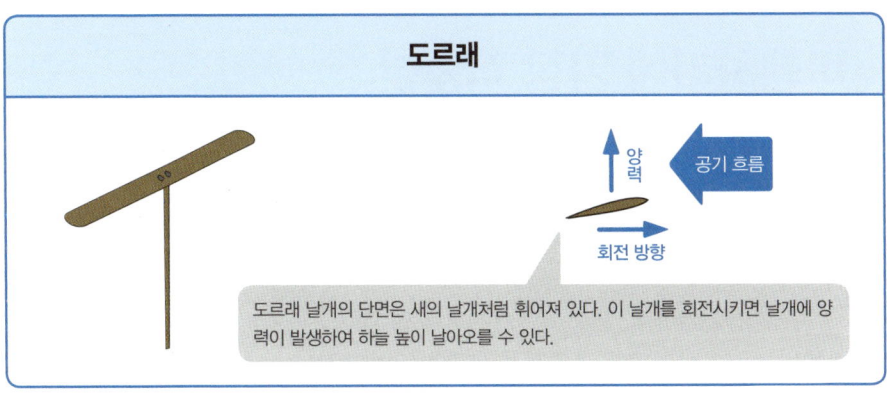

도르래 날개의 단면은 새의 날개처럼 휘어져 있다. 이 날개를 회전시키면 날개에 양력이 발생하여 하늘 높이 날아오를 수 있다.

요트의 돛

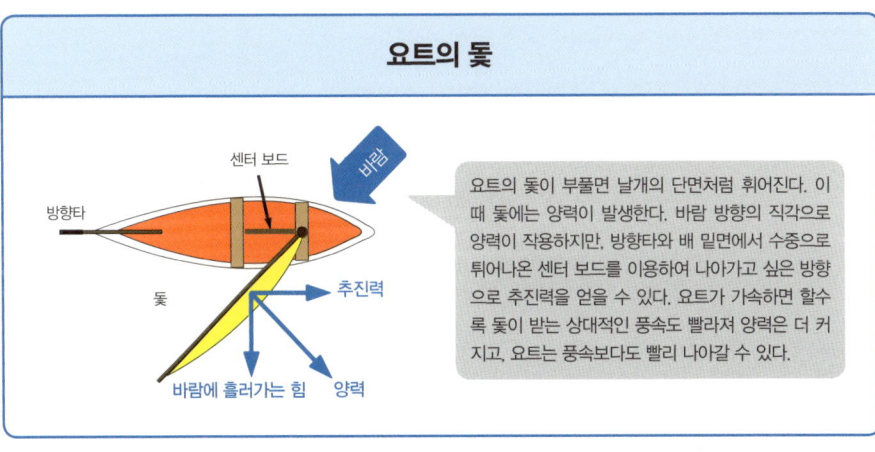

요트의 돛이 부풀면 날개의 단면처럼 휘어진다. 이 때 돛에는 양력이 발생한다. 바람 방향의 직각으로 양력이 작용하지만, 방향타와 배 밑면에서 수중으로 튀어나온 센터 보드를 이용하여 나아가고 싶은 방향으로 추진력을 얻을 수 있다. 요트가 가속하면 할수록 돛이 받는 상대적인 풍속도 빨라져 양력은 더 커지고, 요트는 풍속보다도 빨리 나아갈 수 있다.

경주용 차의 리어윙

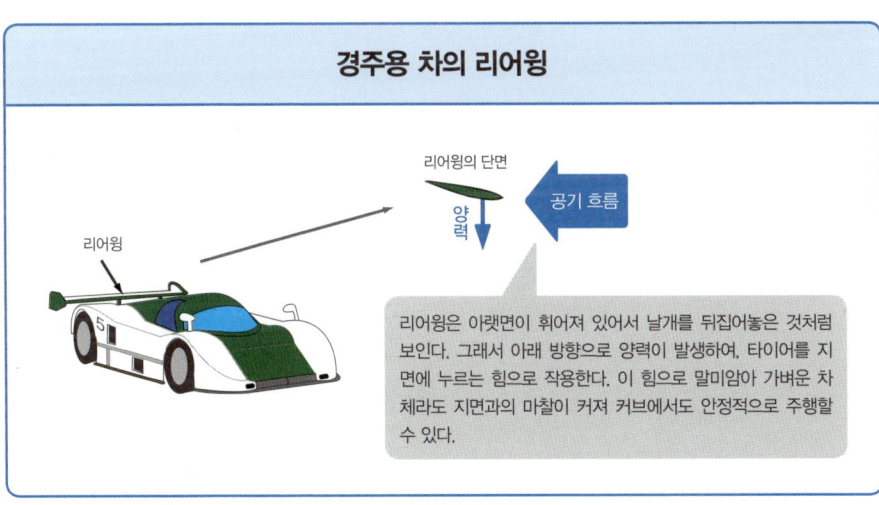

리어윙은 아랫면이 휘어져 있어서 날개를 뒤집어놓은 것처럼 보인다. 그래서 아래 방향으로 양력이 발생하여, 타이어를 지면에 누르는 힘으로 작용한다. 이 힘으로 말미암아 가벼운 차체라도 지면과의 마찰이 커져 커브에서도 안정적으로 주행할 수 있다.

비행하기에 가장 적합한 고도는 성층권

1-07

대기는 생각보다 희박하다는 사실을 알고 있는지?

비행기나 새가 나는 것이나 요트가 수면을 달리는 것은 지구에 대기가 있기 때문에 가능하다. 대기란 지구의 인력으로 유지되는 기체층으로 두께(지면으로부터의 높이)는 약 600km다. 하지만 별똥별이 반짝이는 것도, 보통 대기권 돌입이라고 부르는 것도 80~120km 높이에서 일어난다. 그리고 그 구간에서는 대기 성분의 비율인 질소 78%, 산소 21%, 기타 1%는 변하지 않는다. 그래서 높이 100km 정도까지를 대기(또는 중층대기)라고 부르는 경우도 있다.

비행기의 비행고도는 아무리 높아도 약 13km 정도고, 2003년에 운항을 끝낸 초음속 여객기 콩코드조차 18km였다. 지구를 반경 64cm인 공이라고 하면, 공 표면에서 1~2mm 정도 떨어진 것에 불과하다. 그래서 이 책에서는 대기의 하층부만을 설명한다. 또한 단위도 킬로미터에서 미터로 바꾸어 설명한다. 가장 하층인 대류권은 그 이름대로 대기의 대류가 있는 층이다. 대류 작용으로 구름이 발달하므로, 비나 눈과 같은 기상 현상이 발생한다. 그리고 고도가 높아지면 기온이 낮아진다.

성층권은 1만 1,000~1만 2,000m에서 기온 변화 없이 안정된 대기다. 그래서 비행기의 비행고도로 성층권이 가장 적당하다. 성층권과 대류권의 경계를 권계면이라 부르는데, 권계면의 높이는 기온에 따라 달라진다. 예를 들어 한국에서는 여름에 1만 5,000m로 높아지고, 겨울에는 9,000m로 낮아진다. 그래서 권계면이 높은 여름이 되면 구름이 높은 곳에서 발달하므로, 비행기가 구름 위를 통과하지 못하고 우회하는 일이 잦다.

지구의 대기

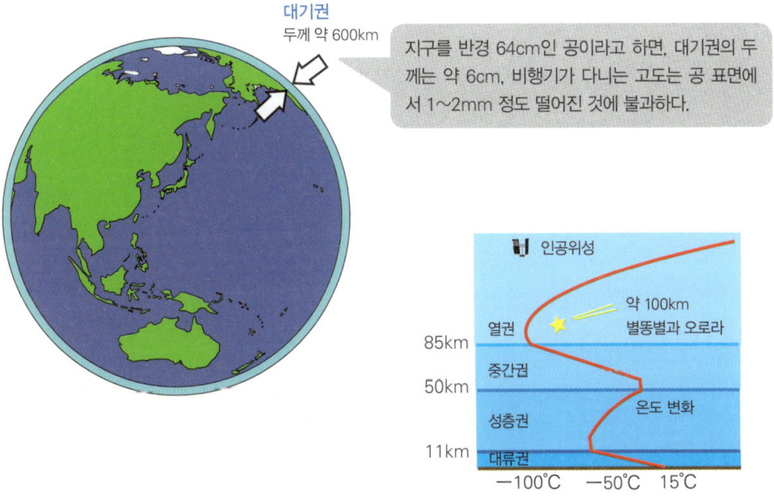

대기권
두께 약 600km

지구를 반경 64cm인 공이라고 하면, 대기권의 두께는 약 6cm, 비행기가 다니는 고도는 공 표면에서 1~2mm 정도 떨어진 것에 불과하다.

인공위성

약 100km
별똥별과 오로라

85km 열권
50km 중간권
성층권 온도 변화
11km 대류권

−100°C −50°C 15°C

대류권에서 성층권으로

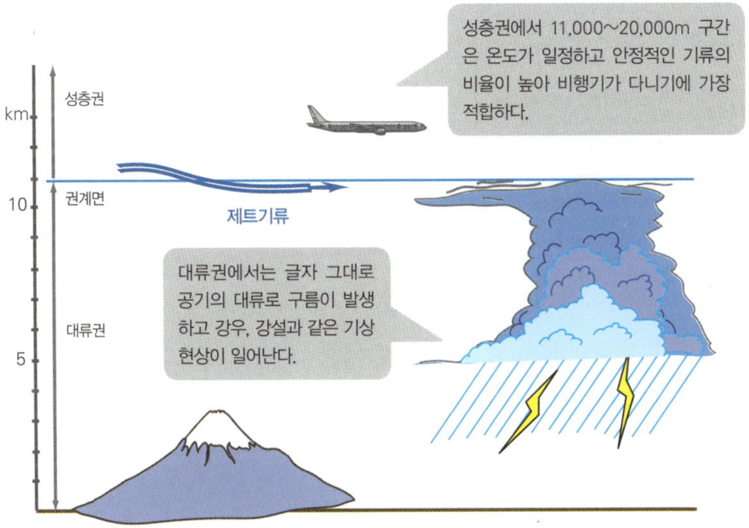

성층권에서 11,000~20,000m 구간은 온도가 일정하고 안정적인 기류의 비율이 높아 비행기가 다니기에 가장 적합하다.

km
성층권
10 권계면
제트기류

대류권에서는 글자 그대로 공기의 대류로 구름이 발생하고 강우, 강설과 같은 기상현상이 일어난다.

5
대류권

국제표준대기는
대기의 '표준'

1-08

하늘을 날기 위해서는 표준적인 '척도'가 필요하다

비행기는 당연하게도 대기로부터 큰 영향을 받는다. 먼저 기온의 영향을 알아보자. 이륙할 때 비행기가 내는 힘은 여름과 겨울에 달라진다. 구체적인 수치를 살펴보면 여름에는 겨울의 96~97%(엔진에 따라 다르지만 약 1톤 감소함) 정도로 줄어든다. 이로 말미암아 여름이 되면 이륙에 필요한 활주 거리가 길어진다. 그리고 기온이 높으면 소리가 공기에서 전파되는 속도가 빨라지므로, 실제 비행 속도도 달라진다. 예를 들면 고도 1만m에서 음속의 80%(마하 0.80)로 비행하고 있어도 기온이 섭씨 10도 높아지면 비행 속도는 시속 약 20km 빨라진다. 물론 기온만이 아니라 기압도 비행고도에 영향을 주고, 공기 밀도는 양력의 크기와 관계있다. 이처럼 비행기의 성능(비행이라는 일을 하는 능력)은 대기 상태에 따라 달라진다.

대기는 변덕이 심해서 기온은 물론이거니와 기압이나 밀도도 계속 변한다. 따라서 비행기를 제작할 때와 실제 비행기를 운항할 때, 또는 다른 비행기와 성능을 비교하는 경우에는 기준이 되는 대기가 있으면 편리하다. 이런 생각에서 국제적으로 정한 것이 국제표준대기(ISA. International Standard Atmosphere)다. 항공 업계에서는 기온이 섭씨 30도면 기준보다 섭씨 15도 높다는 의미로 ISA+15℃와 같이 표기한다.

고도 0~1만 1,000m인 대류권에서는 고도가 1,000m 상승하면 기온이 섭씨 6.5도 내려가고, 성층권의 1만 1,000~2만m 구간에서는 기온이 섭씨 영하 56.5도로 일정하다. 따라서 지상에서는 섭씨 15도라고 해도 후지 산(높이 3,776m-옮긴이 주) 정상에서는 기온이 15−3,776×(6.5/1,000)≒−9.5℃라는 것을 알 수 있다.

온도가 높은 쪽이 빨리 비행한다

음속은 기온에 따라 변한다.
따라서 음속은 20.05×√(273.15+기온)으로 구할 수 있다

같은 마하 0.80으로 날고 있어도, 온도가 섭씨 10도 높으면 비행 속도는 시속 20km나 빨라진다.

고도 : 10,000m, 기온 : −50℃
음속＝20.05×√(273.15 − 50)
≒300m/초＝1,078km/시
마하 0.80은 음속의 80% 속도이므로
1,078×0.8＝862km/시

고도 : 10,000m, 기온 : −40℃
음속＝20.05×√(273.15 − 40)
≒306m/초＝1,102km/시
마하 0.80은 음속의 80% 속도이므로
1,102×0.8＝882km/시

국제표준대기

고도(m)	온도(℃)	기압(hPa)	기압(kg/m²)	기압비	밀도(kg/m³)	밀도비	음속(km/시)
0	15.0	1,013.3	10,332.3	1.000	1.225	1.000	1,225
1,000	8.5	898.7	9,164.7	0.887	1.112	0.907	1,211
2,000	2.0	795.0	8,106.3	0.785	1.006	0.822	1,197
3,000	−4.5	701.1	7,149.1	0.692	0.909	0.742	1,183
4,000	−11.0	616.4	6,285.5	0.608	0.819	0.669	1,169
5,000	−17.5	540.2	5,508.5	0.533	0.736	0.601	1,154
6,000	−24.0	471.8	4,811.1	0.466	0.660	0.539	1,139
7,000	−30.5	410.6	4,187.0	0.405	0.589	0.481	1,124
8,000	−37.0	356.0	3,630.1	0.351	0.525	0.429	1,109
9,000	−43.5	307.4	3,134.8	0.303	0.466	0.381	1,094
10,000	−50.0	264.4	2,695.7	0.261	0.413	0.337	1,078
11,000	−56.5	226.3	2,307.8	0.223	0.364	0.297	1,062
12,000	−56.5	193.3	1,971.1	0.191	0.311	0.254	1,062
13,000	−56.5	165.1	1,683.6	0.163	0.265	0.217	1,062
14,000	−56.5	141.0	1,438.0	0.139	0.227	0.185	1,062
15,000	−56.5	120.4	1,228.2	0.119	0.194	0.158	1,062

공기의 힘은 엄청나다

공기는 '유령 같은 존재'가 아니다

1-09

    공기는 대기의 아래쪽에 존재하는 질소와 산소 등의 혼합 기체를 의미한다. 공기의 힘인 기압은 계속 변하지만, 우리가 의식하지는 못한다. 하지만 예컨대 주위보다 기압이 2~3%만 낮아져도 태풍이라고 부를 만큼 그 힘은 크다.

    기압의 크기를 측정하는 방법은 비교적 간단하다. 오른쪽 그림처럼 바닥 면적이 $1m^2$인 통에 물을 가득 채워 용기 안에 거꾸로 세우면 통 안의 물은 서서히 내려오다가, 높이 10.332m인 지점에서 멈춘다(물이 아니라 훨씬 무거운 수은이라면 76cm). 그 이유는 용기의 수면을 아래로 누르는 공기의 힘과 용기의 수면을 위로 올리는 물기둥의 무게가 균형을 이루기 때문이다.

    물 $1cm^3$의 무게는 1g이고 통의 부피가 $10.332m^3$이므로, 통 안에 있는 물의 무게는 1만 332kg이나 된다. 이 물의 무게와 공기의 힘이 균형을 이루고 있다. 높이가 대략 10만m(100km)인 공기 기둥 무게와 약 10m인 물기둥 무게가 같으므로, 두 기둥의 바닥에 작용하는 압력은 약 $10톤/m^2$($1kg/cm^2$)가 된다. 이것이 1기압의 크기다.

    우물의 깊이가 10m(높이가 10m인 물기둥)에 가까워지면 공기가 누르는 힘이 부족해져 펌프(수동 펌프)로는 물을 끌어올릴 수 없다고 한다. 같은 이유로 10m보다 긴 빨대로는 주스를 마실 수 없다. 공기의 힘을 직접 확인할 수 있는 물건으로는 못을 박을 수 없는 타일 벽과 같은 곳에서 활약하는 흡착판이 있다. 흡착판을 벽에 눌러 붙인 후 내부의 공기를 빼내면, 흡착판 표면에만 공기의 힘이 작용해서 접착제 없이도 타일에 붙은 채 떨어지지 않는다.

공기의 힘

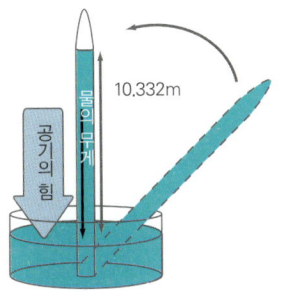

바닥 면적이 1m²인 통에 물을 가득 채워 용기 안에 거꾸로 세우면 통 안의 물은 서서히 내려오다가, 높이 10.332m인 지점에서 멈춘다(물이 아니라 훨씬 무거운 수은이라면 76cm). 그 이유는 용기의 수면을 아래로 누르는 공기의 힘과 용기의 수면을 위로 올리는 물기둥의 무게가 균형을 이루기 때문이다. 물 1cm³의 무게는 1g이고 통의 부피가 10.332m³이므로, 통 안에 있는 물의 무게는 10.332kg이나 된다. 이 물의 무게와 공기의 힘이 균형을 이루고 있다.

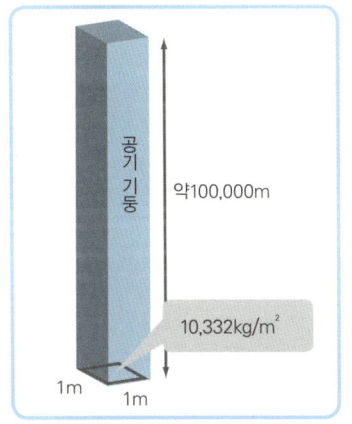

높이가 대략 100,000m(100km)인 공기 기둥 무게와 약 10m인 물기둥 무게가 같고, 두 기둥의 바닥에 작용하는 압력은 약 10톤/m²(1kg/cm²)가 된다. 이것이 1기압의 크기다.

공기의 힘을 이용한 예

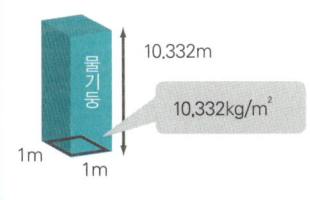

흡착판이 타일에 붙어 있는 것은 공기의 힘 덕분이다. 흡착판의 표면적을 15cm²라고 하면 1기압은 약 1kg/cm²이므로 15cm²×1kg/cm²=15kg에서 흡착판의 표면에는 15kg만큼 공기의 힘이 작용하는 것을 알 수 있다. 흡착판의 안쪽에 공기를 넣으면 밖과 안의 기압이 1기압으로 같아져 간단하게 떼어낼 수 있다.

흡착판을 벽에 눌러 붙인 후, 내부의 공기를 빼내면 흡착판의 바깥 면에만 공기의 힘이 작용한다.

날개는 공기의 반작용을 받는다

양력과 항력은 공기의 반작용이다

1-10

물체와 물체가 부딪힐 때의 힘이 서로에게 영향을 미친다는 작용 반작용의 법칙은 잘 알려져 있다. 비행기가 하늘을 날면 반드시 공기와 부딪히므로, 공기에서 반작용을 받는다. 공기의 힘은 약 10톤/m^2이므로, 아주 작은 반작용이라도 큰 힘인 것은 분명하다. 날개가 정지한 경우에 공기의 힘은 날개 이곳저곳에 균등하게 작용하므로 날개에는 아무런 일도 일어나지 않는다. 하지만 일단 날개가 앞으로 움직이기 시작하면, 날개에 작용하는 공기의 힘 사이에 균형이 무너져 기압 차가 발생하고 큰 힘이 날개에 작용한다.

날개가 공기를 가르며 나아가면, 정지하고 있던 공기는 강제적으로 휘어져 날개의 후방으로 흘러가게 된다. 물체를 움직이려면 힘이 필요하듯, 공기를 움직이는 경우에도 마찬가지다. 그러므로 공기를 움직이는 힘이라는 작용이 일어나면 공기의 반작용이 존재하는 것이다. 그 반작용은 압력의 변화로 날개 표면의 이곳저곳에 작용한다. 그중에서도 위로 향하는 힘을 모은 것을 '양력', 진행을 방해하는 힘을 모은 것을 '항력'이라고 한다. 결국 양력과 항력은 모두 공기의 반작용으로 생기는 힘이다.

압력이 변화하면 어느 정도의 힘이 발생할지 간단하게 계산해보자. 예컨대 날개 윗면이 아랫면보다 5%만큼 압력이 낮아졌다고 하자. 지상에서는 날개 아랫면에 10톤/m^2, 윗면에 9.5톤/m^2의 힘이 작용하므로, 윗면과 아랫면의 차이인 500kg/m^2의 힘이 위쪽으로 작용한다. 그리고 날개 면적이 500m^2라고 한다면, 양력의 크기는 250톤이나 된다. 이런 사실에서 양력은 날개 면적에 비례하는 사실을 알 수 있다. 그리고 높이 올라갈수록 기압은 낮아지므로 양력도 작아진다.

공기의 반작용

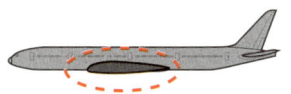

날개가 움직이지 않으면, 공기의 힘(지상에서는 약 10톤/m^2)은 날개의 이곳저곳에 균등하게 작용한다.

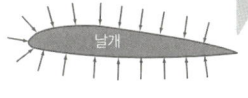

반작용으로 압력이 낮아진 부분

압력이 높은 부분

공기의 반작용

공기를 휘게 하는 힘

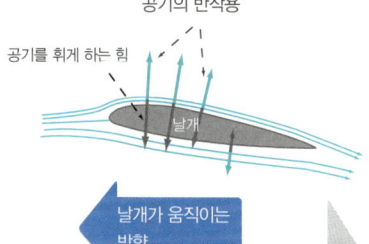

날개가 움직이는 방향

공기의 점성과 날개의 마찰에 의해 날개 표면을 따라 흐르고, 후방으로 흘러 내려간다.

날개 윗면의 기압이 아랫면보다 조금이라도 낮아지면 반작용으로 위로 향하는 힘이 발생한다.

양력과 항력

비행기가 공기로부터 받는 힘 중에서, 진행 방향의 직각으로 작용하는 힘을 양력, 진행 방향의 반대 방향으로 작용하는 힘을 항력이라 부른다.

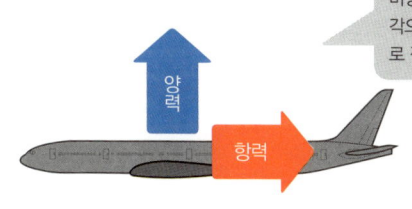

양력과 항력의 식

양쪽 모두 같은 식이므로 계수로 구별한다

날개가 공기로부터 받는 반작용은 뉴턴 방정식 (힘)=(질량)×(가속도)로부터 유도된다. 그 식은 다음과 같다.

(반작용)=(공기 질량)×(가속도)=(공기 질량)×(날개 속도)÷(시간)

날개가 밀어 헤친 공기의 질량은 (공기 밀도)×(날개 부피)다.

그러므로 (반작용)=(공기 밀도)×(날개 부피)×(날개 속도)÷(시간)이 된다.

공기를 밀어 헤치는 데 필요한 시간은 (날개 길이)÷(날개 속도)이므로,

(반작용)=(공기 밀도)×(날개 속도)^2×(날개 부피)÷(날개 길이)가 된다.

여기서 (부피)÷(길이)=(면적)이고 날개 속도란 비행 속도와 같으므로, 결국

(반작용)=(공기 밀도)×(비행 속도)^2×(날개 면적)이 된다.

움직이고 있는 상태에서 받는 공기의 힘을 '동압'이라고 하는데, 양력과 항력 모두 동압에 비례한다. 같은 식이므로 각각 이름을 포함하는 계수를 붙여서

(양력)=(양력 계수)×(동압)×(날개 면적)

(항력)=(항력 계수)×(동압)×(날개 면적)

으로 구별한다.

양력과 항력의 식

물에 손을 담그면 수압 때문에 압박감을 느낀다. 그리고 흐름이 있는 물이라면 하류로 흘러가는 힘도 느낄 수 있다. 이처럼 압박감 이외의 흘러가는 힘을 동압이라 부른다. 공기 중에서도 마찬가지다. 물과 달리 기압을 느낄 수는 없지만, 바람에 날릴 것 같이 느껴지는 힘이 동압이다. 동압은 속도의 제곱에 비례하고

(동압) $= \frac{1}{2} \times$ (공기 밀도) $\times$ (속도)^2

으로 나타낼 수 있다. 이 동압의 식과

(반작용) $=$ (공기 밀도) $\times$ (비행 속도)$^2 \times$ (날개 면적)

으로부터, 양력과 항력의 식은

(양력) $=$ (양력 계수) $\times$ (동압) $\times$ (날개 면적)
(항력) $=$ (항력 계수) $\times$ (동압) $\times$ (날개 면적)

이 된다. 각 계수는 서로 연관하여 변한다. 즉, 동압을 잘 받아넘기면 양력을 얻을 수 있고, 동압을 받는 방법에 따라 항력이 커질 수도 있다. 또한 항력의 식은 날개만의 항력이 아니라, 비행기 전체의 항력을 나타낼 수 있도록 항력 계수가 조절되어 있다.

그리고 공기 밀도를 ρ, 비행 속도를 V, 날개 면적을 S, 양력 계수를 C_L, 항력 계수를 C_D라고 하면, 양력 L, 항력 D는 아래의 식으로 표현된다.

(양력)	=	(양력 계수)	×	(동압)	×	(날개 면적)
L		C_L		$\frac{1}{2}\rho V^2$		S

(항력)	=	(항력 계수)	×	(동압)	×	(날개 면적)
D		C_D		$\frac{1}{2}\rho V^2$		S

$D = C_D \frac{1}{2}\rho V^2 S$

$L = C_L \frac{1}{2}\rho V^2 S$

양력

항력

비행할 때 비행기에 작용하는 힘의 관계는?

힘의 관계는 자동차의 경우와 비슷하다

1-12

    자동차가 평탄한 도로를 시속 80km로 계속 달리기 위해서는 액셀러레이터를 일정한 힘으로 밟고 있어야 한다. 그 이유는 타이어와 지면 사이의 마찰력과 진행을 방해하는 공기저항, 즉 항력이 있기 때문이다. 항력과 같은 크기의 힘을 계속 내야만 시속 80km로 달릴 수 있다. 액셀러레이터를 세게 밟으면 앞으로 가는 힘이 항력보다 커져서 속도가 증가하고, 반대로 항력이 더 커지면 속도가 줄어든다. 그리고 자동차가 도로 위를 달릴 수 있는 것은 차를 향한 도로의 반작용이 있기 때문이다. 예를 들어 자동차 무게가 1톤이라면 도로가 자동차에 미치는 반작용도 1톤이 되어 양쪽 힘이 균형을 이룬다.

  비행기와 관련한 힘의 관계도 자동차의 경우와 비슷하다. 예를 들어 1만m 상공을 시속 800km로 비행하는 경우, 엔진의 추력과 항력이 같아진다. 추력이 항력보다 크면 속도가 증가하고, 작으면 속도가 줄어든다. 다만 자동차와 크게 다른 점은 아무것도 하지 않으면 공기가 떠받쳐주지 않는다는 사실이다. 앞으로 나아가는 것은 목적지로 향하는 것뿐만 아니라, 비행기 무게를 떠받치고 있다는 것을 의미한다. 비행기와 관련한 힘의 관계는 자동차의 경우보다 복잡하지만, 지금부터 알아보도록 하자.

  그런데 항공 업계에서 사용하는 힘의 단위는 일반적으로 사용하는 뉴턴(기호는 N)이 아니라, 무게를 나타내는 톤이나 킬로그램이다. 그 이유는 예컨대 비행기 무게가 200톤인 경우, 비행기를 떠받치는 데 필요한 양력을 196만N이라고 표현하기보다 간단하게 200톤이라고 하는 편이 비행기를 운항할 때 직관적으로 이해할 수 있기 때문이다. 항공 업계에서 1kg의 힘은 9.8N이다.

자동차 주행 시 힘의 관계

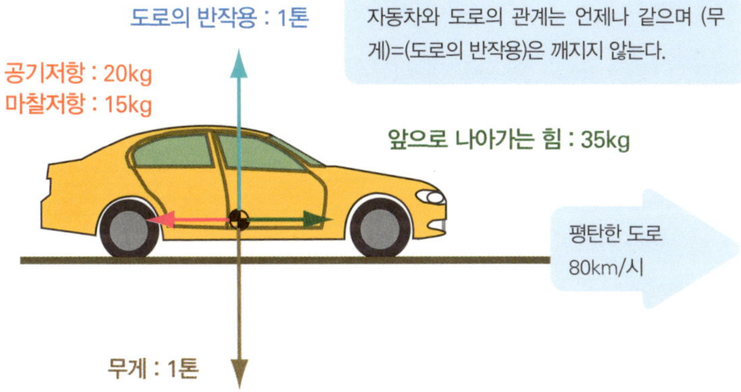

도로의 반작용 : 1톤

공기저항 : 20kg
마찰저항 : 15kg

앞으로 나아가는 힘 : 35kg

자동차와 도로의 관계는 언제나 같으며 (무게)=(도로의 반작용)은 깨지지 않는다.

평탄한 도로
80km/시

무게 : 1톤

(앞으로 나아가는 힘) 〉 (항력)이면 가속한다. (앞으로 나아가는 힘) 〈 (항력)이면 감속한다.

여객기 비행 시 힘의 관계

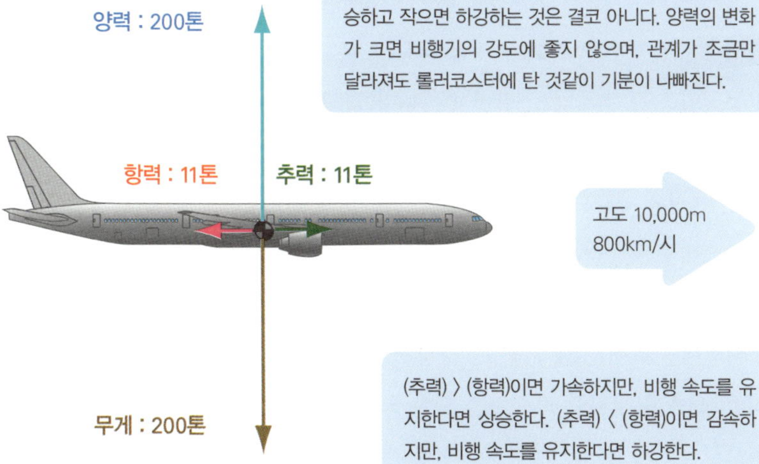

양력 : 200톤

항력 : 11톤   추력 : 11톤

(양력)=(무게)의 관계는 깨지지 않는다. 양력이 크면 상승하고 작으면 하강하는 것은 결코 아니다. 양력의 변화가 크면 비행기의 강도에 좋지 않으며, 관계가 조금만 달라져도 롤러코스터에 탄 것같이 기분이 나빠진다.

고도 10,000m
800km/시

무게 : 200톤

(추력) 〉 (항력)이면 가속하지만, 비행 속도를 유지한다면 상승한다. (추력) 〈 (항력)이면 감속하지만, 비행 속도를 유지한다면 하강한다.

어떻게 앞으로 나아갈까?

전진하는 힘도 역시 반작용에서 나온다

1-13

자동차는 엔진이 돌리는 타이어가 도로를 박차는 것에 대한 반작용으로 앞으로 나아간다. 진흙탕에 타이어가 빠지면 진흙물을 뒤로 날려 보내는 것에서도 알 수 있듯이 타이어가 도로를 박차고 달리는 것은 마찰이 있어야 가능하다.

비행기 엔진도 자동차와 마찬가지로 반작용을 이용하지만, 타이어와 도로처럼 마찰로 맺어진 관계는 아니다. 공기와 비행기 사이에도 마찰은 있지만, 진행을 방해하는 항력으로는 작용해도 앞으로 나아가는 힘인 추력을 얻을 수는 없다. 그래서 직접직인 마찰이 아닌, 대량의 공기를 빠른 속도로 후방으로 보내어 그 반작용으로 앞으로 나아가는 추력을 얻는다.

이 원리는 풍선이 하늘을 나는 원리와 같다. 하지만 풍선처럼 담아놓은 공기를 분출하는 것은 아니다. 담아놓은 공기를 사용하는 방법으로는 진공에서도 비행할 수 있지만, 공기를 다 써버리면 더는 날 수 없다. 물론 애당초 진공에서는 양력이 발생하지 않으므로 우리가 지금 다루는 문제와는 전혀 다른 상황이 된다. 그래서 풍선처럼 공기를 담는 방법이 아니라, 앞쪽에서 공기를 빨아들여 뒤쪽으로 분사하는 방법으로 추력을 발생시킨다. 분사를 영어로 표현하면 '제트'(jet)이므로, 이런 엔진을 제트 엔진이라고 부른다.

그런데 비행기는 양력을 크게 하여 상승하는 것도 아니고, 양력을 작게 하여 하강하는 것도 아니다. 양력과 무게는 언제나 균형을 이룬 상태로 비행한다. 상승하기 위해서는 추력을 크게 하고, 하강하기 위해서는 추력을 작게 한다. 즉, 아래로 작용하는 힘과 위로 작용하는 힘은 균형을 이루게 하고 앞으로 나아가는 힘을 변화시켜 상승하거나 하강하는 것이다.

반작용의 예(1)

작용 / 반작용

철봉에서 턱걸이를 할 경우, 철봉을 당기는 팔 힘에 대한 철봉의 반작용으로 몸이 올라간다.

작용 / 반작용

자동차는 타이어가 회전하여 도로를 박차는 힘에 대한 도로의 반작용으로 앞으로 나아간다.

반작용의 예(2)

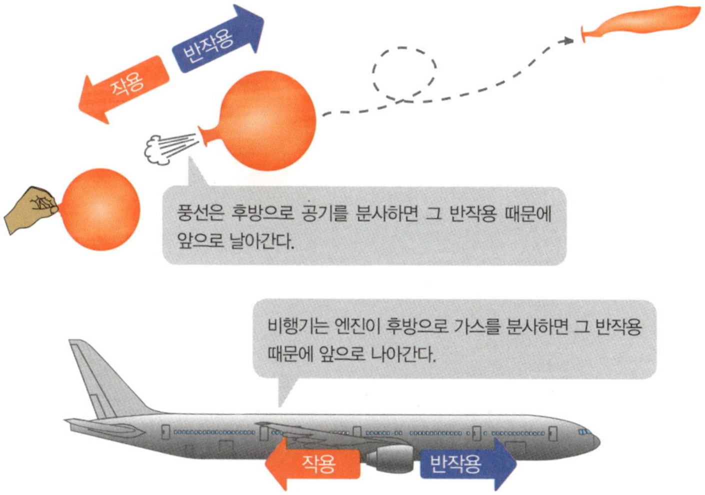

작용 / 반작용

풍선은 후방으로 공기를 분사하면 그 반작용 때문에 앞으로 날아간다.

비행기는 엔진이 후방으로 가스를 분사하면 그 반작용 때문에 앞으로 나아간다.

작용 / 반작용

비행기는 어느 정도의 힘으로 비행하는가?

날기 위해서는 큰 힘이 필요하다

1-14

    자동차가 시속 80km로 달리기 위해서는 공기저항과 도로 마찰로 말미암아 항력과 같은 크기의 힘을 계속해서 내야만 한다. 비행기도 마찬가지로 항력과 같은 힘을 계속 낼 필요가 있다. 그리고 (항력)=(항력 계수)×(동압)×(날개 면적)이지만, 날개만의 항력이 아니라 비행기 전체의 항력으로 바꾸기 위해 항력 계수를 조정한다. 항력 계수(C_D)는 일본의 고속열차 신칸센(0.15~0.2)이나 자동차(0.25~0.3)의 10분의 1 이하인 0.02 정도다.

    비행기의 성능을 조사하는 '잣대'의 하나로, 양력과 항력의 비인 양항비가 있다. 수평으로 비행할 때의 양력은 비행기의 무게와 같고 추력은 항력과 같으므로, 양항비는 무게와 추력의 비이기도 하다. 즉, 양항비는 얼마의 힘으로 어느 정도의 무게를 옮길 수 있는가를 알 수 있는 잣대가 된다. 양력과 항력의 식은 계수를 제외하면 같으므로 양항비는 양력 계수와 항력 계수의 비이기도 하다. 이런 사실로부터 각 계수를 알면 양항비를 알 수 있고, 항력을 계산하는 식에서 날개 면적으로 비행기 전체의 항력을 구할 수 있다.

    무게와 추력의 비라는 관점에서 보면 열차는 약 50, 자동차는 그 절반 정도, 그리고 제트 여객기는 약 18이다. 열차가 50이라는 것은 무게 200톤인 열차가 일정한 속도로 달리는 경우에 그 50분의 1만큼인 4톤의 힘이 필요하다는 의미다. 비행기의 양항비는 18인데 이는 무게 200톤의 비행기가 약 11톤의 추력으로 비행하는 것을 의미한다. 다만 이것은 일정한 속도로 비행하는 경우이고, 정지 상태에서 출발하는 이륙이나 상승 비행에는 더 큰 힘이 필요하다.

양항비

(양력) = (양력 계수) × (동압) × (날개 면적)
(항력) = (항력 계수) × (동압) × (날개 면적)

$$양항비 = \frac{양력}{항력} = \frac{양력\ 계수}{항력\ 계수}$$

항력 계수는 몸체 모양에 따라 달라진다.

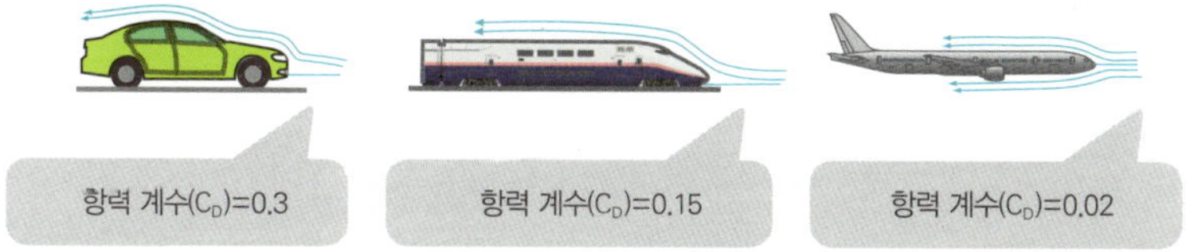

항력 계수(C_D)=0.3   항력 계수(C_D)=0.15   항력 계수(C_D)=0.02

얼마나 힘을 내고 있는가

선로의 반작용 200톤
항력 4톤   추력 4톤
열차의 무게 200톤(다섯 량 편성)

$$양항비 = \frac{양력}{항력} = \frac{200}{4} = 50 에서$$
$$추력 = \frac{무게}{50} = \frac{200}{50} = 4$$
일정한 속도로 달리기 위해서 필요한 힘은 4톤

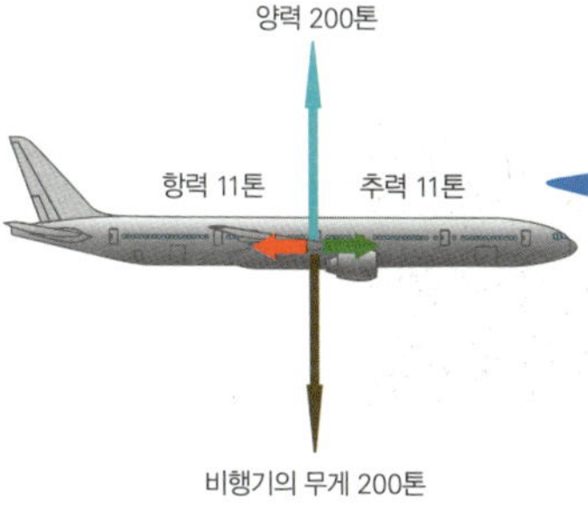

양력 200톤
항력 11톤   추력 11톤
비행기의 무게 200톤

$$양항비 = \frac{양력}{항력} = \frac{200}{11} ≒ 18 에서$$
$$추력 = \frac{무게}{18} = \frac{200}{18} ≒ 11$$
일정한 속도로 비행하기 위해서 필요한 힘은 11톤

토막 상식 001

아름답지만 위험한 성층권

여객기는 제트 엔진이 있어서 대류권을 지나 성층권까지 올라갈 수 있다. 옛날 사람들은 성층권에서는 대낮에도 하늘 가득 별을 볼 수 있다고 상상한 것 같은데, 사실 별은 보이지도 않고 지상에서보다 훨씬 짙은 파란 하늘을 볼 수 있다.

성층권까지의 높이는 기온에 따라 변한다. 예를 들어 적도 부근에서는 1만 7,500m 정도, 북극 부근에서는 8,500m 정도다. 그리고 같은 장소에서도 여름과 겨울에 따라 달라진다. 여름이 되면 비행기가 최대 고도까지 상승해도 성층권에 도달하지 못하는 경우도 있다. 그뿐만 아니라 항공 업계에서 Cb(Cumulonimbus의 줄임말로 보통 '시비'라고 함)라 부르며 두려워하는 소나기구름이 높게 발달한다. Cb가 발달하면 아무리 높이 올라가도 넘을 수 없다. 그래서 Cb의 위치, 높이, 크기와 같은 구체적인 정보는 부근을 비행하는 조종사가 보고하여 아무도 접근하지 않도록 한다.

성층권에서는 지상에서보다 훨씬 짙은 파란 하늘을 볼 수 있다. 사진은 성층권에서 바라본 동트는 모습이다.

제트 여객기의 종류

제트 여객기라고 해도 음속의 벽을 돌파하는 일은 아직 쉽지 않다. 하지만 비행기와 음속 사이에는 밀접한 관계가 있다. 2장에서는 떼려야 뗄 수 없는 비행기와 음속의 관계를 알아보고, 비행기의 각부와 종류를 간략히 살펴본다.

항공기와 비행기의 다른 점은?

비행기는 양력과 추력으로 비행하는 항공기

2-01

전철, 자동차, 자전거 등 바퀴를 이용하여 지상에서 이동하는 운송 기계를 통틀어 차량이라 한다. 도로를 주행하는 차량에는 자동차, 원동기장치자전거(50cc 이하인 이륜차), 경차량(자전거, 짐수레 등)을 비롯해 트롤리버스(무궤도전차-옮긴이 주)가 있다. 그리고 자동차는 한국의 도로교통법에서는 승용자동차, 승합자동차, 화물자동차, 특수자동차, 이륜자동차로 구분한다.

마찬가지로 하늘을 나는 운송 기계에도 각각 이름이 붙어 있으며 그중에서 지상의 차량에 해당하는 명칭이 항공기다. 즉, 항공기는 하늘을 나는 탈것의 총칭이다. 항공기를 크게 분류하면 경항공기(공기보다 가벼운 항공기)와 중항공기(공기보다 무거운 항공기)가 있다. 경항공기는 비행선과 기구를 포함하고, 중항공기는 비행기, 헬리콥터, 글라이더 등을 포함한다. 경항공기인 비행선은 헬륨처럼 공기보다 가벼운 기체를 이용하여 부력으로 날아오른 후, 추진 장치를 이용하여 자유롭게 하늘에서 이동할 수 있다.

이와 달리 기구는 추진력이 없다는 점에서 엄밀히 말해(일본의 항공법에 따르면) 항공기에 포함되지 않는다(한국의 항공법에서도 기구류는 항공기가 아니라 초경량비행장치에 포함된다-옮긴이 주). 중항공기인 글라이더는 양력을 이용하여 날지만, 추진력이 없으므로 비행기가 아니다. 그리고 헬리콥터는 전진하는 대신에 날개를 회전시켜서 양력을 얻어 비행한다. 날개를 회전시키는 항공기라는 점에서, 정확한 명칭은 비행기가 아니라 회전익항공기다.

지금까지 소개한 내용을 정리하면, 비행기는 스스로 전진하여 고정된 날개에 양력을 발생시켜 하늘을 나는 항공기를 의미한다.

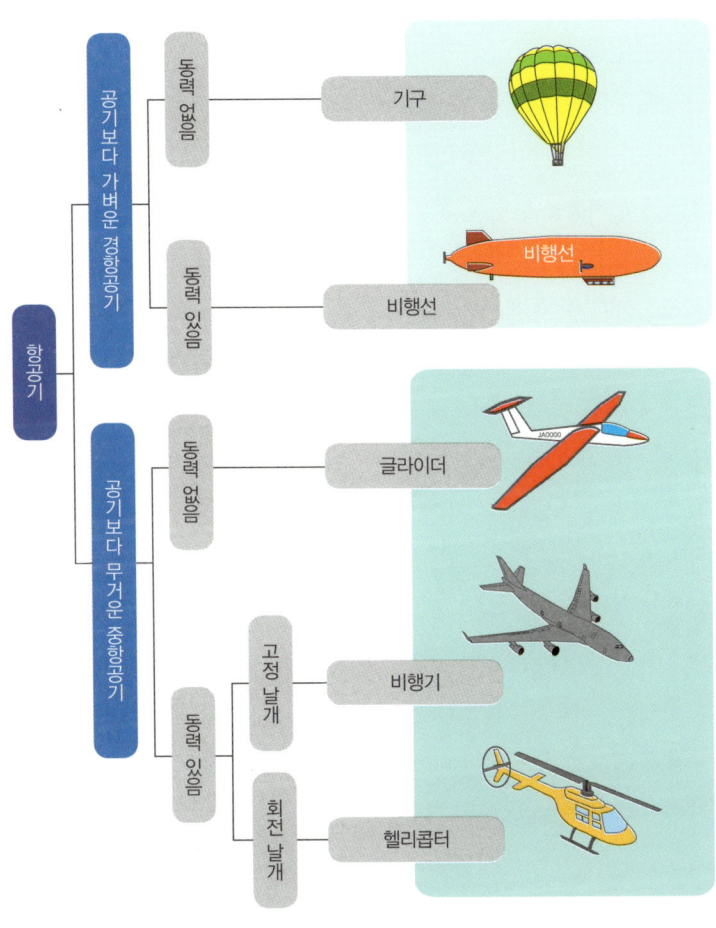

항공기에는 크게 5종류가 있다.

왜 여객기는 키돌이 비행을 하지 못할까?

비행기는 용도에 따라 분류한다

2-02

  여객기가 키돌이 비행을 하면 탑승감이 나빠질 뿐만 아니라, 여객기가 얼마나 튼튼하게 만들어져 있는지도 걱정해야 한다.

  우선 키돌이 비행 중 여객기에 작용하는 G(지)의 크기를 생각해보자. G란 비행기가 공중에서 방향을 바꾸거나 착륙할 때 작용하는 관성력의 크기를 중력가속도의 배수로 표현한 것으로 하중배수라고 부른다. 예를 들어 시속 630km로 반경 1,000m인 키돌이 비행을 하면, 원심력에 의해 여객기에는 최대 4G의 힘이 작용한다. 여객기의 무게가 200톤이라면, 네 배인 800톤의 힘이 작용하여 마치 비행기의 무게가 800톤인 것처럼 느끼게 된다. 이 정도의 무게를 지탱하기 위하여 800톤의 양력을 발생시키려면 날개에는 상당한 힘이 작용할 것으로 추측할 수 있다.

  여객기가 버틸 수 있는 G 값의 한계(한계 하중배수라고 한다)는 2.5G다. 안전계수 1.5를 반영한 종극 하중배수도 2.5G×1.5=3.75G까지다. 따라서 여객기의 내구성 문제를 생각하면, 키돌이 비행 마지막 단계에서 작용할 4G를 견디는 일은 매우 어렵다고 할 수 있다. 만약 여객기가 키돌이 비행을 할 수 있다고 해도, 승무원과 승객 모두는 피가 한곳에 쏠리지 않게 도와주는 중력 방지복(anti G suit)을 착용할 필요가 있다.

  물론 여객기는 키돌이 비행을 할 필요가 없지만, 키돌이 비행을 할 수 있는 비행기도 필요하다. 그래서 감항 분류 방식인 곡기(A), 실용(U), 보통(N), 수송(T) 등으로 비행기를 구분하는데, 여객기는 수송(T)에 해당한다. 비행기만이 아니라 글라이더나 헬리콥터도 같은 방식으로 분류한다.

비행기가 키돌이 비행할 때의 G

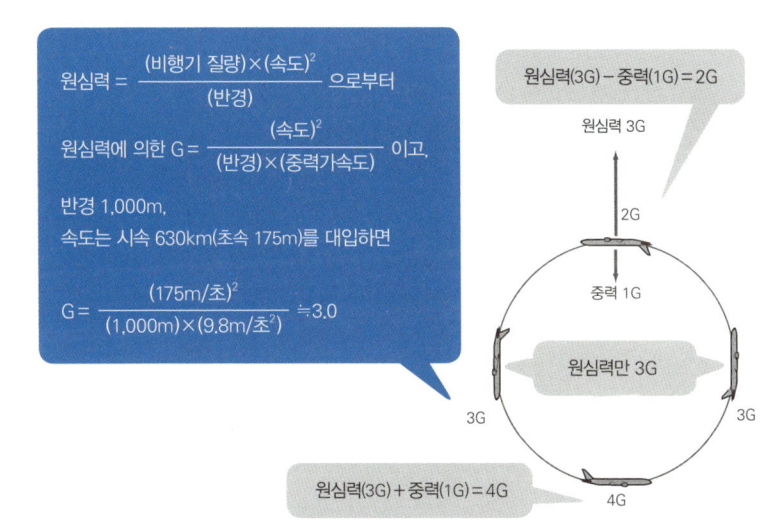

원심력 = $\dfrac{(\text{비행기 질량}) \times (\text{속도})^2}{(\text{반경})}$ 으로부터

원심력에 의한 G = $\dfrac{(\text{속도})^2}{(\text{반경}) \times (\text{중력가속도})}$ 이고,

반경 1,000m,
속도는 시속 630km(초속 175m)를 대입하면

$$G = \dfrac{(175\text{m/초})^2}{(1,000\text{m}) \times (9.8\text{m/초}^2)} \fallingdotseq 3.0$$

원심력(3G) − 중력(1G) = 2G
원심력 3G
2G
중력 1G
원심력만 3G
3G
3G
원심력(3G) + 중력(1G) = 4G
4G

비행기 용도에 따른 분류

비행기 곡기(A)

감항 분류 : 내공성에 따른 분류. 내공성이란 비행기의 안전성과 신뢰성 등 하늘을 날기 위한 적합성을 말한다.

비행기 곡기(A. Acrobatic Category)   곡예비행에 적합한 비행기(최대 6.0G)

비행기 실용(U. Utility Category)   급격한 운동과 배면 비행을 제외한 곡예비행에 적합한 비행(최대 4.4G)

비행기 보통(N. Normal Category)   60도 뱅크를 넘지 않는 선회 등, 보통 비행에 적합한 비행기(최대 3.8G)

비행기 수송(T. Transport Category)   항공운송사업에 적합한 비행기(최대 2.5G)

여객기는 '비행기 수송(T)'에 속한다. 항공운송사업이란 항공기를 사용하여 유상으로 여객 또는 화물을 운송하는 사업(흔히 에어라인이라 함). 이와 관련하여 항공기사용사업이란 항공기를 사용하여 유상으로 여객 또는 화물을 운송하는 것 이외(항공사진 촬영 등)의 행위를 맡아 행하는 사업이다.

비행기 각 부분의 역할

모든 부분이 중요하다

2-03

비행기는 소형 비행기부터 대형 여객기에 이르기까지 주요 구성이 거의 같다. 주 날개, 동체, 수직꼬리날개, 수평꼬리날개, 엔진, 다리 등으로 이루어져 있다. 각각의 역할을 간단히 알아보자.

우선 주 날개는 비행기를 떠받치는 양력을 발생시키는 것이 주된 역할이고, 날개 안의 공간을 이용하여 연료 탱크로도 활용한다. 그리고 주 날개에는 도움날개(에일러론. aileron)라 불리며 비행기가 선회하기 위해 기울이는 키(방향타가 되어 움직이는 날개 면으로, 동익이라고도 한다)가 있다. 여담이지만, 에일러론은 프랑스어다. 프랑스인이 고안한 장치라서 프랑스어가 붙은 것인데, 원래는 '날개의 앞' 또는 '지느러미'라는 의미라고 한다.

꼬리날개는 안정판이라고도 부르는데, 비행기가 직진할 수 있도록 안정시키는 역할을 하는 날개다. 수평꼬리날개에는 승강키(엘리베이터. elevator)라 부르는 키가 있어서, 상승과 하강 시에 기수를 아래위로 조종하는 역할을 한다. 수직꼬리날개에는 방향키(러더. rudder)라 불리는 키가 있다. 방향키는 비행기가 진행하는 방향을 조종하는 것이 아니라, 선회할 때 보조 역할을 하거나 엔진이 고장 나면 방향을 유지하는 역할을 한다.

동체는 둥근 형태인데, 강도를 유지하기에 가장 적합한 모양인 동시에 항력을 적게 할 수 있어서 일거양득이다. 비행기는 방향을 바꾸기 위해 가해야 하는 힘뿐만 아니라, 비행기 내부와 외부의 기압 차 때문에 작용하는 힘도 고려해서 만들어야 한다. 이를 위해 힘에 가장 잘 견디는 형태인 원형으로 만든다.

비행기 형태와 명칭

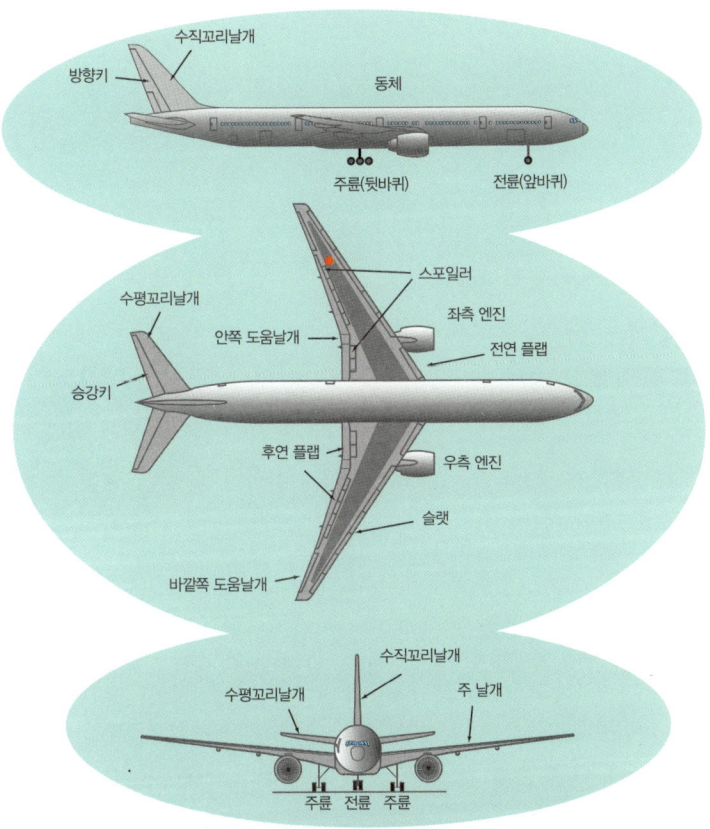

주 날개 : 양력 발생과 좌우 기울기를 안정시키는 역할
수평꼬리날개 : 상하 방향(세로 방향)을 안정시키는 역할을 하는 꼬리날개
수직꼬리날개 : 좌우 방향(가로 방향)을 안정시키는 역할을 하는 꼬리날개
도움날개 : 좌우 기울기 자세를 조정
승강키 : 상하 기울기 자세를 조정
방향키 : 좌우 방향 자세를 조정
플랩(flap) : 이착륙 시에 양력을 크게 만드는 장치
슬랫(slat) : 날개 전연을 앞으로 내밀어 틈새를 만드는 장치
스포일러(spoiler) : 양력은 작게, 항력은 크게 만드는 장치

날개 모양이 여러 가지인 이유

2-04

비행 속도에 따라 다르다

예전에는 비행기가 음속을 돌파하여 비행하는 것은 불가능하다고 생각했다. 비행 속도가 음속에 가까워지면 날개를 통과하는 공기가 음속을 돌파하여 충격파가 발생한다. 그렇게 되면 날개를 통과하는 공기가 흩어져 항력이 급격히 증가하고, 그 결과 비행기가 실속해버린다. 이는 소리의 벽이라 불리는 현상으로, 상당히 골치 아픈 문제였다. 하지만 지금은 비행 속도에 따라 그에 적합한 비행기와 날개의 형태가 다양하게 개발되었고, 소리의 벽을 뛰어넘는 비행기도 당연히 있다.

우선 짧은 거리를 오고 가는 프로펠러기의 비행 속도는 시속 500km로 음속의 50%인 마하 0.5 정도다. 이 정도 속도로 나는 한, 날개를 지나가는 공기의 속도가 음속보다 빠를 수 없으므로 날개 구조는 단순하고 튼튼한 직선익이라 부르는 직사각형에 가깝다. 이런 프로펠러기와 같은 비행기가 나는 마하 0.7 이하의 속도 영역을 아음속(subsonic)이라 부른다.

한편 제트 여객기의 비행 속도는 시속 850~900km이고, 마하 0.80~0.86이다. 이 범위에서는 날개를 지나가는 공기가 음속을 넘어 충격파가 발생할 우려가 있다. 그래서 제트 여객기의 날개는 충격파가 천천히 발생하도록 날개 끝이 뒤로 갈수록 후퇴하는 형태인 후퇴익이다. 이런 경우처럼 비행기 일부분이 음속을 넘어가는 속도 영역인 마하 0.7~1.2를 천음속(transonic)이라 부른다.

마하 1.2~1.5인 속도 영역은 비행기의 모든 부분이 항상 음속보다 빨라서 초음속(supersonic)이라 한다. 이 영역에서 비행하는 비행기는 날개는 물론이거니와 동체의 형태도 다른 비행기와 크게 다르다. 초음속 비행기의 날개는 삼각익으로, 후퇴각을 크게 할 수 있고 내구성을 강하게 만들 수 있는 장점이 있다.

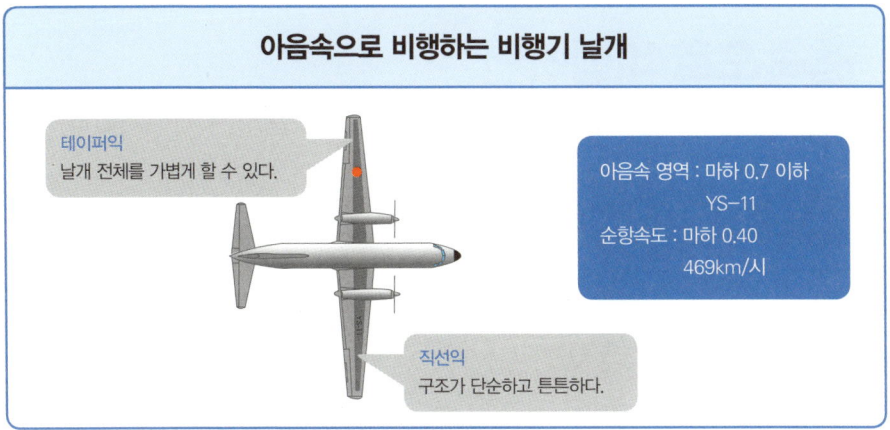

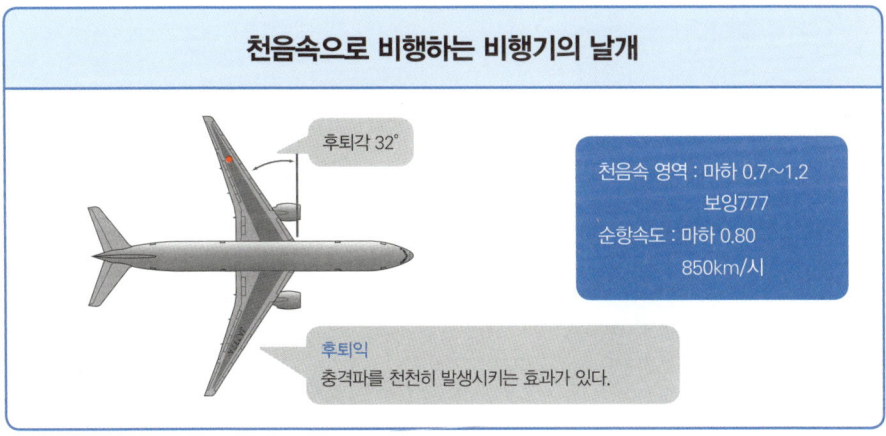

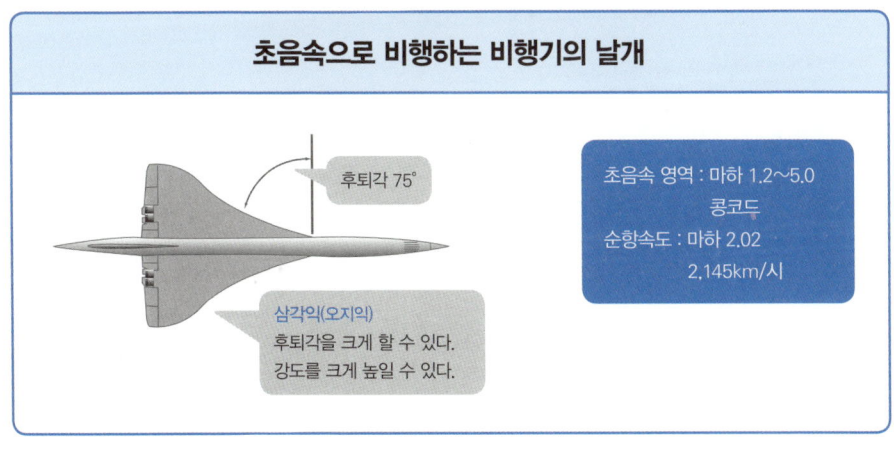

음속으로 비행하면 충격파가 발생한다

마하수는 무슨 의미인가?

2-05

수면에서 물체가 움직이면 물이 흩어지면서 파도 무늬가 퍼져나간다. 이와 마찬가지로 공기 중에서도 물체가 움직이면 주변 공기가 흩어져 미세한 압력 변화가 파도처럼 공기 중으로 퍼져간다. 그 압력 변화는 너무 작아서 거의 느낄 수 없지만, 기타 줄이 움직일(진동하는) 때에는 그 미세한 압력 변화를 소리로 감지할 수 있다. 그리고 기타의 음색은 음속으로 전해지지만, 사실 이 음속이란 소리가 전해지는 속도만이 아니라, 물체가 움직일 때 발생하는 미세한 압력 변화가 전해지는 속도이기도 하다.

고속열차끼리 터널에서 스쳐 지나가면 차량 내부의 기압이 높아져 귀가 멍해진다. 이것은 마주 오는 고속열차가 만드는 압력의 파도가 차량 내부로 밀려오기 때문이다. 비행기도 마찬가지다. 비행기가 만든 압력 변화의 파도가 사방에 음속으로 퍼져나간다. 아음속 영역에서 압력의 파도는 음속으로 퍼져가므로 비행기가 쫓아갈 수는 없다. 하지만 천음속 영역이 되면 파도를 따라잡지는 못해도 비행기 앞에 그 파도가 압축되어 모이게 된다. 그리고 음속이 되면 그 공기가 더 압축되어 파도는 묶음이 된다. 이 파도 묶음이 충격파다.

충격파의 발생을 생각하면, 비행기의 비행 속도는 음속과 비교하는 편이 편리하다. 이를 위한 속도 단위가 마하수다. 마하수는 비행 속도와 음속의 비로, 마하 0.8이라 하면 비행하고 있는 고도에서 음속의 80% 속도로 날고 있다는 의미다. 참고로 항공 업계에서는 '마하'가 아니라 마크라고 부른다. 그 이유는 무선으로 교신할 때, 마크가 마하보다 알아듣기 쉽기 때문이다.

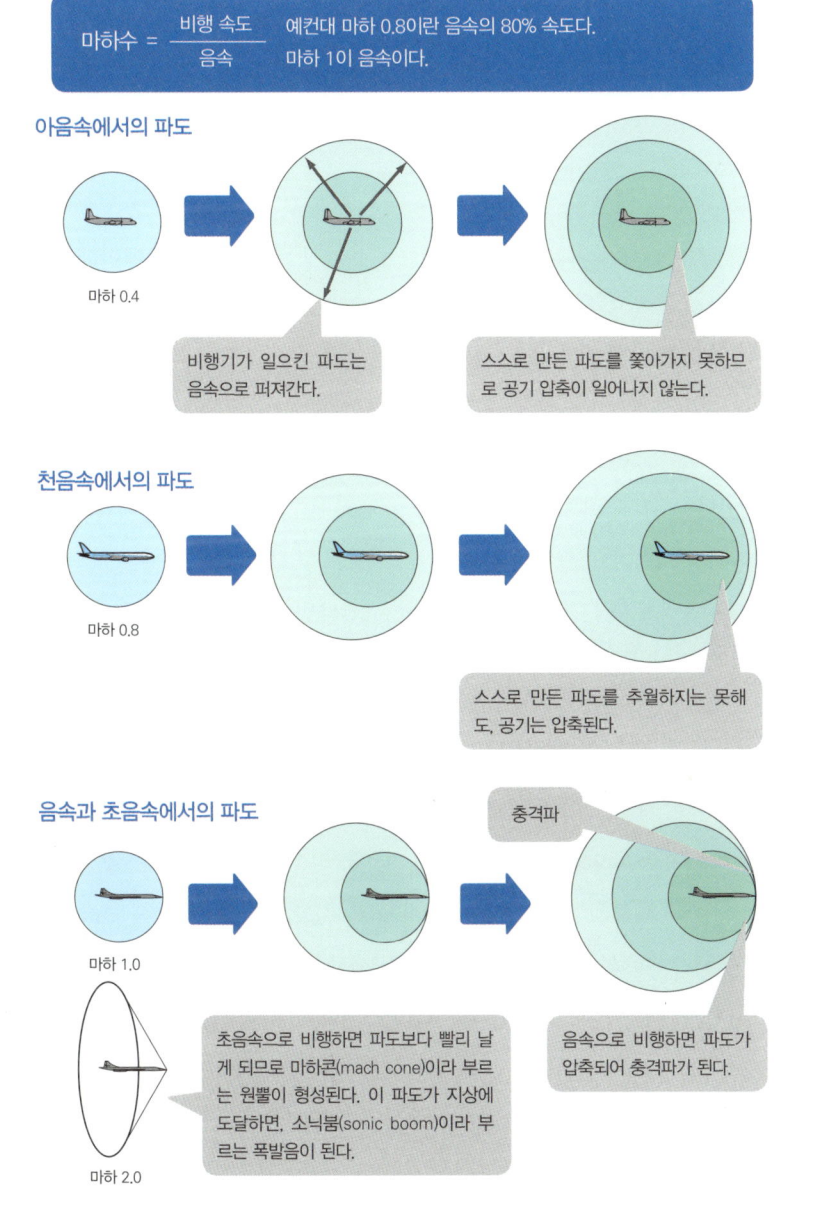

초음속 여객기가 지금은 없는 이유

소리의 벽 이외에도 많은 장애물이 있다

2-06

비행기의 역사는 더 빨리, 더 멀리, 더 높이를 목표로 해왔다고 해도 과언이 아니다. 프로펠러 여객기 시절에는 도쿄에서 샌프란시스코까지 가는 동안에 연료를 보급할 필요가 있어서 호놀룰루를 거쳤다. 비행 속도도 시속 450km 정도였기 때문에 비행시간도 25시간 이상이었다. 하지만 제트 여객기가 등장하고 프로펠러기의 두 배인 시속 900km로 높은 고도에서 비행할 수 있게 되어, 태평양을 도중에 착륙하지 않고 횡단하는 것이 가능해졌다. 그 결과 비행시간은 9시간으로 크게 단축되었다. 더욱 멀리 날 수 있게 된 것은 결과적으로 비행 속도보다 더 빨리 나는 효과를 가져왔다.

초음속 여객기(SST. Super Sonic Transport)라면 도쿄에서 샌프란시스코까지 4시간도 걸리지 않을 것이다. 하지만 최초의 초음속 여객기 콩코드가 퇴역한 이후에는 자취를 감추고 말았다. 그 이유는 초음속 비행에는 많은 난관이 존재하기 때문이다. 예를 들면 속도 0부터 음속 이상의 폭넓은 속도 영역에 대응할 수 있는 몸체와 엔진을 개발하기 위해서는 엄청난 비용이 든다.

또한 삼각익은 이착륙 속도가 빨라서 필요한 활주 거리도 길어지므로 이착륙이 가능한 공항이 제한된다. 그뿐만 아니라 이륙 시의 소음도 커진다. 그리고 초음속 비행에서는 충격파가 지상에 도달해서 발생하는 소닉붐이라 부르는 폭발음 문제도 있다. 이 때문에 초음속 비행의 항로는 바다 위로만 제한하는 등, 음속의 벽을 넘었다고 해도 소음의 벽이 앞을 가로막고 있다. 가까운 미래에는 이런 장애를 뛰어넘는 초음속 여객기가 틀림없이 등장할 것으로 기대한다.

샌프란시스코까지 걸리는 비행시간

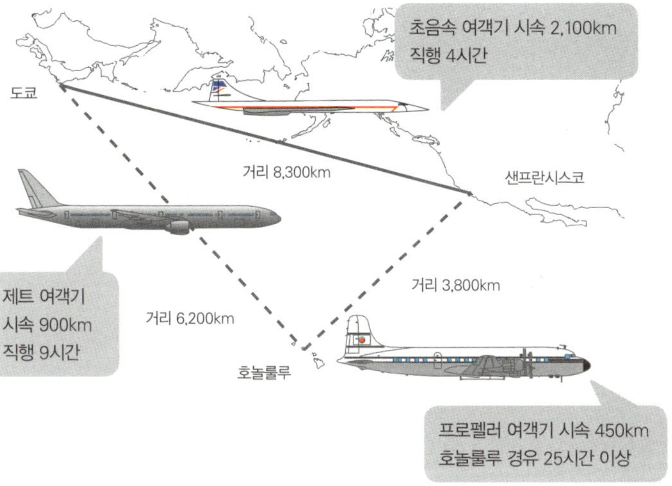

초음속 여객기 시속 2,100km
직행 4시간

도쿄

거리 8,300km

샌프란시스코

제트 여객기
시속 900km
직행 9시간

거리 6,200km

거리 3,800km

호놀룰루

프로펠러 여객기 시속 450km
호놀룰루 경유 25시간 이상

초음속 여객기를 위한 아이디어

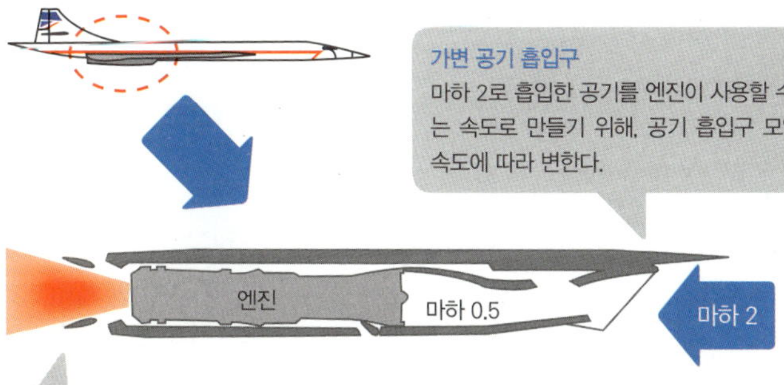

가변 공기 흡입구
마하 2로 흡입한 공기를 엔진이 사용할 수 있는 속도로 만들기 위해, 공기 흡입구 모양이 속도에 따라 변한다.

엔진 마하 0.5 마하 2

가변 배기 덕트
음속을 넘지 않을 때의 배기 덕트는 배기가스를 가속하기 위해 출구를 좁히지만, 비행 속도가 음속 이상이 되면 로켓 엔진처럼 넓힌다. 공기 흐름의 속도가 음속 이상이라면 출구가 넓어야 배기가스가 가속되기 때문이다.

단발 엔진을 장착한 여객기가 없는 이유

이륙하느냐 마느냐, 그것이 문제로다

2-07

여객기에는 쌍발기, 3발기, 4발기가 있다. 아마 누구도 단발기는 본 적이 없을 것이다. 여객기(화물 전용기와 커뮤터기도 포함한다)는 언제 어떠한 상황에서 엔진이 고장 나더라도 안전하게 비행해야 하기 때문이다.

예를 들어 이륙 활주 중에 갑자기 엔진이 고장 난 경우를 생각해보자. 만약 이륙을 중지한 경우에는 제한된 활주로 안에서 완전히 멈춰야 한다. 또 그대로 이륙한다고 해도 남은 엔진의 힘만으로 활주로 안에서 이륙할 수 있어야 한다. 그리고 안전하게 이륙했다고 하더라도 눈앞에 다가오는 산이나 빌딩과 같은 높은 건물을 남은 엔진의 힘으로 여유 있게 넘어야 한다. 물론 이륙만이 아니라 착륙할 때까지 언제 엔진이 고장 나더라도 안전하게 비행할 필요가 있다. 이를 위한 안전기준이 있고, 여객기는 그 기준을 만족하도록 제작되었다.

그런데 이륙을 중지할지 그대로 계속 진행할지 결정하는 것은 큰 문제다. 이륙 중지가 늦어지면 제한된 활주로 안에서 정지하지 못할 수도 있기 때문이다. 또 이륙을 일찍 결정했다 하더라도 남은 엔진으로 가속하여 활주로 안에서 이륙할 수 있다고 단정하기는 힘들다. 즉, 어느 시점에 이륙을 결정하는지가 큰 문제다. 이를 위해 V_1(브이원)이라는 속도가 있다. V_1보다 느리다면 중지해도 활주로 안에서 정지할 수 있고, V_1보다 빠르다면 계속 진행해도 안전하게 이륙할 수 있다. 조종사는 때때로 시속 300km나 되는 V_1에 도달하기 전, 1초도 안 되는 시간 동안 이륙을 중지할지 계속 진행할지를 결정해야 한다.

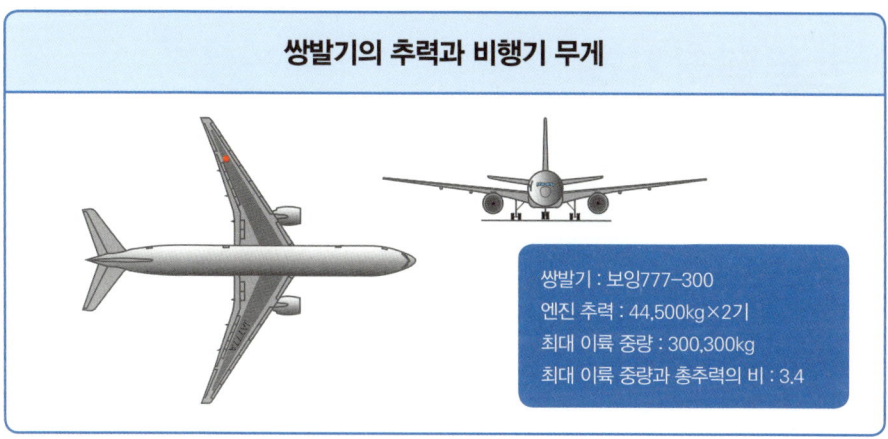

쌍발기의 추력과 비행기 무게

쌍발기 : 보잉777-300
엔진 추력 : 44,500kg×2기
최대 이륙 중량 : 300,300kg
최대 이륙 중량과 총추력의 비 : 3.4

3발기의 추력과 비행기 무게

3발기 : MD-11
엔진 추력 : 26,300kg×3기
최대 이륙 중량 : 273,300kg
최대 이륙 중량과 총추력의 비 : 3.5

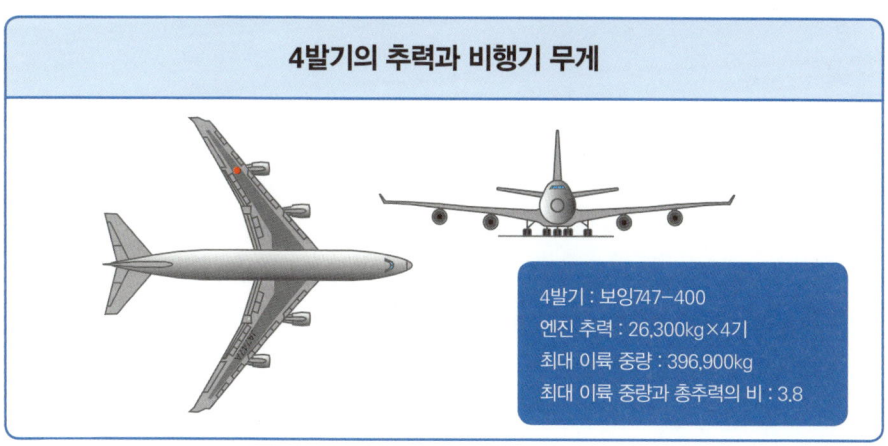

4발기의 추력과 비행기 무게

4발기 : 보잉747-400
엔진 추력 : 26,300kg×4기
최대 이륙 중량 : 396,900kg
최대 이륙 중량과 총추력의 비 : 3.8

프로펠러기와 제트기의 다른 점

2-08

프로펠러기는 고속 비행, 제트기는 서행이 약점이다

프로펠러기라고 해도 여객기라면 대부분 프로펠러를 돌리는 엔진으로 제트 엔진과 비슷한 터보프롭엔진을 사용한다. 하지만 어떤 종류의 엔진으로 프로펠러를 돌리든 비행 속도에는 한계가 있다. 왜냐하면 비행 속도가 빨라지면 프로펠러를 통과하는 공기의 상대 속도가 빨라져 결국에는 음속을 넘어버리기 때문이다. 그러면 프로펠러에 충격파가 발생하여 항력이 갑자기 커지고 효율이 낮아진다. 이런 일을 방지하기 위해 회전수를 줄이면 앞으로 나아가는 힘이 부족해져 속도를 낼 수가 없다.

속도만으로 비교하면 프로펠러기가 마냥 불리해진다. 그래서 추진 효율이란 '잣대'가 등장한다. 추진 효율이란 엔진이 내는 전체 에너지와 그중에서 앞으로 나아가는 데 사용되는 에너지의 비로, 숫자가 클수록 효율이 높다는 의미다. 이 잣대로 비교하면, 시속 550km 이하에서는 프로펠러기가 단연 유리하다. 한편 제트 엔진은 속도가 빨라질수록 엔진으로 흘러들어 가는 공기가 저절로 많아지므로(이 현상을 램 현상이라 부른다), 속도가 빠를수록 효율이 좋은 엔진이라 할 수 있다.

여담이지만, 나라에 따라 프로펠러가 회전하는 방향이 다르다. 앞에서 비행기를 바라볼 때 일본과 미국에서 사용하는 엔진은 시계 반대 방향으로, 영국에서 사용하는 엔진은 시계 방향으로 회전한다. 이런 차이는 피스톤 엔진 시절부터 이어져 온 것으로, 제트 엔진의 회전 방향에도 그대로 반영되었다. 즉, YS-11에 사용한 엔진은 영국제이므로 프로펠러는 시계 방향으로 회전한다.

프로펠러의 한계

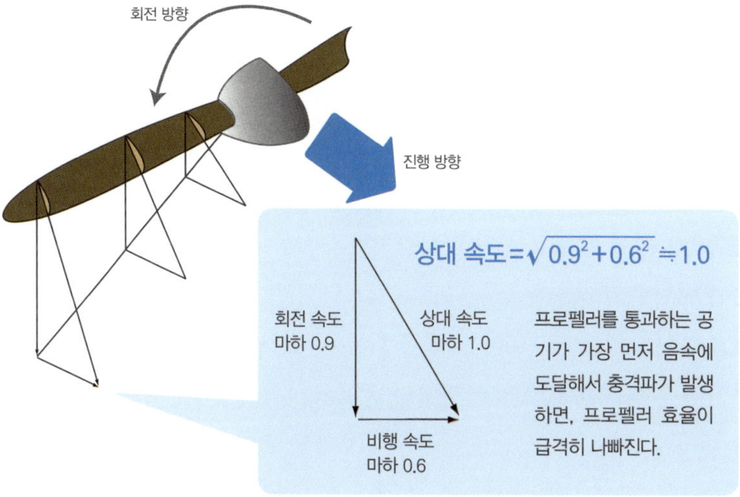

회전 방향

진행 방향

$$상대\ 속도 = \sqrt{0.9^2 + 0.6^2} \approx 1.0$$

회전 속도 마하 0.9
상대 속도 마하 1.0
비행 속도 마하 0.6

프로펠러를 통과하는 공기가 가장 먼저 음속에 도달해서 충격파가 발생하면, 프로펠러 효율이 급격히 나빠진다.

비행 속도와 추진 효율

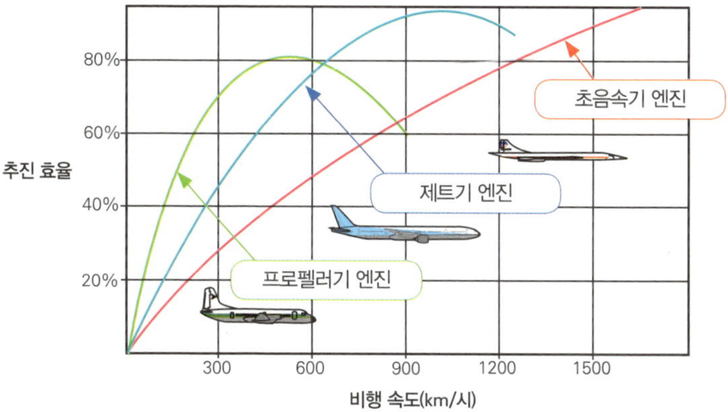

추진 효율 (세로축): 20%, 40%, 60%, 80%
비행 속도(km/시) (가로축): 300, 600, 900, 1200, 1500

초음속기 엔진
제트기 엔진
프로펠러기 엔진

$$추진\ 효율 = \frac{추진에\ 사용한\ 에너지}{엔진\ 출력\ 에너지}$$

마력과 추력의 차이

왜 프로펠러기 엔진은 마력으로 표시할까

2-09

일반적으로 힘이 센 사람은 다른 사람보다 무거운 물건을 들 수 있는 사람, 일을 잘하는 사람은 무거운 물건을 다른 사람보다 멀리 옮길 수 있는 사람을 말한다. 그리고 파워가 있는 사람이란 그 일을 다른 사람보다 빨리 할 수 있는 사람이다. 이런 내용을 물리 용어로 바꿔 말하면, 힘(force)이란 물체를 움직이게 하거나 속도를 변하게 하는 것, 일(work)이란 물체에 힘을 가하여 움직이게 하는 것, 마력(power)이란 단위 시간당 하는 일, 즉 일률을 의미한다. 이를 공식으로 표현하면 다음과 같다.

(일)=(힘)×(거리) (kg·m)

(일률)=(힘)×(거리)÷(시간) (kg·m/초)

비행기의 일은 하늘을 나는 것이다. 그 일의 원천이 제트 엔진에서 나오는 추력이며 매뉴얼에서는 추력의 단위를 kg로 표시한다. 항공 업계에서는 제트 여객기라고 해도 추력이 부족하면 파워가 부족하다라고 표현하고, 스러스트 레버(제트 엔진의 액셀러레이터)를 파워 레버라고 부르며 파워를 더한다라는 업계 용어를 많이 사용한다.

한편 프로펠러를 돌리는 엔진의 경우에는 성능을 마력으로 표시한다. 힘이 아니고 마력인 이유는 장착하는 프로펠러에 따라 내는 힘이 다르기 때문이다. 프로펠러가 내는 힘은 회전하여 공기를 가를 때 발생하는 양력이다. 그래서 같은 엔진이라도 장착하는 프로펠러 날개 개수나 형태에 따라 양력의 크기가 달라진다. 이런 이유로 프로펠러기 엔진은 엔진이 프로펠러를 단위 시간에 얼마나 회전시킬 수 있는지를 나타내는 일률, 즉 마력으로 표시한다.

마력이란?

1마력 = 75kg·m/초

1초에 1m 옮길 수 있다.

일이란 힘을 가해 움직이는 것으로
 (일) = (힘) × (거리)가 된다.
마력은 일을 1초에 어느 정도 할 수 있는가를 의미하며

$$(마력) = \frac{(힘) \times (거리)}{(시간)}$$ 이 된다.

1마력이란 75kg 물체를 1초에 1m 움직일 수 있는 파워를 의미한다.

마력과 추력

라이트 플라이어(라이트 형제의 비행기)
엔진 12마력, 비행기 무게 340kg

보잉777-300ER의 이륙 시 힘과 속도
엔진 추력 52,100kg×2기
이륙 속도 326km/시(90.5m/초)
비행기 무게 350톤

보잉777-300ER 이륙 시 마력은

$$마력 = \frac{104{,}200\text{kg} \times 90.5\text{m/초}}{75\text{kg}\cdot\text{m/초}}$$

≒125,700이므로, 대략 12만 마력이다. 제트 여객기는 라이트 플라이어보다 1,000배 더 무겁고(350톤), 1만 배 더 마력이 세다는(12만 마력) 사실을 알 수 있다.

비행기는 진북이 아닌 자북을 기준으로 한다

일반 지도는 북극점을 가리키는 북쪽(진북)이 기준이지만, 항공 업계에서는 자석이 가리키는 북쪽(자북)이 기준이다. 예컨대 하네다 공항 활주로에 34라는 번호를 붙인 이유는 자기 방위가 337도이기 때문이다. 일본 부근은 진북과 비교하여 자북이 7도 크므로, 진방위는 337도에서 7도를 뺀 330도가 된다. 만약 진방위로 번호를 붙인다면 33으로 붙여야 한다. 앵커리지 공항 활주로 07은 자기 방위로는 69도지만, 지도에서 보면 거의 동쪽을 향하고 있다. 자북에 가까워 약 20도나 작게 가리키기 때문이다.

비행기가 자북을 기준으로 삼은 이유는 지상에서는 북극성을 참고할 수 있지만, 비행하고 있는 고도에서는 별이 보이지 않을 수도 있기 때문이다. 먼 바다를 항해하는 배는 방위를 알아내기 위해 오랫동안 자석을 이용한 나침반을 이용해왔고, 해당 장치를 발전시켜왔다. 이 또한 비행기가 자북을 기준점으로 삼은 이유이기도 하다.

자북극 부근 상공의 모습. 지금은 비행기 자체에서 진북을 알 수 있으므로 자석이 아닌 컴퓨터 계산으로 자기 방위를 산출한다.

하늘을 날기 위한 구조와 원리

비행기에는 전자기기에서 중장비에 이르기까지 광범위하고 복잡한 장치가 있다. 이런 장치가 유기적으로 기능하여 비행기가 안전하게 하늘을 날 수 있는 것이다. 3장에서는 이런 장치들의 구조를 알아보고, 비행고도와 비행 속도를 측정하는 방법을 설명한다.

조종실은 어떻게 생겼나?

전망은 좋지만, 생각보다 비좁다

3-01

기장이 앉는 좌석과 부기장이 앉는 좌석에는 서로 거의 같은 계기판과 스위치가 있다. 그 이유는 좌우 어느 자리에서든 조종할 수 있도록 하기 위해서다. 이렇게 하면 왼쪽이든 오른쪽이든 어떤 계기판이 고장 나도 대처할 수 있고, 파일럿이 갑자기 조종하지 못하는 상태가 되어도 다른 한 명이 있으므로 안심할 수 있다. 이렇게 비행기의 장치를 다중으로 설치해서, 문제가 발생해도 다른 장치로 기능을 충분히 다할 수 있도록 하여 신뢰성을 높이는 방법을 리던던시(redundancy. 중복)리고 한다. 그리고 파일럿은 착석 중에 허리뿐만 아니라 어깨에도 안전띠를 착용하는데, 이런 상태에서도 스위치나 레버 등을 편하게 조작할 수 있도록 조종실은 적절한 크기로 만들어져 있다.

각종 계기판의 가짓수는 초음속 여객기 콩코드 이후로 감소하는 경향을 보이는데, 가장 큰 이유는 브라운관이나 액정화면에 컬러로 표시하는 방식의 계기판 시스템인 EFIS(전자식 비행계기 시스템)가 개발되었기 때문이다. 파일럿에게 가장 잘 보이는 위치에 속도, 자세, 고도 등을 알려주는 PFD, 그 옆에 항법 관련 정보를 표시하는 ND가 있다.

중앙에는 EICAS가 감지한 엔진 회전수와 배기가스 온도 등의 수치, 고장 경보 등을 표시하는 디스플레이가 있다. EICAS란 엔진과 비행기의 장치를 감시하고 이상이 있으면 파일럿에게 알려주는 시스템으로, ECAM이라고도 부른다. 그리고 EICAS 디스플레이 아래에 있는 MFD는 전자식 체크리스트(조작 순서 조회표), 엔진과 시스템에 대한 상세 상황, 지상과의 데이터 통신 상황 등 파일럿이 선택한 항목을 표시하는 다기능 표시장치다.

조종석 내부 모습

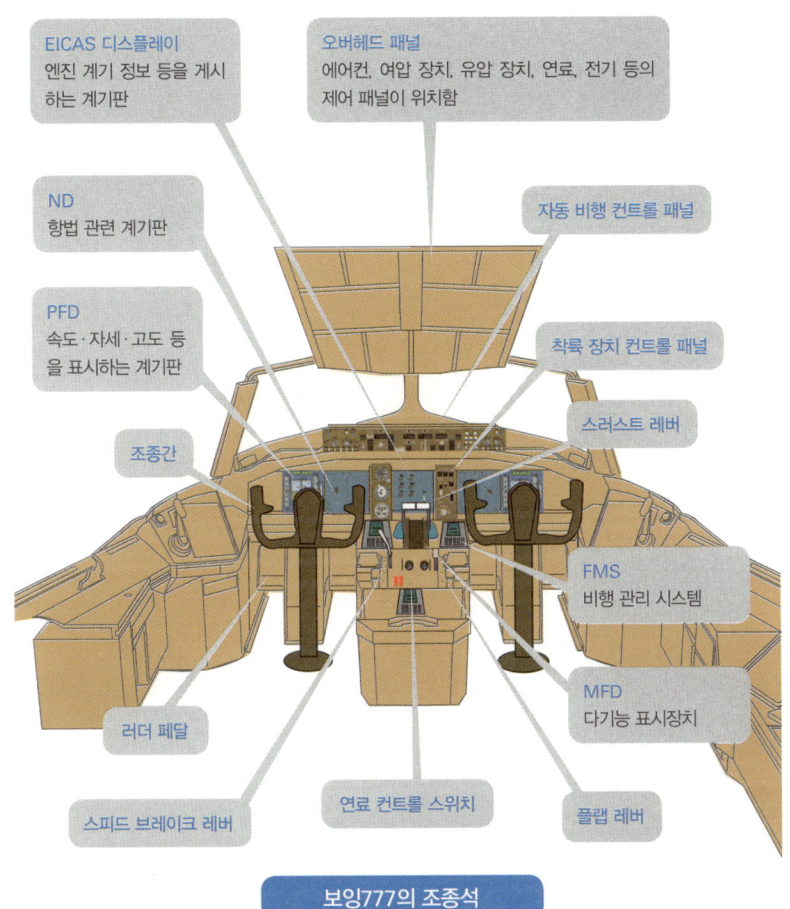

- **EICAS 디스플레이**: 엔진 계기 정보 등을 게시하는 계기판
- **오버헤드 패널**: 에어컨, 여압 장치, 유압 장치, 연료, 전기 등의 제어 패널이 위치함
- **ND**: 항법 관련 계기판
- **PFD**: 속도·자세·고도 등을 표시하는 계기판
- **자동 비행 컨트롤 패널**
- **착륙 장치 컨트롤 패널**
- **스러스트 레버**
- **조종간**
- **FMS**: 비행 관리 시스템
- **MFD**: 다기능 표시장치
- **러더 페달**
- **스피드 브레이크 레버**
- **연료 컨트롤 스위치**
- **플랩 레버**

보잉777의 조종석

약어
- EFIS : Electronic Flight Instrument System
- PFD : Primary Flight Display
- ND : Navigation Display
- EICAS : Engine Indication and Crew Alerting System
- ECAM : Electronic Centralized Aircraft Monitor
- FMS : Flight Management System
- MFD : Multi Function Display

비행기가 나는 세 방향

3-02

3차원을 비행하는 비행기에는 세 개의 방향타가 필요하다

   3차원을 비행하는 비행기에는 흔들리는(움직이는) 방향에 각각 이름이 붙어 있으며, 비행기 진행 방향을 세로축, 수직 방향을 수직축, 날개를 펼쳐 옆으로 뻗은 방향을 수평축이라 한다. 세로축을 축으로 좌우의 날개가 상하로 움직인 것이 옆놀이(롤링)다. 같은 방식으로 수직축을 축으로 기수가 좌우로 움직이는 빗놀이(요잉), 수평축을 축으로 기수가 상하로 움직이는 키놀이(피칭)가 있다. 세로축을 옆놀이 축(롤축), 수직축을 빗놀이 축(요축), 수평축을 키놀이 축(피치축)이라 한다.

   3차원을 비행하는 비행기에는 주 날개, 수평꼬리날개, 수직꼬리날개가 붙어 있다. 주 날개는 비행기를 떠받치는 양력을 발생시키는 역할을 한다. 수평꼬리날개는 수평안정판, 수직꼬리날개는 수직안정판이라고도 부른다. 왜냐하면 파일럿이 예상 못한 돌풍 등으로 비행기 자세가 변하더라도 저절로 원래 자세로 돌아오게 만들어서 비행기를 안정시키는 역할을 하기 때문이다.

   예컨대 비행기가 아래로 향해버린 상황을 생각해보자. 이때 수평꼬리날개를 통과하는 기류가 변화하여 아래로 양력이 발생한다. 이렇게 발생한 양력으로 원래 자세로 돌아갈 수 있다. 비행기가 다른 방향으로 향해도 마찬가지다. 수직꼬리날개에서 발생하는 양력 때문에 원래 자세로 돌아가게 되어 있다. 발생하는 양력이 작아도 비행기 자세를 변화시킬 수 있는 이유는 지렛대 원리를 생각하면 이해하기 쉽다. 두 꼬리날개는 모두 비행기의 무게중심에서 떨어져 있으므로 작은 힘으로도 비행기를 움직일 수 있다. (힘)×(거리)로 정해지는 회전 능률을 모멘트라고 하며, 수평꼬리날개에 의한 모멘트를 키놀이 모멘트, 수직꼬리날개에 의한 모멘트를 빗놀이 모멘트라 부른다.

비행기의 세 가지 움직임

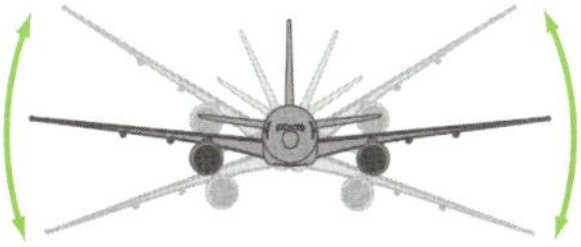

옆놀이(롤링)

빗놀이(요잉)

키놀이(피칭)

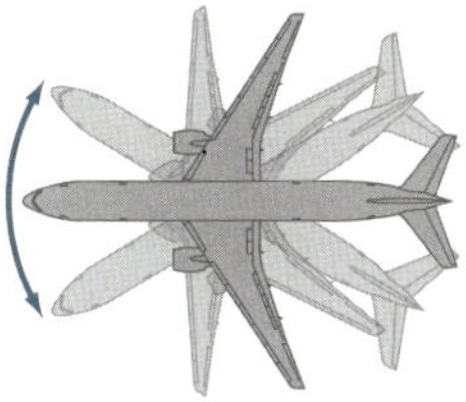

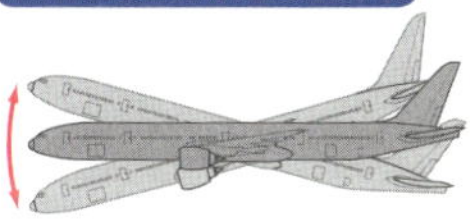

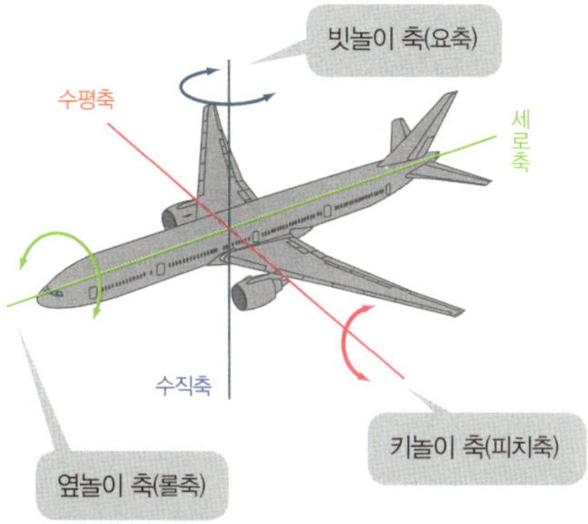

빗놀이 축(요축)
수평축
세로축
수직축
키놀이 축(피치축)
옆놀이 축(롤축)

조종 타면	움직임	각도
도움날개(에일러론)	옆놀이(롤링)	뱅크각
방향키(러더)	빗놀이(요잉)	요각
승강키(엘리베이터)	키놀이(피칭)	피치각

수평꼬리날개와 수직꼬리날개의 역할

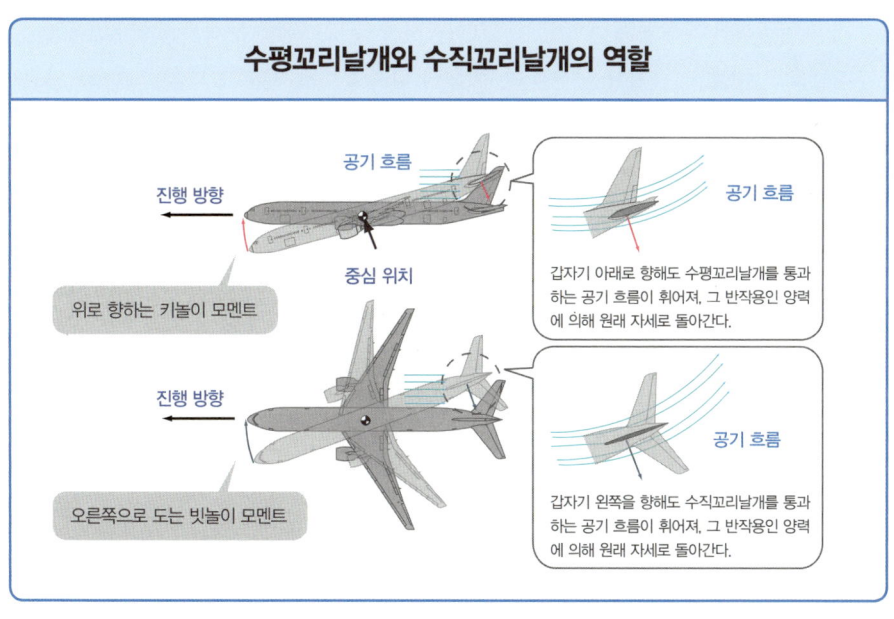

공기 흐름
진행 방향
중심 위치
위로 향하는 키놀이 모멘트

공기 흐름

갑자기 아래로 향해도 수평꼬리날개를 통과하는 공기 흐름이 휘어져, 그 반작용인 양력에 의해 원래 자세로 돌아간다.

진행 방향
오른쪽으로 도는 빗놀이 모멘트

공기 흐름

갑자기 왼쪽을 향해도 수직꼬리날개를 통과하는 공기 흐름이 휘어져, 그 반작용인 양력에 의해 원래 자세로 돌아간다.

조종간과 비행기 움직임 사이의 관계

3-03

두 손 두 발 모두 사용하여 조종한다

　조종석의 앞에 있는 것이 조종간이다. 컨트롤 휠을 번역하여 조종륜이라 부르기도 하지만, 항공 업계에서는 조종간이라 부르는 경우가 많다. 조종간을 자동차 핸들처럼 돌리면, 도움날개(에일러론)가 움직인다. 그리고 앞으로 밀거나 몸 쪽으로 당기면 승강키(엘리베이터)가 움직인다. 물론 돌리며 밀거나 당기는 일도 할 수 있다. 발아래에 나란히 놓인 두 개의 페달이 방향키 페달이다. 페달을 밀면 방향키(러더, rudder)가 움직인다. 오른쪽 페달을 밀면 왼쪽 페달이 파일럿 쪽으로 나온다. 즉, 좌우 페달이 기계적으로 연결되어 움직인다.

　비행기가 주 날개, 수평꼬리날개, 수직꼬리날개를 이용하여 직진할 수 있는 이유는 66쪽에서 설명했다. 이것을 반대로 생각하면, 세 날개 사이의 균형을 적절하게 무너뜨리면 자유롭게 비행할 수 있다는 것을 알 수 있다. 무게중심에서 떨어진 곳에 방향키와 승강키가 있으므로, 지렛대 원리에 의해 적은 힘으로도 비행기를 움직이는 힘을 얻을 수 있다. 일례로 조종간을 밀면 수평꼬리날개에 있는 승강키가 아래로 움직여 수평꼬리날개를 통과하고 있던 공기의 흐름이 아래로 휘어져 버린다. 그러면 이에 대한 반작용으로 수평꼬리날개에 위로 향하는 양력이 발생한다. 이 양력에 의해 기수를 아래로 내리는 키놀이 모멘트가 작용하여 기수가 아래로 향한다. 반대로 조종간을 당기면 승강키가 위로 움직여 아래로 향하는 양력이 발생하고, 이로 말미암아 기수를 올리는 모멘트가 작용하여 기수가 위로 향한다. 방향키도 같은 원리로 작용한다. 오른쪽 페달을 밀면 방향키가 오른쪽으로 움직여 수직꼬리날개의 왼쪽으로 양력이 발생한다. 그 결과, 우회전을 이끄는 빗놀이 모멘트가 작용하여 기수가 오른쪽으로 향한다.

조종간과 비행기의 움직임

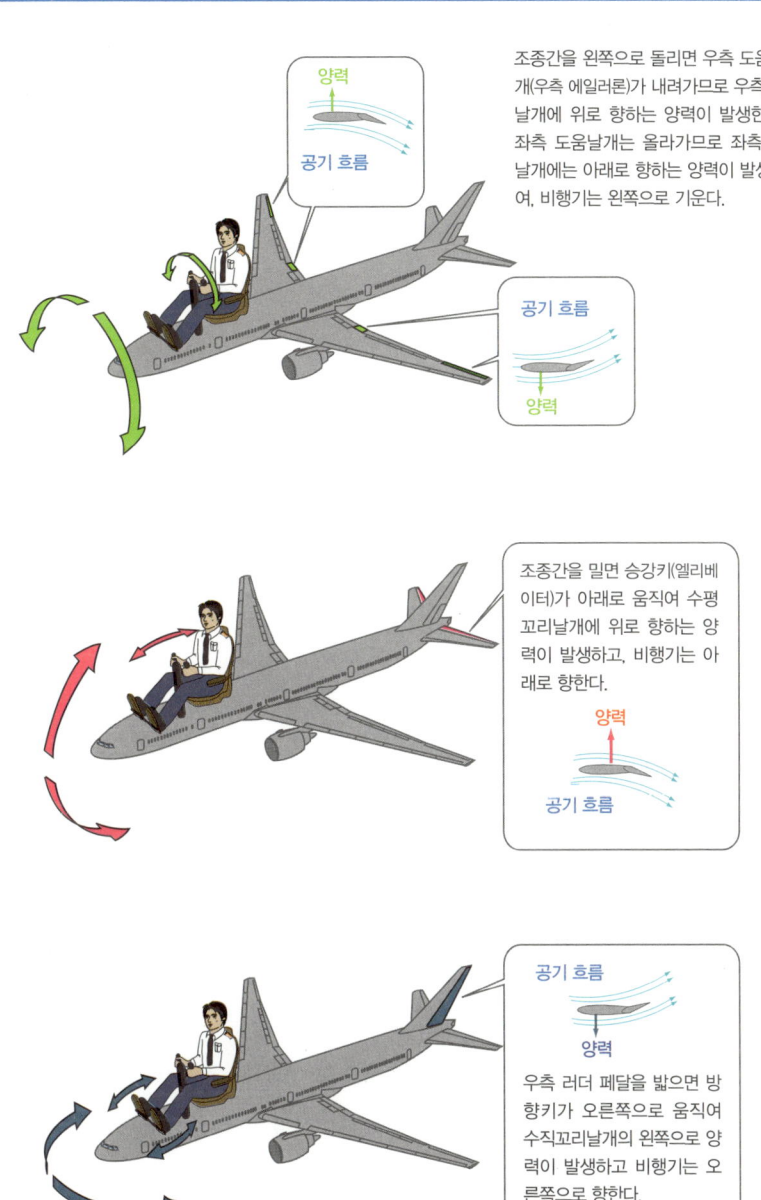

비행기 자세를 알려주는 계기판

3-04

자이로스코프의 원리를 이용한다

운행 중인 자동차의 자세는 창을 통해 보이는 도로 모습과 비교하면 직감적으로 판단할 수 있다. 이 경우에 앞 유리로 보이는 풍경이 자세를 알려주는 계기판이라고 할 수 있다. 비행기도 이착륙할 때와 같이 낮은 고도에서는 자동차처럼 풍경을 보고 자세를 판단할 수 있다. 하지만 높이 올라간 다음에는 풍경으로 기체의 자세를 파악하는 것이 매우 어려워진다. 하물며 구름 속과 같이 한 치 앞도 보이지 않는 곳이라면 더 말할 필요도 없다. 비행기에는 앞 유리가 아닌, 자세를 알려주는 계기판이 필요한 것이다.

이 필요성 때문에 앞 유리를 통해 밖을 살펴보듯 자세 변화에 따라 움직이는 수평선으로 비행기 자세를 확인할 수 있는 계기판이 고안되었다. 어떻게 계기판으로 자세를 확인할 수 있는가 하면, 자이로스코프(고속으로 회전하는 팽이. Vertical Gyro)의 회전축이 언제나 일정한 방향을 가리키는 성질을 이용하기 때문이다. 회전축이 수직으로 유지되는 자이로스코프를 비행기에 설치하면, 비행기가 기울어도 자이로스코프의 회전축은 수직이므로 비행기가 기울어진 정도를 알 수 있다.

자세를 알 수 있는 계기는 PFD(Primary Flight Display)와 다른 계기에 함께 표시되지만, 특히 자세를 표시하는 부분을 자세 지시기(ADI. Attitude Director Indicator)라 부른다. 자세 지시기 덕분에 바깥 시계가 아무리 나쁘더라도 언제나 수평선을 확인할 수 있으므로, 비행기 자세를 알 수 있다. 예컨대 비행기가 오른쪽으로 기울면 자세 지시기에 있는 수평선은 왼쪽으로 기울지만, 자세 지시기 안에 있는 비행기 심벌과 비교하면 비행기가 오른쪽으로 기울었다는 것을 직감적으로 알 수 있다.

자세를 알려주는 계기판과 실제 자세

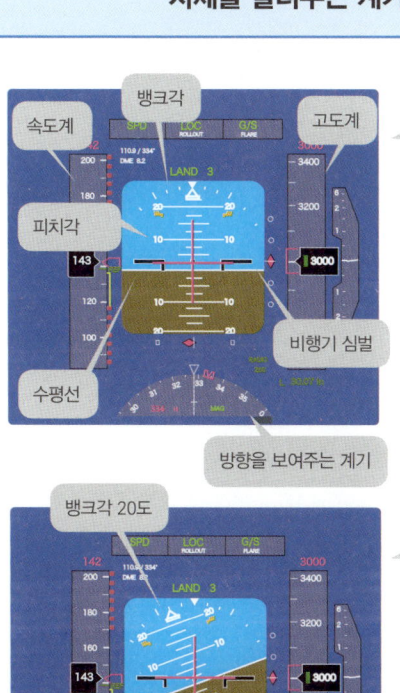

수평비행할 때의 자세를 보여줌

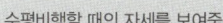

비행기를 뒤에서 본 모습

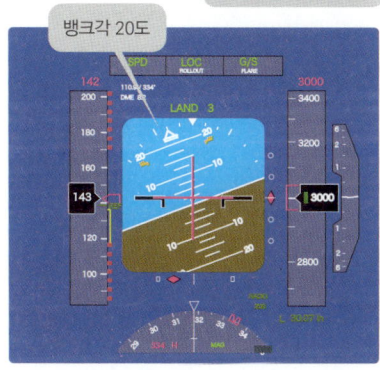

뱅크각 20도로 오른쪽으로 선회할 때의 자세를 표시

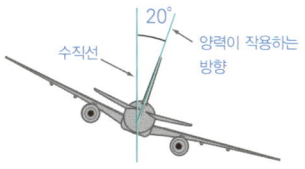

비행기를 뒤에서 본 모습

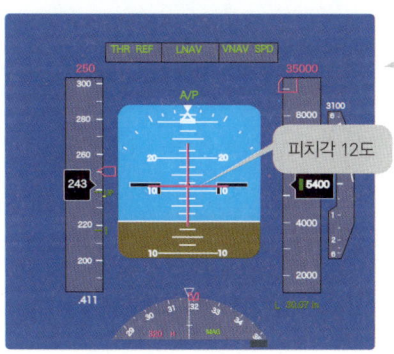

피치각 12도로 상승할 때의 자세를 표시

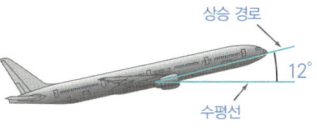

비행기를 옆에서 봄

어떻게 현재 위치를 알 수 있을까?

관성항법이란 무엇인가?

3-05

철새는 밤에는 별자리와 지자기, 낮에는 태양과 지형을 이용해 자신이 날아가는 방향을 판단하여 장거리를 이동한다고 알려져 있다. 항공 업계에서는 목적지까지 안전하고 확실하게 비행하기 위한 기술을 항법(내비게이션)이라 부르는데, 철새에게는 항법 장치가 달린 것처럼 보인다. 비행기는 관성항법과 지상 전파나 GPS(Global Positioning System, 전 지구 위치 파악 시스템)를 이용하는 전파항법을 함께 사용하여 철새보다 더 정확한 항법을 구사한다.

전파항법은 무선 기지국에서 나오는 방위와 거리를 담은 전파 정보를 수신하여 위치를 산출한다. 그리고 관성항법은 뉴턴의 운동 제1법칙인 '물체는 밖에서 힘이 가해지지 않으면 같은 상태를 유지한다'는 관성을 이용한 기술이다. 예를 들면 전철 안에서 졸고 있는 사람의 머리는 출발할 때와 정지할 때 좌우로 흔들린다. 머리는 가만히 있고 싶은데 속도 변화, 즉 가속도 때문에 머리가 움직이고 만 것이다. 따라서 머리가 움직이는 폭을 관측하면 가속도의 크기를 알 수 있고, 처음 위치만 알면 가속도에서 역산하여 속도와 이동 거리를 산출할 수 있다.

비행기에서 활용하는 실제 장치는 가속도계 두 개와 자이로스코프 세 개로 구성된다. 자이로스코프로 진북과 진동(眞東), 수평을 감지하여 실제 비행 방향을 산출하고 진북, 진동, 수평 방향에 맞춘 가속도계로 실제 가속도를 계산한다. 가속도를 통해 얻은 현재 위치는 비행 관리 시스템이라 부르는 컴퓨터가 가지고 있는 항공 지도 데이터베이스와 함께 파일럿이 한눈에 보고 알 수 있도록 화면에 표시된다. 또한 무선 기지국 전파에서 얻은 정보를 더해 더 정확한 위치가 어디인지 자동으로 수정하기도 한다.

관성항법장치의 원리

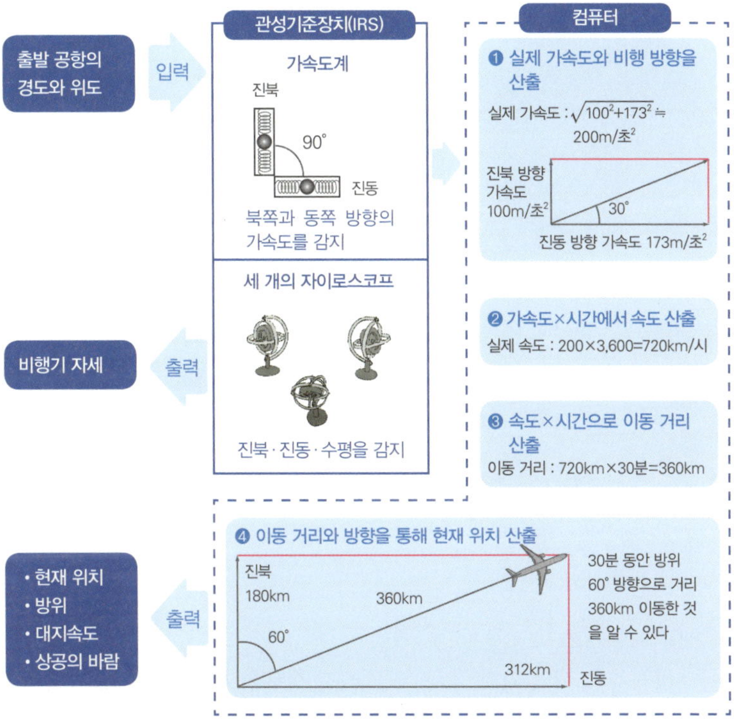

관성기준장치(IRS)

출발 공항의 경도와 위도 → 입력 →

가속도계
- 진북
- 90°
- 진동
- 북쪽과 동쪽 방향의 가속도를 감지

세 개의 자이로스코프
- 진북·진동·수평을 감지

→ 출력 → 비행기 자세

컴퓨터

❶ 실제 가속도와 비행 방향을 산출
실제 가속도: $\sqrt{100^2 + 173^2} ≒ 200\,m/초^2$

진북 방향 가속도 $100\,m/초^2$
진동 방향 가속도 $173\,m/초^2$
30°

❷ 가속도×시간에서 속도 산출
실제 속도: $200 × 3,600 = 720\,km/시$

❸ 속도×시간으로 이동 거리 산출
이동 거리: $720\,km × 30분 = 360\,km$

❹ 이동 거리와 방향을 통해 현재 위치 산출

진북 180km, 360km, 60°, 312km, 진동

30분 동안 방위 60° 방향으로 거리 360km 이동한 것을 알 수 있다

→ 출력 →
- 현재 위치
- 방위
- 대지속도
- 상공의 바람

위치를 알려주는 계기

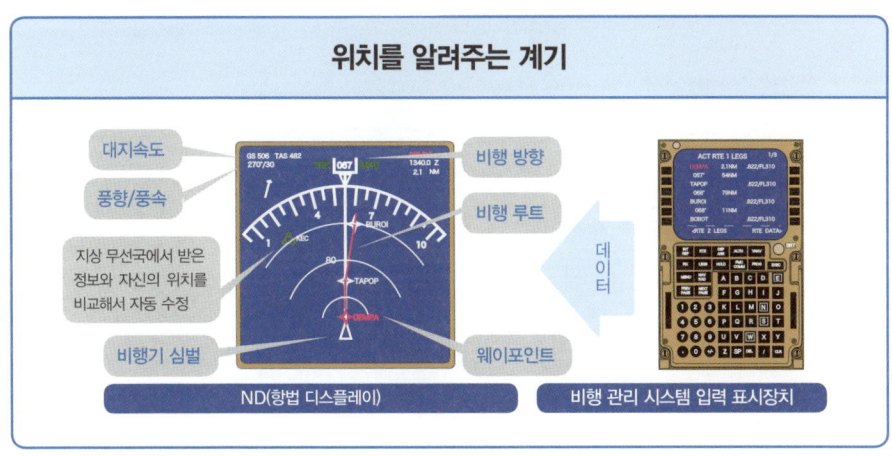

- 대지속도
- 풍향/풍속
- 지상 무선국에서 받은 정보와 자신의 위치를 비교해서 자동 수정
- 비행기 심벌
- 비행 방향
- 비행 루트
- 웨이포인트

ND(항법 디스플레이) ← 데이터 → 비행 관리 시스템 입력 표시장치

73

진화를 거듭한 오토파일럿

파일럿의 수고를 줄여주는 훌륭한 기능

3-06

오토파일럿(autopilot)이라 해도 로봇이 조종석에 앉아서 조종하지는 않는다. 고속으로 회전하는 자이로스코프(팽이)에는 평형을 감지하는 성질이 있는데, 이러한 성질을 이용하여 전기나 유압 장치를 통해 도움날개, 승강키, 방향키를 자동으로 조종하는 것을 오토파일럿이라 한다. 이 기능은 더치롤(dutch roll. 옆으로 흔들리며 좌우 지그재그로 비행하는 것)과 같은 현상을 일으키지 않는 안정 비행 기능, 자동으로 고도와 자세를 유지하는 자동 조종 기능, 자동으로 정해진 경로를 따라 비행하는 자동 유도, 이렇게 세 가지가 있다. 이런 기능을 하는 장치를 자동 비행 장치(auto flight system)라 한다.

제1세대 자동 비행 장치에는 다이얼을 돌리는 것으로 비행기를 조종하거나 고도를 유지하는 기능이 있었다. 그리고 정해진 경로를 정확하게 비행하는 방법인 항법 기능을 위해, 지상의 전파 유도에 따라 비행할 수 있는 자동 유도 기능도 추가되었다.

제2세대에는 전파가 도달하지 못하는 바다 위에서도 정확하게 비행할 수 있는 관성항법장치(INS)가 개발되어, 지상의 도움이 필요 없는 자립 항법 및 자동 조종과 결합하여 비행 루트 위를 자동 비행할 수 있게 되었다. 또한 자동으로 엔진 출력을 제어할 수 있게 되어서 수직 방향으로 자동 항법이 가능해졌다. 그 결과 자동 착륙(auto landing)도 가능해졌다.

제3세대로 접어들어서는 레이저를 이용하는 자이로스코프가 개발되어 훨씬 더 정밀한 자동 조종이 가능해졌다. 또한 수평 방향과 수직 방향 항법 정밀도도 높아져 파일럿의 업무 부담이 큰 폭으로 줄어들었다.

제1세대 컨트롤 패널

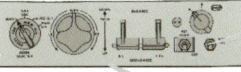

고도 유지 스위치
고도를 유지한다.

모드 선택 스위치
무선 시설의 전파를 수신하면, 그 시설로 향하는 경로를 비행한다.

턴 앤드 피치 컨트롤
좌우로 돌리면 좌우로 선회한다.
누르면 기수가 내려간다.
당기면 기수가 올라간다.

제2세대 컨트롤 패널

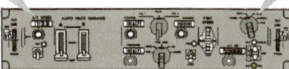

오토 스로틀 스위치
최대 추력을 유지한다.
속도를 유지하기 위하여 추력을 유지한다.

속도 모드 선택 스위치
상승이나 하강 시 속도를 선택하고 유지한다.
경제적인 속도를 자동으로 유지한다.

항법 모드 선택 스위치
비행 전에 위도와 경도를 입력한 지점을 자동으로 비행한다.
자동 착륙이 가능하다.

고도 선택 노브 앤드 스위치
세팅한 고도에 도달하면 자동으로 유지한다.

제3세대 컨트롤 패널

항법 선택 패널

방향 제어 패널

상승 하강률 제어 패널

추력 제어 패널

고도 제어 패널

기본적으로는 제2세대 오토파일럿과 변함없지만, 다음과 같이 개량되었다.
- 레이저 링 자이로스코프를 사용하여 정밀도가 현격히 개선됨
- 항법(수평 방향이나 수직 방향으로 정확하게 비행하는 방법이나 수단)과 오토파일럿이 훨씬 기능적으로 연결됨
- 방위, 선회 각도, 하강률, 상승률 등을 더욱 정확하게 컨트롤 가능해짐

비행 속도는
어떻게 측정할까?

3-07

공기의 힘을 이용하여 빠르기를 측정한다

지면을 달리는 자동차의 속도는 바퀴를 돌리는 축의 회전수에서 산출한다. 수면을 달리는 배는 자석 사이를 물이 통과할 때 전류가 발생하는 자기유도 현상을 이용한다. 여담이지만, 속도의 단위인 노트(knot)는 '매듭'이란 뜻이다. 옛날, 같은 간격으로 매듭을 만든 줄을 선미에서 바다 위로 던져 넣어 물 위로 보이는 매듭 개수를 헤아려 속도를 측정하던 것에서 유래한다. 오늘날의 1노트는 자오선 위도 1분의 거리인 1해리를 한 시간 만에 이동하는 속도다. 1해리가 1.852km이므로, 1노트는 시속 1.852km다. 지구 규모로 이동하는 선박이 쓰는 단위라서인지, 항공 업계에서도 마찬가지로 노트를 사용하고 있다.

    자동차는 지면을, 배는 물을 이용하여 이동하고, 비행기는 당연히 공기를 이용하여 이동한다. 공기 중을 빠른 속도로 비행하면 조종실 앞 유리가 바람을 가르는 소리를 들을 수 있다. 가속하면 바람을 가르는 소리가 커지고, 감속하면 소리가 작아진다. 바람을 가르는 소리는 풍압, 정확하게 말하자면 동압 때문에 생긴다. 이 동압을 측정하는 장치가 피토관이고, 비행기 속도계는 금속으로 만들어진 캡슐이 동압 크기에 따라 부풀거나 찌그러지는 변화를 전기 신호로 변환하여 속도를 표시한다.

    속도계가 가리키는 속도를 지시대기속도(IAS, Indicated Air Speed)라 하는데, 파일럿이 가장 중요하게 생각하는 속도다. 그 이유는 앞에서 말했듯이, 양력은 동압에 비례하기 때문이다. 지시대기속도가 동압을 기준으로 산출한 것이므로 이를 이용하면 비행기를 떠받치는 양력을 얻을 수 있는 최소 속도를 알 수 있고, 반대로 공기의 힘으로 비행기가 파손될 위험이 있는 최대 속도도 알 수 있다.

피토관의 역할

- 비행기 자세에 영향을 가장 많이 받는 곳에 설치
- 피토관
- 예비 정압공
- 정압공
- STATIC PORT
  DO NOT PLUG OR DEFORM HOLES
  INDICATED AREAS MUST BE SMOOTH AND CLEAN
- 공기
- 피토관
- 정압공
- 풍압(동압)으로 움직인 액체. 이곳에 눈금을 매기면 훌륭한 대기속도계가 된다. 실제로는 금속 캡슐을 사용하여 부푼 정도를 전기 신호로 변환하여 속도를 표시한다.
- 공기의 힘으로 액체를 내리누른다.
- 액체

속도계의 예

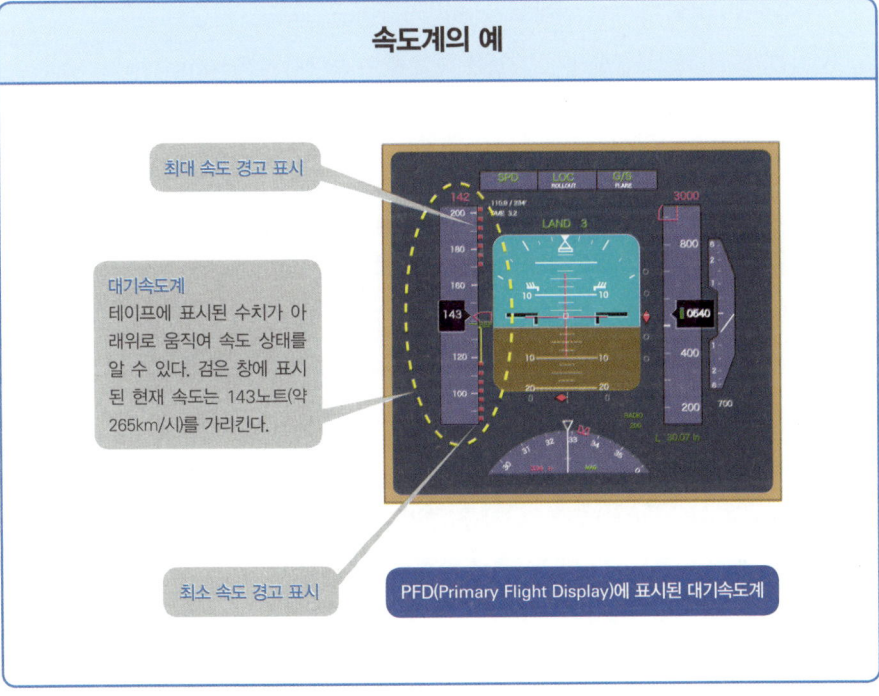

- 최대 속도 경고 표시
- 대기속도계: 테이프에 표시된 수치가 아래위로 움직여 속도 상태를 알 수 있다. 검은 창에 표시된 현재 속도는 143노트(약 265km/시)를 가리킨다.
- 최소 속도 경고 표시
- PFD(Primary Flight Display)에 표시된 대기속도계

비행고도란?

3-08

기압과 고도 사이에 존재하는 규칙을 이용한다

항공 업계에서는 높이(height)와 고도(altitude)를 구별한다. '높이'는 바다든 지면이든 비행기 바로 아래에 있는 지형과 비행기 사이의 거리를 의미한다. 즉, 높이는 측정 장치로 측정한 거리와 같으므로 절대고도라고 부른다. 비행기 아랫면에서 전파를 쏘아, 발사 전파와 반사 전파 사이의 시차로 수직거리를 측정한다. 이 장치를 전파 고도계라 부르는데, 비행에서 중심이 되는 고도계는 아니다. 이착륙을 할 때 활주로에서 얼마나 높이 있는지를 확인하기 위한 고도계이므로, 표시 범위도 0~약 750m(2,500피트)로 매우 좁다.

다음으로 '고도'에 대해 알아보자. 비행기가 나는 고도는 기압을 고도로 환산한 기압고도라 부르는 것이다. 기압은 하늘 높이 올라감에 따라 규칙적으로 감소한다. 게다가 기압은 간단히 측정할 수 있다. 아네로이드(aneroid)라 부르는, 얇은 금속으로 만든 진공 캡슐로 기압을 감지하고, 감지한 기압과 1기압의 차를 고도로 환산한다. 이처럼 미리 세팅한 기압을 기준으로 한 고도계를 기압 고도계라 부른다.

하지만 기압 고도계가 언제나 사용하기 편한 것만은 아니다. 일기예보에서 발표하는 기압 배치가 매일 다르듯이 기압은 계속 변화한다. 기준을 언제나 1기압 1,013헥토파스칼로 상정해서 산출하는 고도계는 정확한 고도를 지시하지 못하므로, 낮은 고도에서는 위험할 수 있다. 그래서 실제 기압을 세팅하여 정확한 고도를 지시하도록 수정(보정)한다. 예를 들면 착륙할 공항의 기압이 1,025헥토파스칼이라면, 세팅한 1,025헥토파스칼과 아네로이드가 감지한 기압의 차를 통해 정확한 고도를 표시한다.

고도와 기압의 관계

눈금을 표시하면 고도계가 된다. 실제로는 금속 캡슐의 변화를 전기 신호로 변환하여 표시한다.

고도 10,000m에서의 기압은 265hPa. 수은기둥 높이는 20cm.

0m에서의 기압은 1,013hPa. 수은기둥 높이는 76cm.

기압고도계

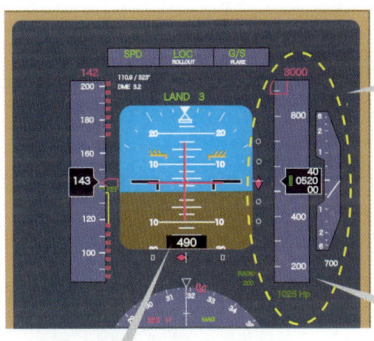

기압 고도계
테이프가 아래위로 움직여 비행하고 있는 고도를 알려준다. 그림에서는 520피트(158m)를 가리킨다.

고도를 보정하기 위한 기압값
비행하는 지역의 실제 기압을 세팅하면 실제 고도(진고도)를 알려준다. 높은 고도에서나 실제 기압을 측정하지 않는 바다 위에서는 1,013hPa로 세팅하여, 해수면이 1기압이라고 가정한 기압을 가리킨다. 이 고도를 플라이트 레벨이라 부른다.

전파 고도계
비행기 바로 아래 지형과의 수직 거리(높이)를 알려준다.

착륙 장치의 구조

바퀴는 이륙할 때에도 필요하다

"우리 비행기는 곧 착륙하겠습니다"라는 기내 방송이 있고 난 뒤, 바닥에서 '덜컹' 하며 비행기 바퀴가 나오는 소리가 들린다. 그리고 '붕' 하며 바람을 가르는 소리와 함께 엔진 소리도 커진다. 비행기가 바퀴를 내리면 공기저항이 커지므로 그만큼 힘이 필요한 것이다. 그래서 바퀴를 내놓은 채로 높은 고도를 빠른 속도로 비행하지 않고, 이륙 후 승강계(승강 하강을 알려주는 계기)가 승강을 가리키면 바로 바퀴를 올려 넣는다.

비행기 바퀴는 착륙 시에만 사용하는 것이 아니지만 착륙 장치(랜딩 기어)라 부른다. 일반적인 비행기는 기수 부근에 전각(前脚. 노즈 기어), 주 날개 가까이에 주각(主脚. 메인 기어)이 있다. 주각이 동체에도 있는 초대형 비행기에서는 주 날개와 날갯죽지에 있는 주각을 윙 기어, 동체에 있는 주각을 보디 기어라고 한다. 주 날개 부근에 주각이 있는 이유는 공중에서 비행기를 떠받치는 주 날개와 날갯죽지를 튼튼하게 만들었기 때문이다. 착륙과 동시에 비행기를 떠받치는 역할이 주 날개에서 주각으로 바뀌어도 될 만한 곳에 주각이 설치되어 있다.

착륙 장치를 격납할 때, 먼저 격납고의 문을 열고 기어를 올려서 고정하고 마지막에 문을 닫는다. 그리고 바퀴 회전이 멈추도록 자동으로 브레이크가 작동한다. 한편 착륙 장치를 꺼낼 때도 같은 순서이지만, 장치에 문제가 생긴다면 예비 장치를 사용할 수 있다. 하지만 격납하기 위한 예비 장치는 없다. 왜냐하면 억지로 격납한다고 해도 꺼낼 수 없게 될 위험이 커서 착륙 장치를 꺼낸 상태로 회항하는 편이 현명한 대처법이기 때문이다.

에어버스 A380의 바퀴는 22개

노즈 기어
기수에 있는 전각 완충지주 1개에 타이어 2개가 있다.

윙 기어
날갯죽지에 있는 주각으로, 완충지주 1개에 타이어 4개가 있다.

보디 기어
동체에 있는 주각으로, 완충지주 1개에 타이어 6개가 있다.

에어버스 A380에는 그림처럼 22개의 타이어가 있다.
보잉777에는 보디 기어가 없고, 주각 완충지주 1개에 타이어가 6개 있어서, 다 합치면 14개의 타이어가 있다.

착륙 장치를 격납하는 구조

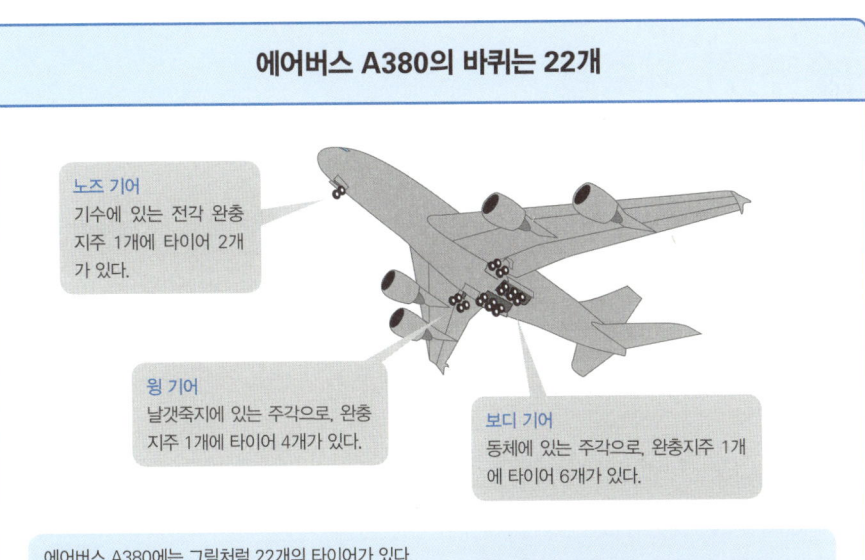

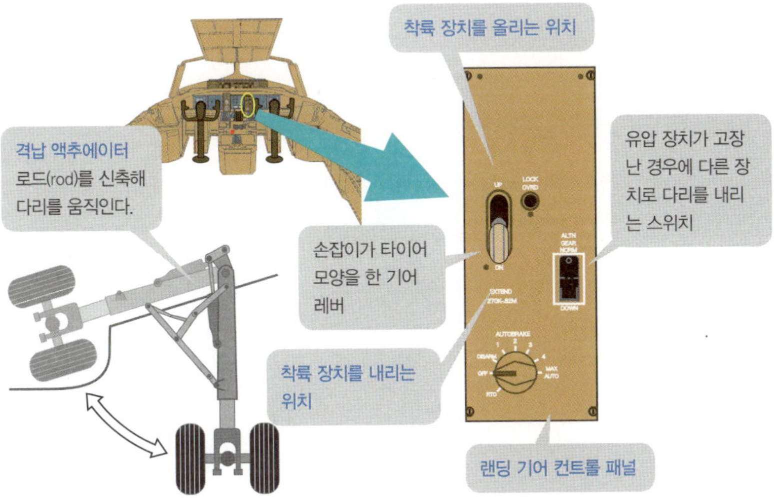

격납 액추에이터
로드(rod)를 신축해 다리를 움직인다.

착륙 장치를 올리는 위치

유압 장치가 고장 난 경우에 다른 장치로 다리를 내리는 스위치

손잡이가 타이어 모양을 한 기어 레버

착륙 장치를 내리는 위치

랜딩 기어 컨트롤 패널

안전한 착륙을 위한 구조
제대로 착륙할 수 있는 착륙 장치의 기능

3-10

사람은 높은 곳에서 뛰어내릴 때, 자연스럽게 무릎을 굽혀서 충격을 줄인다. 하지만 비행기는 다리를 굽힐 수 없는 대신 다리를 움츠려서 충격을 줄인다. 올레오 공압식 완충 버팀대(shock strut)라 부르는 장치로, 피스톤 역할을 하는 원기둥이 랜딩 기어 안에 있는 작동유를 이동시켜 질소를 압축하는 방법으로 충격을 흡수한다. 착륙 장치가 공중에 있을 때는 피스톤 역할을 하는 안쪽 원기둥이 바퀴 무게로 말미암아 가장 아래 위치로 내려와 있지만, 지면에 닿는 순간 움츠러들며 충격을 흡수한다.

비행기에 있는 차륜 브레이크는 바퀴와 함께 회전하는 원반(디스크)을 부드러운 소재 사이에 끼워 넣어 그 마찰력으로 제동하는 디스크 브레이크다. 하지만 자전거와 같이 디스크 한 장이 아니라, 제동 효과를 높이기 위해 여러 장을 갖추고 있다. 그리고 바퀴의 미끄러짐이나 잠김을 방지하는 장치인 안티스키드(anti-skid)를 이용하여, 파일럿이 힘껏 페달을 밟아도 최적의 제동 효과를 얻을 수 있다. 또한 브레이크를 작동한 채 지면에 닿으면 바퀴에 펑크가 날 위험이 있으므로, 안티스키드는 지면에 닿은 후 바퀴가 회전하지 않으면 브레이크가 작동하지 않는 터치다운 프로텍션(touchdown protection) 기능이 있다.

브레이크로 감속한 뒤에는 다음에 착륙하는 후속기를 위해 빨리 활주로를 비워줄 필요가 있다. 비행기는 유도로에 들어가기 위해 전륜뿐 아니라 후륜 일부도 함께 움직여서, 효율적으로 방향을 전환한다. 지상에서 비행기는 삼륜차이므로, 작은 회전 반경으로 움직일 수 있어서 활주로에서는 유턴도 가능하다.

완충지주와 브레이크

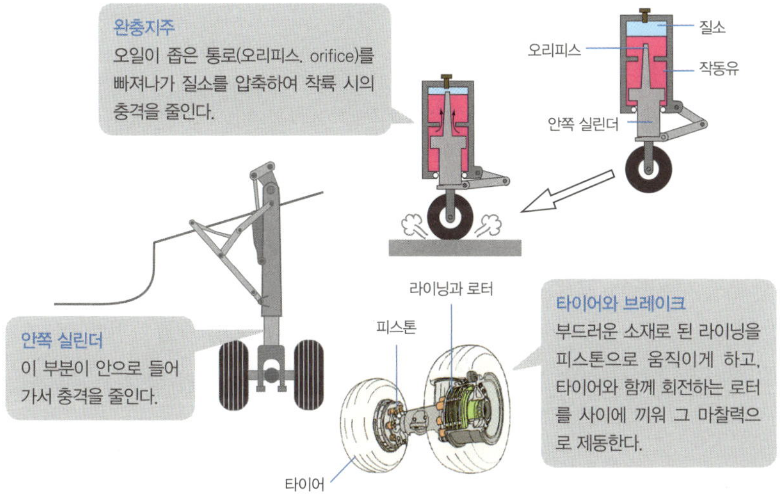
완충지주
오일이 좁은 통로(오리피스, orifice)를 빠져나가 질소를 압축하여 착륙 시의 충격을 줄인다.
질소
오리피스
작동유
안쪽 실린더
안쪽 실린더
이 부분이 안으로 들어가서 충격을 줄인다.
라이닝과 로터
피스톤
타이어
타이어와 브레이크
부드러운 소재로 된 라이닝을 피스톤으로 움직이게 하고, 타이어와 함께 회전하는 로터를 사이에 끼워 그 마찰력으로 제동한다.

비행기 핸들과 브레이크 페달

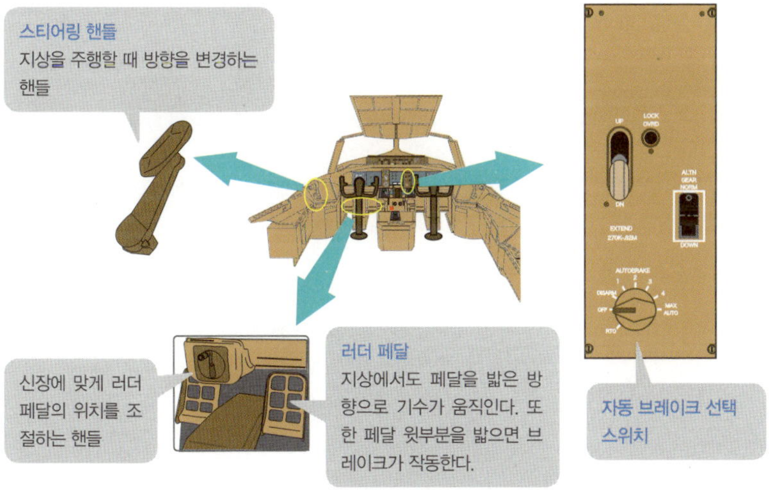
스티어링 핸들
지상을 주행할 때 방향을 변경하는 핸들
신장에 맞게 러더 페달의 위치를 조절하는 핸들
러더 페달
지상에서도 페달을 밟은 방향으로 기수가 움직인다. 또한 페달 윗부분을 밟으면 브레이크가 작동한다.
UP
LOCK
OVRD
DN
ALTN
GEAR
NORM
DOWN
EXTEND
AUTOBRAKE
DISARM
OFF
RTO
MAX
AUTO
자동 브레이크 선택 스위치

이착륙 시에 활약하는 플랩

비행기의 약점인 서행을 돕는다

3-11

비행기가 출발 로비에서 떠나 활주로를 향해 움직이면, 바닥에서 '윙' 하며 기계음이 들린다. 객실 창에서는 주 날개의 뒷부분에서 아래로 드리워진 작은 날개, 즉 플랩을 볼 수 있다. 목적지에 접근하여 "우리 비행기는 곧 착륙하겠습니다"라는 기내 방송이 나올 무렵이면, 다시 바닥에서 소리가 난다. 창밖을 보면 착륙할 때에는 플랩이 많이 나와 있다. 새도 날아오를 때와 내려갈 때 날개를 펼치지만, 내릴 때 더 크게 날개를 펼친다. 날개를 크게 펼치면 공기저항이 커지고 속도가 느려져 충격을 줄일 수 있다.

비행기는 고속으로 비행하는 것을 우선하여 설계되어 있으므로, 서행에는 잘 맞지 않는다. 하지만 이륙이나 착륙 시에는 가능한 한 느린 속도로 움직여야 한다. 이륙과 착륙 모두 속도가 느릴수록 사용하는 활주로 길이를 줄일 수 있기 때문이다. 착륙 장치 강도를 생각해도 될 수 있는 대로 느린 편이 유리하다. 하지만 양력은 속도에 비례하므로, 감속하면 양력도 작아진다. 감속해야 하는 이착륙 시에만 양력을 크게 할 필요가 있다.

앞에서 설명한 것처럼, 양력은 날개가 공기를 휘어지게 하는 것에 대한 공기의 반작용이다. 그러므로 공기가 크게 휘어지면 큰 양력이 발생한다. 그 역할을 하는 것이 플랩이다. 다만 공기가 크게 휘어지더라도 흩어지면 안 된다. 그래서 날개 앞뒤에 빈틈을 만들고 아래에서 공기를 유도하여, 공기가 날개 윗면을 부드럽게 흐르도록 한다.

플랩이란?

보잉777의 플랩

전연 플랩
주 날개와의 사이에 틈이 있다.

슬랫
날개 전연에 틈이 있으므로 공기 흐름이 부드러워져, 공기를 받는 비행기 자세, 즉 받음각을 크게 할 수 있다.

안쪽 후연 플랩
2단으로 되어 있으며, 각 단 사이에 틈이 있다.

바깥쪽 후연 플랩
1단이지만, 주 날개와의 사이에 틈이 있다.

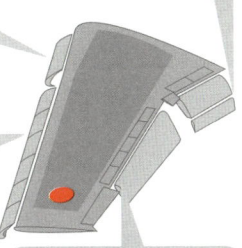

새는 착륙할 때와 날아오를 때에 날개를 크게 펼쳐서 사이사이의 틈을 통해 공기 흐름을 좋게 만들어 큰 양력을 발생시킨다. 플랩은 다음과 같은 작용을 한다.
- 날개 면적을 넓힌다.
- 날개가 휘어 오른 정도로 크게 만든다.
- 받음각을 크게 한다.

이렇게 해서 큰 양력을 만드는 장치가 플랩이다. 예를 들어 보잉777이 이륙할 때는 1.6배나 양력이 커진다.

이륙과 착륙 때 서로 다른 플랩 각도

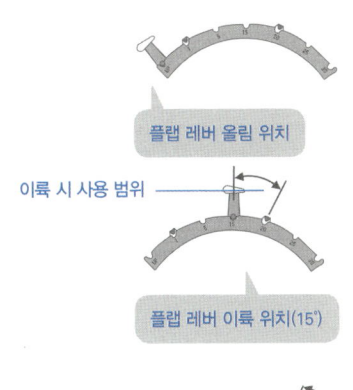

플랩 레버 올림 위치
이륙 시 사용 범위
플랩 레버 이륙 위치(15°)
착륙 시 사용 범위
플랩 레버 착륙 위치(30°)

순항과 같이 고속 비행하는 경우

느린 속도에서 큰 양력이 필요한 이륙 시

느린 속도에서 큰 양력과 항력이 필요한 착륙 시

오일의 힘으로 멀리 있는 키를 조작

고장에 대비하여 3계통 이상으로 분산한다

3-12

비행기가 낮은 고도를 느린 속도로 비행하던 시대에는 조종간을 움직이면 케이블(금속선)과 직접 연결된 키가 움직이는 구조였다. 하지만 착륙해서 차륜 브레이크를 사용하기 위해서는 사람의 힘만으로는 무리이므로, 유압 장치처럼 기계적인 힘을 이용할 필요가 있었다. 세월이 흘러 고속으로 비행하게 되니, 키도 사람 힘으로는 움직일 수 없어서 조종 계통에도 유압 장치를 사용한다.

유압 장치는 밀폐된 용기 속에서 액체의 한 점에 압력을 가하면 액체 전체에 같은 크기만큼 압력이 작용한다는 파스칼의 원리를 이용한 것으로, 간단하게 말하면 오일(작동유)을 이용해서 힘을 전달하는 장치다.

펌프로 작동유에 압력을 가하면, 그 힘이 파이프를 타고 각 날개에 있는 키와 착륙 장치 같은 것을 움직이는 액추에이터(구동장치)와 유압 모터를 작동한다. 펌프에는 엔진, 전기, 압축공기, 풍압으로 구동하는 것이 있다. 펌프 안의 작동유 압력은 일반적으로 약 $210kg/cm^2$(3,000psi : 파운드/평방인치)지만, 파이프 강도와 오일 누설에 대비한 내압 기술이 발달해서 작동유 압력이 약 $350kg/cm^2$(5,000psi)나 되는 비행기도 있다.

유압 장치에 있는 작동유가 새거나 하는 고장도 고려하여, 비행기는 대부분 독립적인 3계통 이상의 장치를 갖추고 있다. 유압 장치가 2계통인 비행기도 있지만 백업용으로 유압 장치와는 상관없이 전기로 움직이는 액추에이터가 있다. 참고로 조종간의 움직임을 전기 신호로 변환하여, 전선으로 액추에이터를 제어해서 키를 움직이는 방식을 플라이 바이 와이어(FBW. Fly By Wire)라 부른다.

유압 장치의 원리

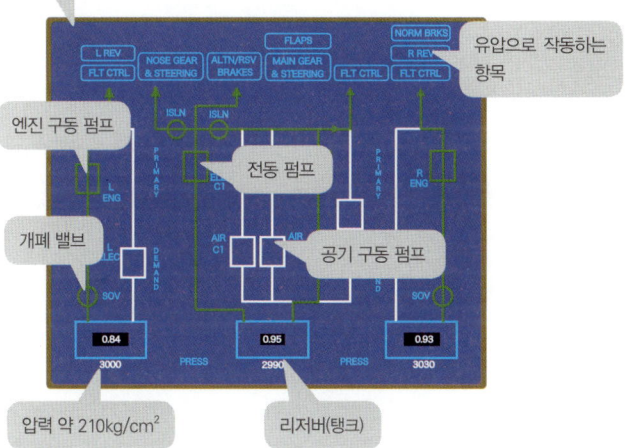

실제 사례

보잉777
다기능 디스플레이에 도식으로 표시되는 유압 장치

유압으로 작동하는 항목

엔진 구동 펌프

전동 펌프

개폐 밸브

공기 구동 펌프

압력 약 210kg/cm²

리저버(탱크)

독립적인 3계통 유압 장치는 조종 키, 착륙 장치, 플랩, 엔진 역분사 장치 등을 작동한다. 작동유를 가압하는 펌프는 엔진 구동 펌프, 전동 펌프, 공기 구동 펌프, 비상용 RAT(Ram Air Turbine)가 있다.

에어컨과 여압의 관계

공기 배출량으로 기압을 조절한다

3-13

자동차 에어컨에서 나오는 찬 공기는 냉각제가 기화할 때 주변 공기를 차갑게 하는 원리를 이용한 것으로, 베이퍼 사이클이라 부른다. 이와 달리 여객기는 냉각제를 사용하지 않는 공기 사이클이란 방법으로 찬 공기를 만든다. 공기 사이클은 압축한 공기를 급격하게 팽창시키면 온도가 내려가는 단열팽창 현상을 이용한다. 이를 위해 엔진에서 연소하기 전의 깨끗한 공기를 빼내 압축하여 한꺼번에 팽창시킨다.

이렇게 냉각된 공기와 엔진에서 압축되어 뜨거워진 공기를 혼합하여 가장 알맞은 온도로 만든 뒤 객실과 조종실로 보내는데, 2~4분 만에 기내 환기를 할 수 있는 능력을 갖추고 있다. 하지만 대량의 공기를 계속해서 기내로 보내면, 비행기는 풍선처럼 부풀어버린다. 그래서 감압밸브(outflow valve)라 부르는 배기구를 통해 공기를 비행기 밖으로 방출한다. 감압밸브를 여닫는 동작을 조절하여 기내 압력을 일정하게 유지할 수 있는데, 이것을 여압이라 한다.

하지만 기내를 항상 1기압으로 하면, 비행기 밖과 압력 차가 커져서 비행기에 가해지는 힘도 커진다. 예컨대 상공 1만 미터에서 대기압은 0.26기압밖에 되지 않는다. 만약 기내를 1기압으로 하면, 그 차이인 0.74기압(약 7.6톤/m^2)이나 되는 팽창력이 비행기에 가해진다. 팽창하는 힘은 비행할 때마다 반복되어 기체가 피로해지므로, 될 수 있는 대로 기압 차를 작게 하는 편이 좋다. 그래서 기내 기압을 불쾌하지 않을 정도(최대 객실고도 2,400m에서의 기압인 0.75기압)까지 내려 비행기에 가해지는 힘을 적게 한다. 여담이지만, 기내에서 과자 봉지가 부풀어 오르는 까닭은 봉지 안에 남아 있던 지상의 1기압과 기내의 0.75기압의 압력 차 때문이다.

에어컨과 여압

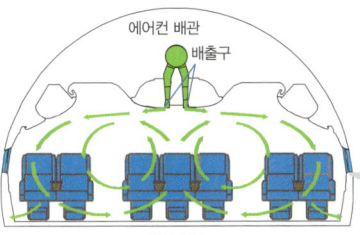

객실 공기는 순환 후, 바닥의 감압밸브를 통해 비행기 밖으로 방출된다. 약 2~4분 안에 기내 공기를 바꾸는 능력을 갖추고 있다. 계산해보면, 객실에서는 1분에 0.25kg의 공기, 부피로는 200~260리터의 신선한 공기가 한 사람에게 흐른다.

전방과 후방의 압력 격벽 사이가 여압 범위다. 약 6.0톤/m^2의 팽창하려는 힘이 작용한다.

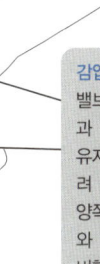

후방 압력 격벽

조종석 공기는 계기와 기기를 냉각하는 역할도 한다.

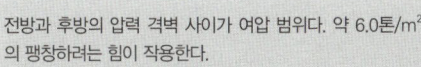

에어컨 배관

감압밸브
밸브를 열고 닫으며 기내 기압과 외기압의 차이를 일정하게 유지한다. 지상에서는 완전히 열려 있다. 반드시 2개가 있으며, 양쪽 모두 후방에 있는 비행기와 전방과 후방에 나뉘어 있는 비행기가 있다.

전방 압력 격벽

공기 사이클 머신(ACM)
엔진에서 추출한 공기를 바깥 공기로 냉각한 후 압축하고 나서, 터빈에서 한꺼번에 팽창시켜 냉각한다. 이렇게 냉각한 공기와 뜨거운 공기를 혼합해 쾌적한 온도를 유지한다.

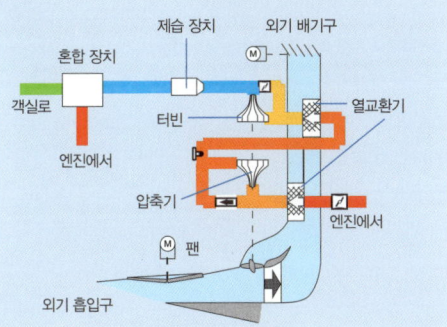

보조 동력 장치 (APU)의 역할
중요해진 APU의 역할

비행기에 탑승해도 쾌적한 온도, 밝은 조명 같은 주변 조건은 탑승 게이트 로비와 아무런 차이가 없다. 이것은 APU(Auxiliary Power Unit)라 부르는, 비행기 가장 뒷부분에 있는 보조 동력 장치 덕분이다. APU는 주 엔진과 같은 연료로 작동하는 가스터빈 엔진으로, 출발 준비부터 주 엔진 스타트까지 필요한 전력과 압축공기를 공급하는 역할을 한다.

 자동차는 연료 보급을 위한 전력이 필요 없지만, 비행기에는 필요하다. 화물 도이 개폐, 조명, 기내 방송에도 전력은 필요하다. 물론 관제탑과의 무선 교신과 비행을 위해 필요한 데이터를 컴퓨터에 입력하기 위해서도 전력이 필요하다. 또한 에어컨에 사용하는 압축공기는 엔진 스타트에도 사용한다. 제트 엔진 스타터는 자동차처럼 전기 모터가 아니라, 가벼우면서도 큰 힘을 내는 공기 모터다. 그리고 차륜 브레이크 작동을 위한 유압 장치에도 전력과 압축공기가 필요하다.

 엔진 스타트가 되면 전력, 압축공기, 유압은 주 엔진을 통해 공급되므로 APU의 역할은 끝나며, 이륙을 위해 활주로로 향하는 도중에 APU는 정지한다. 그런데 쌍발기가 장거리 비행 중에 엔진 고장이 일어나면 남은 엔진만으로는 전력이 부족할 수 있다. 그래서 특히 쌍발기의 APU는 지상에서 보조 동력 장치로 활약할 뿐만 아니라, 공중에서 전력과 압축공기를 공급하는 역할도 한다.

보조 동력 장치(APU)

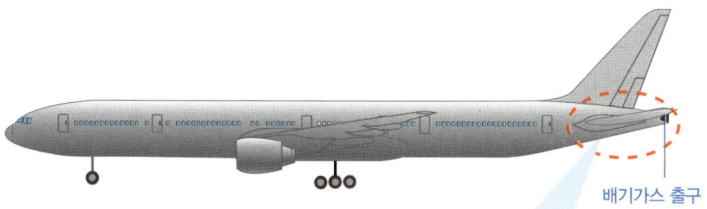

배기가스 출구

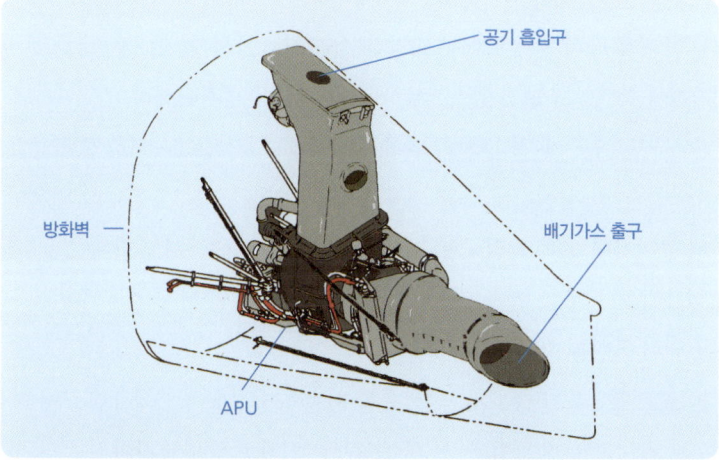

공기 흡입구
방화벽
배기가스 출구
APU

전기 공급
- 연료 보급 펌프, 화물 적재기
- 객실용 조명
- 무선기나 컴퓨터 등 조종석에서 사용하는 모든 전기전자 기기류
- 유압 장치용 전기 펌프

압축공기 공급
- 엔진 스타트
- 에어컨
- 유압 장치 공기 펌프

비행기를 지키는 여러 방빙 장치
방심할 수 없는 얼음과의 전쟁

3-15

비와 구름에 전혀 들어가지 않고 목적지까지 비행하는 경우는 거의 없다. 비, 구름, 눈, 안개와 같이 눈에 보이는 수분은 물론이고, 기온이 낮으면 공중과 지상에서 비행기에 착빙할 우려가 있으므로 이에 대한 대책이 필요하다.

엔진 공기 흡입구에 착빙하면, 얼음은 급격하게 커지므로 이로 말미암아 공기 유입이 영향을 받아 엔진에 나쁜 영향을 줄 수 있다. 그뿐만 아니라 얼음이 엔진에 빨려 들어가면 고속 회전 중인 엔진 블레이드가 파손되기도 한다. 그래서 강설 중에 이륙하거나 구름 속을 비행하는 경우에는 엔진 공기 흡입구 주변을 뜨거운 공기로 데워 착빙을 방지한다.

낮은 고도에서 느린 속도로 구름 속을 비행하는 경우에는 외기 온도에 따라 날개 전연에 착빙할 우려도 있다. 날개 전연에 착빙하면 양력이 작아질 뿐만 아니라, 항력이 급격하게 증가하여 비행에 나쁜 영향을 준다. 그래서 뜨거운 공기를 전연 안쪽부터 불어넣어 착빙을 방지한다. 전열 매트로 된 착빙 방지 장치도 있는데, 열을 사용하여 착빙을 방지하는 장치를 열 방빙 장치라 부른다. 모든 방빙 장치는 착빙을 감지하는 센서가 있어서 자동으로 켜진다.

이외에도 흐림 방지를 위해 조종석 앞 유리는 전기를 사용하여 항상 따뜻하게 유지한다. 피토관이 얼음에 막히면 공기가 들어오지 않아 정확한 속도를 지시할 수 없게 되므로 피토관도 항상 전기로 따뜻하게 한다. 또한 화장실 배수구도 막히지 않도록 항상 전기로 따뜻하게 한다.

방빙하는 부분

보잉777의 예시

- 엔진 공기 흡입구
- 주 날개 전연
- 조종석 앞 유리
- 배수구
- 피토관과 정압공
- 엔진 공기 흡입구
- 주 날개 전연

방빙 대책

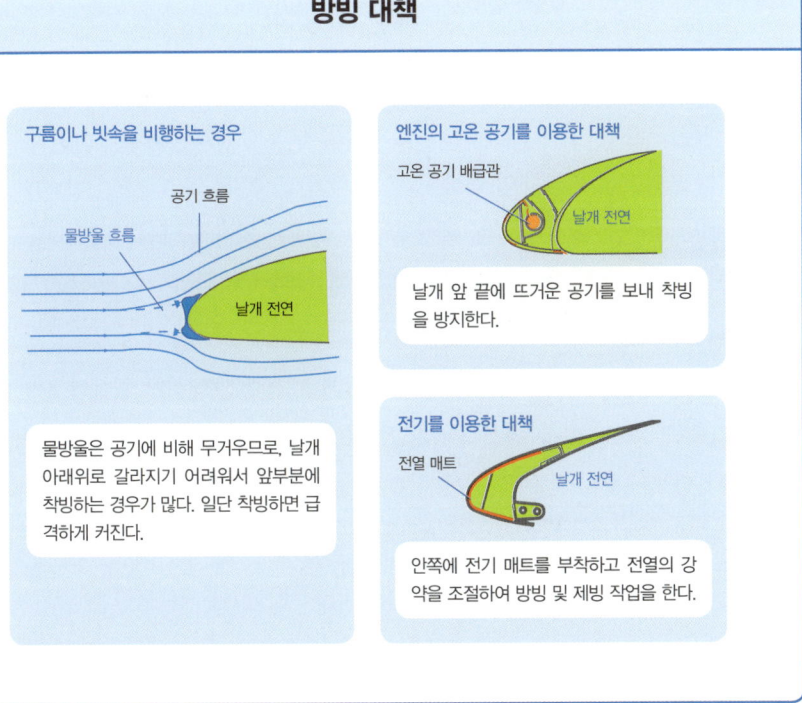

구름이나 빗속을 비행하는 경우
- 공기 흐름
- 물방울 흐름
- 날개 전연

물방울은 공기에 비해 무거우므로, 날개 아래위로 갈라지기 어려워서 앞부분에 착빙하는 경우가 많다. 일단 착빙하면 급격하게 커진다.

엔진의 고온 공기를 이용한 대책
- 고온 공기 배급관
- 날개 전연

날개 앞 끝에 뜨거운 공기를 보내 착빙을 방지한다.

전기를 이용한 대책
- 전열 매트
- 날개 전연

안쪽에 전기 매트를 부착하고 전열의 강약을 조절하여 방빙 및 제빙 작업을 한다.

공기의 힘을 최대한 이용한다

3-16

압축공기는 일할 수 있는 능력이 있다

풍선의 입구를 열면 풍선은 기세 좋게 날아간다. 풍선 안의 압축공기에는 비행할 수 있는 능력, 즉 에너지가 있기 때문이다. 공기는 주변에 많이 있고, 부력이 작용하여 가벼우므로 비행기에는 더할 나위 없이 좋은 성질이 있다. 게다가 제트 엔진은 공기를 압축하여 연소시켜 추력을 일으킨다. 그래서 엔진 압축기에 있는 연소하기 전의 깨끗한 공기를 도중에 빼내어 방빙 장치, 에어컨, 유압 펌프 등에 이용하는데 이때 공기의 온도와 압력을 적당한 상태로 바꾸어 이용한다.

제트 엔진 스타트는 자동차처럼 전기 스타터가 아니라, 뉴매틱 스타터(pneumatic starter)라 불리는 압축공기로 작동하는 스타터를 이용한다. 그래서 APU(보조 동력 장치)에서 엔진으로 압축공기가 흐르게 되어 있다. 또한 APU를 사용하지 못할 때는 지상 시설에서 만든 압축공기로도 제트 엔진 스타트를 할 수 있다. 물론 이미 스타트한 엔진의 압축공기를 이용할 수도 있다.

엔진이 추력을 얻기 위해 압축한 공기를 빼내면 연비가 나빠지므로 빼낸 공기는 엔진 입구에 있는 방빙 장치에만 사용하는 비행기가 있다. 에어컨이나 유압 장치 등의 펌프가 사용하는 압축공기는 비행기 밖에서 끌어들여 공기를 전동 과급기(슈퍼 차저)에서 압축하여 공급한다. 이렇게 하면 엔진 연비가 좋아질 뿐만 아니라, 압축공기 배관 등을 엔진에 설치할 필요가 없어지므로 무게가 줄고 정비 비용도 절감할 수 있다.

압축공기 배관

보잉747의 예시

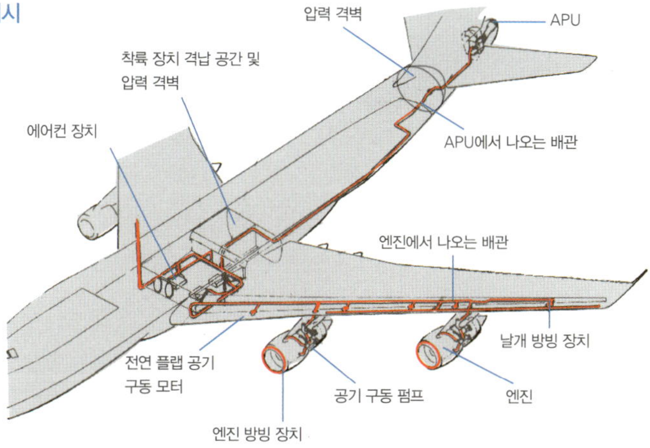
압력 격벽
APU
착륙 장치 격납 공간 및
압력 격벽
에어컨 장치
APU에서 나오는 배관
엔진에서 나오는 배관
날개 방빙 장치
전연 플랩 공기
구동 모터
공기 구동 펌프
엔진
엔진 방빙 장치

압축공기의 흐름을 보여주는 계기

보잉777의 예시

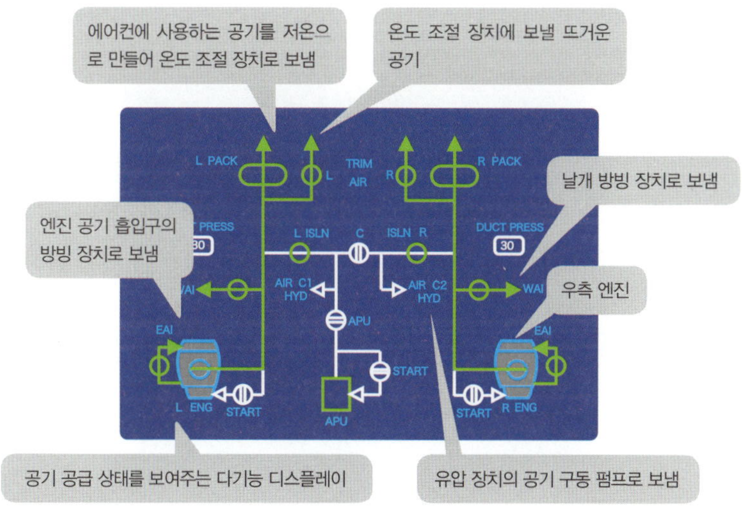
에어컨에 사용하는 공기를 저온으로 만들어 온도 조절 장치로 보냄
온도 조절 장치에 보낼 뜨거운 공기
날개 방빙 장치로 보냄
엔진 공기 흡입구의 방빙 장치로 보냄
우측 엔진
L PACK
L
TRIM
AIR
R
R PACK
L ISLN
C
ISLN R
DUCT PRESS
30
WAI
AIR C1
HYD
AIR C2
HYD
APU
EAI
START
L ENG
R ENG
공기 공급 상태를 보여주는 다기능 디스플레이
유압 장치의 공기 구동 펌프로 보냄

비행을 도와주는 여러 통신

3-17

말을 할 수 없으면 진행할 수 없다

비행기 이착륙 시에는 이착륙 허가, 고도, 속도, 방향 지시 등과 관련해서 항공교통관제와 빈번하게 무선통신을 한다. 통신에 사용하는 주파수는 VHF(Very High Frequency. 초단파)다. 초단파를 사용하는 이유는 안테나와 무선 기기를 작게 만들 수 있고, 감도가 좋으며 안정적이기 때문이다. 다만 송수신 모두 같은 주파수를 사용하기 때문에, 송신할 때 버튼을 누르는 PTT(Push To Talk)라 부르는 방법으로 통신한다. 그래서 전화처럼 이야기하며 듣는 것은 불가능하다.

한편 태평양을 횡단하는 비행의 경우, 파일럿과 관제사는 공항 주변에 있을 때처럼 빈번하게 통신을 하지 않는다. 대신 위치 통보나 고도와 속도 변경과 같은 정형적인 통신이 많으므로, 통신위성이나 HF를 이용한 관제사·조종사 간 데이터 링크 통신(CPDLC. Controller/Pilot Data Link Communication)이라 부르는 데이터 통신이 주로 이루어진다.

ACARS(Aircraft Communication Addressing and Reporting System)는 기상정보를 입수하고 출발 시각 등을 회사로 통보하거나 자유롭게 작성한 문장을 송수신할 수 있는 데이터 통신 장치지만, 항공관제통신에 사용하는 국가도 있다. 기내에 프린터도 설치되어 있으므로 통신 내용을 확인하기 수월하다. 그리고 기내 통신 장치인 인터폰은 조종실과 지상에 있는 정비사나 객실에 있는 객실 승무원 사이에 연락을 주고받기 위해 사용한다. 기장이 승객에게 인사하기 위해 객실 방송을 사용하기도 하지만, 주목적은 긴급사태가 발생할 경우 충격 방지 자세를 취하는 시기나 긴급탈출과 같은 안전 정보를 객실에 전달하는 것이다.

통신 종류

초단파(VHF : 118MHz ~ 136MHz)	항공교통관제(육상비행) 회사와 통신	음성, 데이터 통신
단파(HF : 2MHz ~ 21MHz)	항공교통관제(해상비행, 극지비행, 예비용)	데이터 통신, 음성
통신위성(SAT : Satellite Communication)	항공교통관제(해상비행)	데이터 통신, 음성
기내 인터폰(FLT : Flight, CAB : Cabin)	정비사, 객실 승무원	음성
기내 방송(PA : Passenger Address)	승객, 객실 승무원	음성

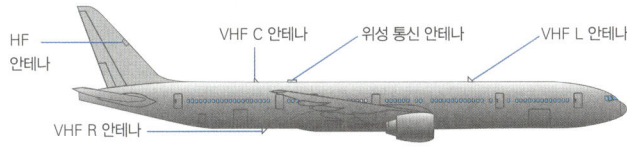

HF 안테나, VHF C 안테나, 위성 통신 안테나, VHF L 안테나, VHF R 안테나

ACP와 ASP

ACP : 음성 제어 패널(Audio Control Panel)

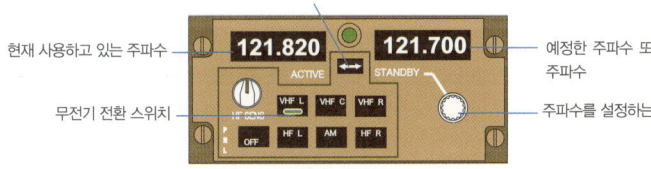

- 현재 사용하고 있는 주파수
- 주파수를 좌우의 창으로 이동시키는 스위치
- 예정한 주파수 또는 사용할 주파수
- 무전기 전환 스위치
- 주파수를 설정하는 다이얼

ASP : 음성 선택 패널(Audio Selector Panel)

- 송신 선택 스위치
- 호출등
- 누르면 스위치가 켜지는 볼륨
- VHF(초단파)
- PA(기내 방송)
- CAB(객실)
- INT(인터폰)
- HF(단파)
- SPKR(스피커)
- SAT(위성 통신)

비행기가 사용하는 전력은 어떻게 마련할까?

3-18

발전기 1대로 20가구 이상에서 사용하는 전력을 만든다

자동차는 배터리로 전기를 공급하는 직류 방식이지만, 비행기는 직류와 교류 모두 사용한다. 엔진 구동을 이용하는 교류발전기로 모든 전력을 마련한다. 교류발전기를 사용하는 이유는 큰 전력을 공급할 수 있고 작고 가볍게 만들 수 있으며 전압과 주파수를 쉽게 바꿀 수 있기 때문이다. 물론 배터리도 있지만, 자동차처럼 항상 사용하지는 않고, 비상시 백업용으로 사용한다. 그래서 직류도 배터리에서 얻지 않고, 교류를 변압정류기에서 정류하여 사용한다.

많은 비행기에서 정속 구동 장치 일체형 발전기(IDG, Integrated Drive Generator)를 사용하여, 엔진 회전수에 상관없이 전력의 주파수를 유지한다. 90~120kVA를 발전할 수 있는 발전기(무게 약 33kg) 한 대로 일반 가정 20가구 이상이 사용할 수 있는 전력을 준비한다. 정속 구동 장치가 없는 가변주파수 발전기를 이용하는 비행기도 있다.

만약 발전기가 고장 나면 엔진에도 나쁜 영향을 줄 수 있으므로, 고장 난 발전기를 엔진에서 떼어내는 장치가 있다. 또한 기장과 부기장이 사용하는 기기에 전기 배선을 따로 해서 리던던시를 유지한다. 그리고 발전기가 고장 나도 남은 발전기와 APU 발전기로 대처할 수 있도록 설계되어 있다. 이런 조치에도 불구하고 전력이 모자라면 풍력발전기를 이용한다. 동체에서 튀어나온 풍력발전기는 풍압으로 회전한다. 또한 배터리에서 나오는 직류를 역변환기(인버터)에서 교류로 변환하여 가장 중요한 기기에 교류전력을 공급할 수 있다.

비행기에 탑재된 발전기

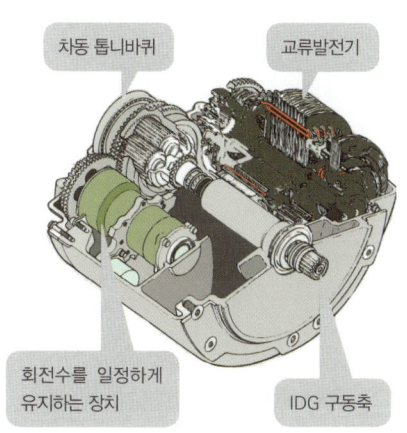

- 차동 톱니바퀴
- 교류발전기
- 회전수를 일정하게 유지하는 장치
- IDG 구동축

IDG : Integrated Drive Generator
무게 : 약 33kg
회전수 : 12,000rpm
전압 : 115V
주파수 : 400Hz
출력 : 120kVA

발전기 한 대로 일반 가정 20가구 이상에서 쓸 수 있는 전력을 공급한다.

IDG가 없는 발전기를 가변주파수 발전기 (VFG, Variable Frequency Generator)라 한다.

※ 발전기는 각 엔진에 한 대씩 있다.

전기 제어 패널

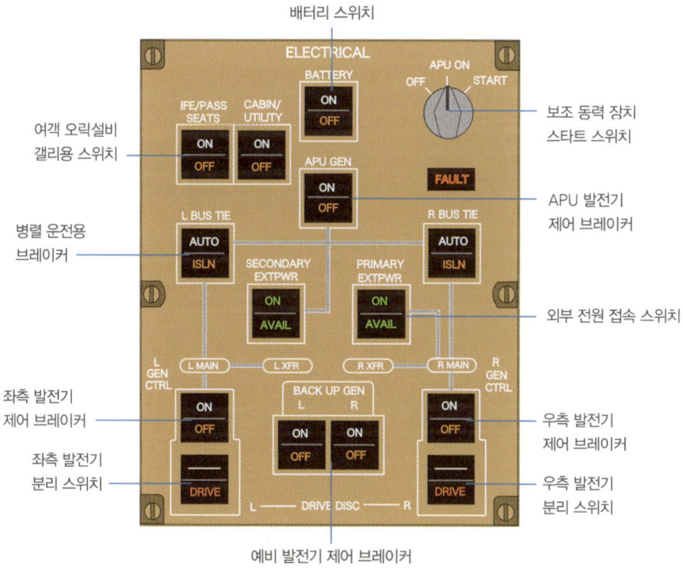

- 배터리 스위치
- 보조 동력 장치 스타트 스위치
- 여객 오락설비 갤리용 스위치
- APU 발전기 제어 브레이커
- 병렬 운전용 브레이커
- 외부 전원 접속 스위치
- 좌측 발전기 제어 브레이커
- 우측 발전기 제어 브레이커
- 좌측 발전기 분리 스위치
- 우측 발전기 분리 스위치
- 예비 발전기 제어 브레이커

연료 탱크는 어디에 있을까?

모든 탱크에서 공급할 수 있도록 설계한다

3-19

항공 업계에서 연료를 취급하는 단위는 리터와 같은 부피 단위가 아니라 무게 단위다. 왜냐하면 비행기 무게는 이륙 속도와 비행고도 등 모든 조건에 영향을 주고, 연료 무게가 비행기 전체 무게의 절반에 가깝기 때문이다. 예를 들어 보잉777-300ER의 연료 탱크를 가득 채우면 그 무게는 약 145톤이나 되고, 이것은 비행기 전체 중량인 350톤의 40% 이상을 차지한다.

연료 탱크는 날개 안과 동체 중심부에 있다. 날개 속에 그런 공간이 있다는 사실이 신기하지만, 보잉777의 날개 면적은 약 $430m^2$이므로, 날개의 평균 두께를 1m라고 하면 $400m^3$ 이상의 공간이 존재한다. 145톤을 부피로 환산하면 18만 1,000리터, 즉 $181m^3$이므로 충분한 공간이 있음을 알 수 있다. 날개 안에 연료 탱크를 설치해서 얻는 장점은 여러 가지가 있다. 일단 연료 탱크가 중심 위치의 가까운 곳에 있다는 점과 날개 안의 연료가 '무게 추'가 되어 날갯죽지에 작용하는 힘을 완화해준다는 점이다.

1만 미터 상공에서도 탱크에서 엔진으로 연료를 확실하게 공급해야 하므로, 엔진에 있는 연료 펌프 외에 부스트 펌프(또는 피드 펌프)라 부르는 공급 펌프가 연료 탱크 안에 있다. 모든 탱크에서 모든 엔진으로 연료를 공급할 수 있도록 파이프라인이 설계되어 있다. 이때 사용하는 것 중 하나가 나눔 밸브(cross-feed valve)라 부르는 교차 공급 밸브다. 참고로 종이팩에 들어 있는 음료를 빨대를 이용하여 마시면 종이팩이 찌그러지지만, 빨대 구멍 외에 다른 구멍이 있다면 찌그러지지 않고 마시기도 쉬워지는 것처럼, 비행기 연료 탱크도 마찬가지로 연료 탱크가 찌그러지지 않으면서도 연료 공급이 잘되도록 반드시 통기구가 있다.

연료 탱크는 날개의 '무게 추'

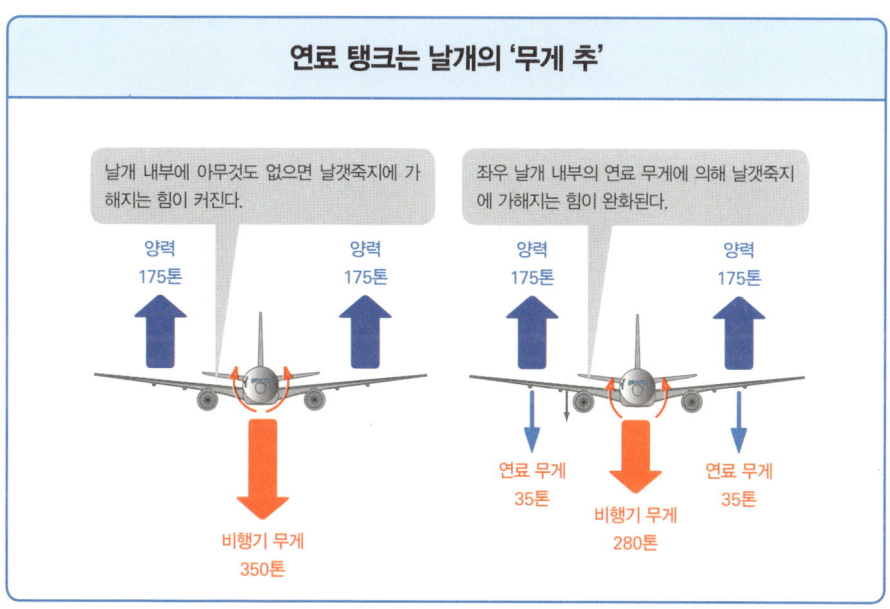

날개 내부에 아무것도 없으면 날갯죽지에 가해지는 힘이 커진다.
양력
175톤
양력
175톤
비행기 무게
350톤
좌우 날개 내부의 연료 무게에 의해 날갯죽지에 가해지는 힘이 완화된다.
양력
175톤
양력
175톤
연료 무게
35톤
비행기 무게
280톤
연료 무게
35톤

연료 공급 시스템

보잉777-300ER

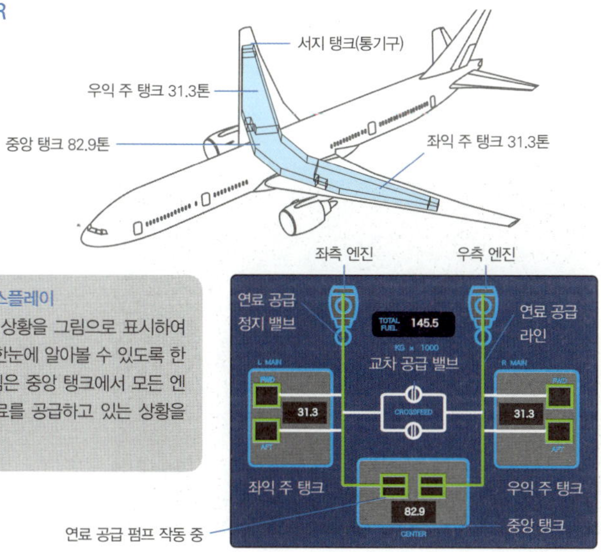

서지 탱크(통기구)
우익 주 탱크 31.3톤
중앙 탱크 82.9톤
좌익 주 탱크 31.3톤
좌측 엔진
우측 엔진
연료 공급 정지 밸브
TOTAL FUEL 145.5
KG x 1000
교차 공급 밸브
연료 공급 라인
L MAIN
R MAIN
FWD
AFT
31.3
CROSSFEED
31.3
좌익 주 탱크
우익 주 탱크
82.9
CENTER
중앙 탱크
연료 공급 펌프 작동 중

다기능 디스플레이
연료 공급 상황을 그림으로 표시하여 파일럿이 한눈에 알아볼 수 있도록 한다. 이 그림은 중앙 탱크에서 모든 엔진으로 연료를 공급하고 있는 상황을 보여준다.

토막 상식 003

어두운 밤과 달밤은 크게 다르다

어두운 밤에 비행하면 도시에서는 볼 수 없는 은하수와 하늘을 가득 메운 별빛, 순간적으로 꼬리를 남기고 사라지는 별똥별, 비단 커튼같이 우아하게 흔들리는 오로라 등을 볼 수 있는 즐거움이 있다.

하지만 전방에 소나기구름 덩어리가 기다리고 있으면, 즐거워할 여유는 없어진다. 어두운 밤에 소나기구름을 피하려면 기상 레이더에 의지할 수밖에 없는데, 사람 마음은 자신의 눈으로 확인하고 싶어 한다. 번개가 치면 그 전모를 과시하듯이 드러내는데, 그것도 한순간이다. 레이더에 잡히지 않는 구름이라도, 매우 강한 흔들림을 동반하는 경우가 있으므로 주의해야 한다.

그런 경우에는 달빛이 진심으로 고맙다. 구름이 잘 보이면 여유 있게 우회할 수 있기 때문이다. 이때 옛날 사람들이 달빛을 소중하게 여긴 이유를 실감한다.

조종석에서 바라본 일출. 파일럿은 달밤인지 어두운 밤인지를 매우 궁금해한다. 파일럿 전용 수첩에는 달의 참과 이지러짐이 표기되어 있을 정도다.

제트 엔진의 구조

자동차 부품 수는 3~5만 개지만, 제트 엔진의 부품은 30만 개 이상이나 된다고 한다. 이 부품들이 유기적으로 작용해서 50톤 이상의 힘을 낸다. 4장에서는 제트 엔진의 구조를 설명하고, 어느 정도 힘을 내는지 실제로 계산해본다.

가스 터빈 엔진이란?

4-01

여객기에 주로 사용하는 것은 터보팬 엔진

　비행기가 하늘을 날 수 있는 것은 새처럼 날갯짓하는 것을 포기하고 앞으로 나아가는 힘과 몸체를 떠받치는 힘을 나누어 발생시켰기 때문이다. 앞으로 나아가는 힘과 양력을 날개만으로 동시에 만드는 것이 가능한 새를 흉내 내지 않고, 우선 엔진 힘으로 앞으로 나아가게 한 후 날개에서 양력을 만드는 분업에 성공했기에 자유롭게 날 수 있는 것이다.

　1903년 라이트 형제가 성공한 첫 동력 비행에서는 자동차에서 사용하던 피스톤 엔진을 개량하여 사용했다. 이 첫 비행부터 1940년대 중반까지는 피스톤 엔진이 앞으로 나아가는 힘을 공급하는 유일한 동력원이었다. 피스톤 엔진은 레시프로케이팅 엔진, 줄여서 레시프로라고 부르는데 왕복기관이라고도 한다. 이름대로 피스톤의 왕복운동을 크랭크축을 통해 회전운동으로 변환하여 프로펠러를 돌리는 엔진이다.

　한편, 가스 터빈 엔진은 고온·고압가스를 블레이드에 불어넣어 회전시키면서 동력을 얻는 엔진을 말한다. 가스 터빈 엔진에 포함되는 제트 엔진은 공기나 가스를 후방으로 고속 분사하여 추력을 얻는 엔진이며 분사 방법에 따라 터보 제트 엔진과 터보팬 엔진으로 나뉜다. 그리고 프로펠러를 돌리는 가스 터빈 엔진을 터보프롭 엔진이라 한다. 에너지를 프로펠러 회전뿐만 아니라, 분사를 통한 추력으로 변환하는 터보프롭 엔진도 있다. 헬리콥터에서 사용하는 터보 샤프트 엔진은 모든 에너지를 회전 동력으로 변환하는 엔진이다.

비행기 엔진

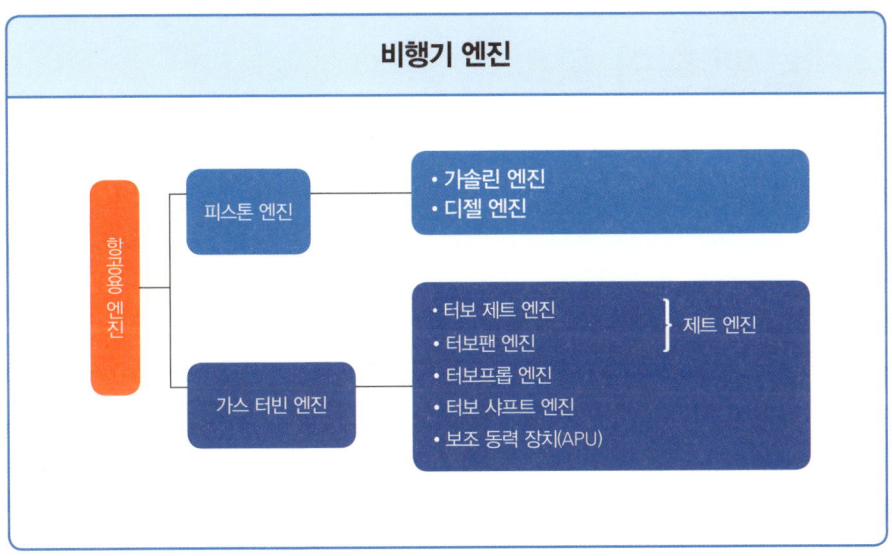

왕복과 회전

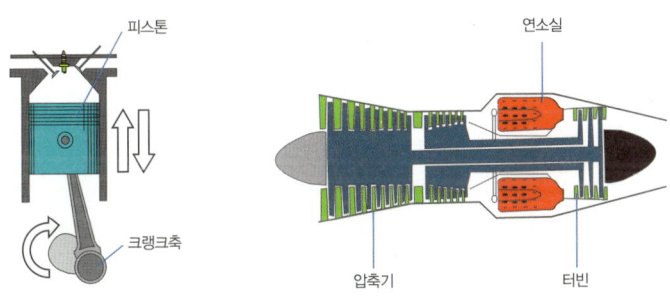

피스톤 엔진
레시프로케이팅 엔진이라고 부르며, 일반적으로 레시프로라 부르기도 한다. 또 다른 별칭은 왕복기관이다. 이름대로 피스톤의 왕복운동을 회전운동으로 변환시켜 프로펠러를 돌리는 엔진으로, 휘발유를 연료로 하는 가솔린 엔진과 경유를 연료로 하는 디젤 엔진이 있다.

가스 터빈 엔진
고온·고압가스로 구동하는 터빈을 이용해 회전 동력을 얻는 엔진. 터보 제트 엔진과 터보팬 엔진은 배기를 추진력으로 사용하고, 터보프롭 엔진과 헬리콥터용 터보 샤프트 엔진은 프로펠러를 돌려서 추진력으로 삼는다. 추진용은 아니지만, 보조 동력 장치(APU)도 가스 터빈 엔진에 속한다. 터보란 '터빈의'라는 의미다.

제트 엔진의 등장

피스톤 엔진 vs 제트 엔진

4-02

1903년 첫 동력 비행에 성공한 이후, 피스톤 엔진이 비행에서 중심 역할을 해왔다. 하지만 첫 비행부터 반세기나 더 지난 1960년대가 되자, 가스 터빈 엔진의 한 종류인 제트 엔진을 탑재한 여객기에 주역 자리를 넘겼다. 그 이유는 비행 속도가 빨라짐에 따라 피스톤 엔진이 크고 무거워졌기 때문이다. 프로펠러도 특정한 회전 속도 이상이 되면 충격파가 발생하여 급격히 효율이 낮아지기 때문에 비행 속도에 한계가 있었다. 프로펠러를 대신하는 추진력이 필요해졌고, 그 역할을 이어받은 것이 제트 엔진이다.

제트 엔진의 원리는 첫 동력 비행 이전부터 잘 알려져 있었지만, 본격적으로 그 역사가 시작된 것은 1930년대에 영국인 프랭크 휘틀(Frank Whittle)이 제트 엔진 특허를 출원한 이후부터다. 이후 30년도 채 지나지 않아 제트 여객기가 상용화되었으니 비행기의 진보 속도는 음속과 맞먹는다고 해도 되지 않을까.

제트 엔진의 가장 큰 특징은 작고 가벼운데도 큰 힘을 낼 수 있다는 점이다. 그리고 구름 베어링을 사용하기 때문에 공회전이 필요하지 않고, 진동이 적으며 윤활유를 적게 사용한다. 또 왕복운동을 회전운동으로 변환하는 복잡한 장치도 필요 없고, 무엇보다 파일럿이 조작하기 쉽다는 것이 큰 장점이다. 단점은 소음이 크다는 것인데, 소형 경량으로 큰 힘을 내야 하는 비행기에는 꼭 맞는 엔진이라서, 소형기를 제외한 프로펠러기에서는 가스 터빈 엔진의 한 종류인 터보프롭 엔진을 주로 사용한다.

레시프로 엔진의 예

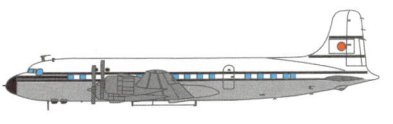

DC-6B 1950년대 일본의 첫 국제선 주력기
항속거리 : 4,830km
순항속도 : 450km/시
피스톤 엔진 : 프랫 앤드 휘트니 R-2800
마력 : 2,500Hp

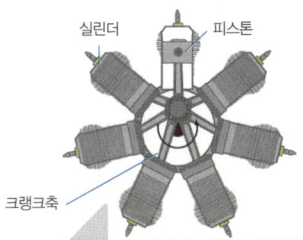

바퀴살 모양으로 배치된 엔진의 예
R-2800은 실린더 18개(9개가 두 줄가 바퀴살 모양으로 배치되어 있다. 이런 배치 방법은 성형(星形. 별 모양)이라고도 부르는데, 18기통 성형 엔진이라 한다.

제트 엔진의 예

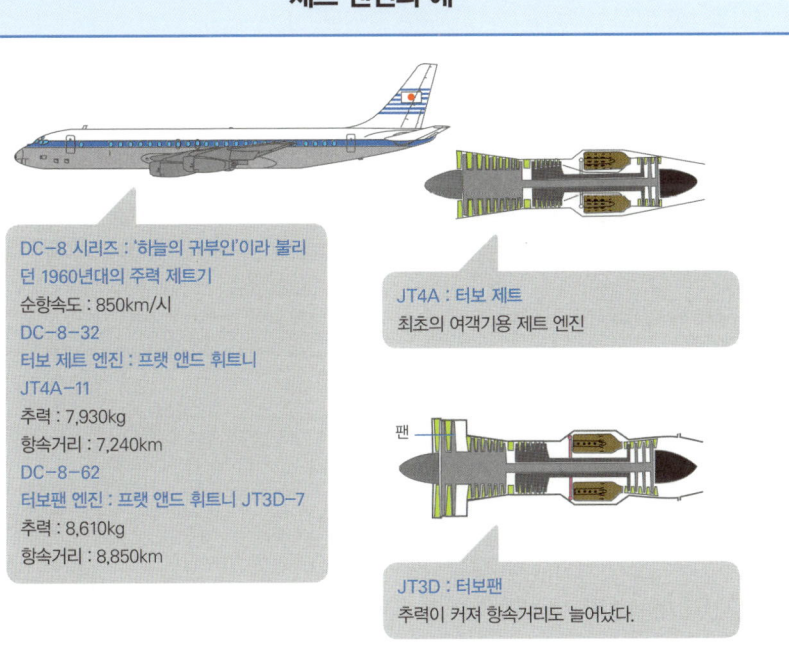

DC-8 시리즈 : '하늘의 귀부인'이라 불리던 1960년대의 주력 제트기
순항속도 : 850km/시
DC-8-32
터보 제트 엔진 : 프랫 앤드 휘트니 JT4A-11
추력 : 7,930kg
항속거리 : 7,240km
DC-8-62
터보팬 엔진 : 프랫 앤드 휘트니 JT3D-7
추력 : 8,610kg
항속거리 : 8,850km

JT4A : 터보 제트
최초의 여객기용 제트 엔진

JT3D : 터보팬
추력이 커져 항속거리도 늘어났다.

제트 엔진의 추력은?
엔진이 힘을 내는 방법

4-03

제트 엔진은 풍선처럼 공기를 후방으로 분사하여 그 반작용으로 앞으로 나아가는 힘을 얻는다. 앞으로 나아가는 힘을 추력이라 하는데, 그 크기를 결정하는 요소에는 어떤 것이 있는지 알아보자. 먼저 운동량이라는 물리량을 생각해본다.

예컨대 동네 야구 투수와 프로 야구 투수가 던진 공은 포수 글러브에 들어갈 때 기세가 다르다. 하지만 동네 야구 투수라도 쇠로 만든 공을 던지면 프로 야구 투수가 던지는 보통 공보다 기세가 있을 수 있다(동네 야구 투수가 쇠공을 던질 수 있느냐는 문제는 논외로 하자). 이처럼 공의 기세, 정확하게 표현하면 공의 운동량은 (운동량)=(질량)×(속도)로 표현한다.

제트 엔진도 마찬가지다. 공기를 얼마나 많이, 얼마나 빨리 분출하는가에 따라 비행기가 날아가는 기세가 정해진다. 그리고 연속해서 분출하는 한, 비행기가 나는 기세를 지속할 수 있다. 이것을 간단히 말하면, 공기 운동량의 시간에 따른 변화는 힘을 만든다고 할 수 있다. 이는 (추력)=(시간당 공기 질량)×(분출 속도)로 표현할 수 있다. 다만, 이 식은 가만히 있는 공기를 분출하는 경우를 나타낸다. 비행기가 날고 있다면 흡입하는 공기의 속도는 비행 속도와 같아지며, 비행 속도 이상으로 분출하지 않으면 공기를 운동시키지 않은 것이 되므로 추력이 발생하지 않는다. 힘을 내기 위해서는 비행 속도 이상으로 공기를 분출해야 한다. 따라서 (추력)=(시간당 공기 질량)×(분출 속도−비행 속도)가 된다.

추력이란?

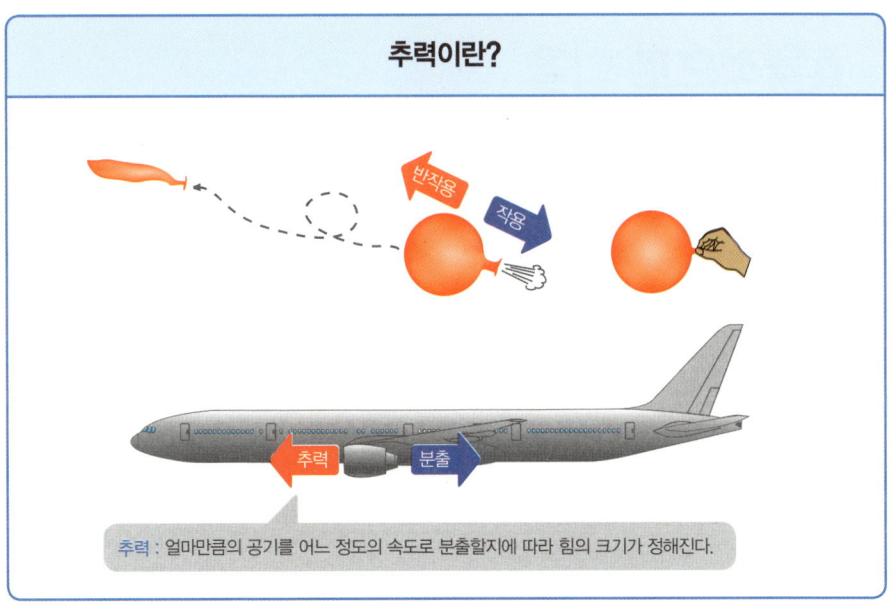

추력: 얼마만큼의 공기를 어느 정도의 속도로 분출할지에 따라 힘의 크기가 정해진다.

비행 속도와 분출 속도의 관계

$$(추력) = \frac{(흡입한 공기 질량)}{(단위 시간)} \times (분출 속도 - 비행 속도)$$

※비행 속도 = 공기 유입 속도

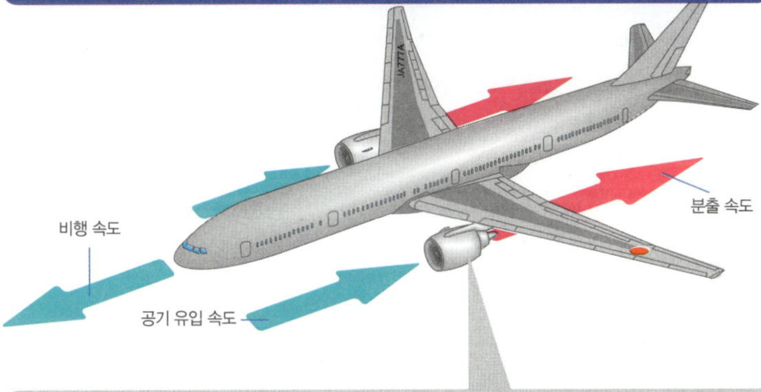

(분출 속도) 〉 (공기 유입 속도), 즉 (분출에 의한 공기 운동량) 〉 (엔진에 들어가기 전의 공기 운동량) 이 아니면, 공기에 힘을 준 것이 아니므로 엔진은 힘을 낼 수 없다.

효율적으로 힘을 내기 위한 아이디어

4-04

역할을 분담하여 컨베이어 시스템처럼 작업한다

풍선이 공기를 분사할 수 있는 것은 풍선 안의 공기압력이 바깥보다 높기 때문이다. 고기압에서 저기압을 향해 강풍이 부는 것과 같은 원리다. 이런 사실에서 압축공기에는 일하는 능력, 즉 에너지가 있음을 알 수 있다. 하지만 아무리 압축공기에 에너지가 있다 해도 다 써버리면 더는 날 수가 없다. 계속 날기 위해서는 공기를 저장하는 것이 아니라 연속적으로 흡입하고 분출하는 방법이 필요하다.

한 가지 방법은 열에너지를 이용하는 것이다. 잠재적인 열에너지가 있는 연료와 압축공기의 에너지가 시너지 효과를 내도록 하여 사용한다. 이 방법은 피스톤 엔진처럼 실린더 안에서 모든 일을 하는 것과는 다르다. 같은 축에 여러 장의 블레이드를 달고 있는 압축기, 연소실, 터빈, 배기 덕트와 같은 장치가 컨베이어 시스템처럼 나열되어 각자의 전문 업무를 담당한다. 흡입한 공기를 압축하고 열을 가해 에너지를 증가시키고, 터빈에 불어넣어 압축기를 회전시키는 일을 함과 동시에 배기가스를 분출하여 추력을 얻는다.

압축기에는 저압 압축기와 고압 압축기가 있고, 서로 독립적으로 회전하면서 효율적으로 압축한다. 그리고 공기가 압축됨에 따라 통로가 좁아지므로, 압축된 공기를 연소실에 보내기 전에 통로를 약간 넓혀서 연소에 알맞은 속도로 조절한다. 연소실에서 연료와 혼합하여 연소시키는데, 스타트할 때 점화하면 이후로는 연속적으로 연소한다. 고온·고압가스가 팽창할 때의 에너지로 터빈을 돌리고, 배기 노즐을 좁혀 가스의 운동에너지를 크게 높인다.

제트 엔진의 각부 명칭

제트 엔진에서 일어나는 작업의 흐름

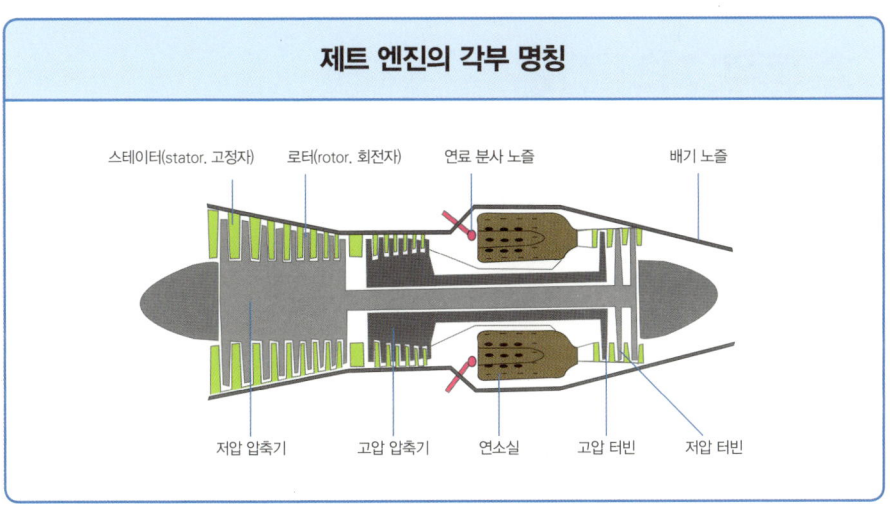

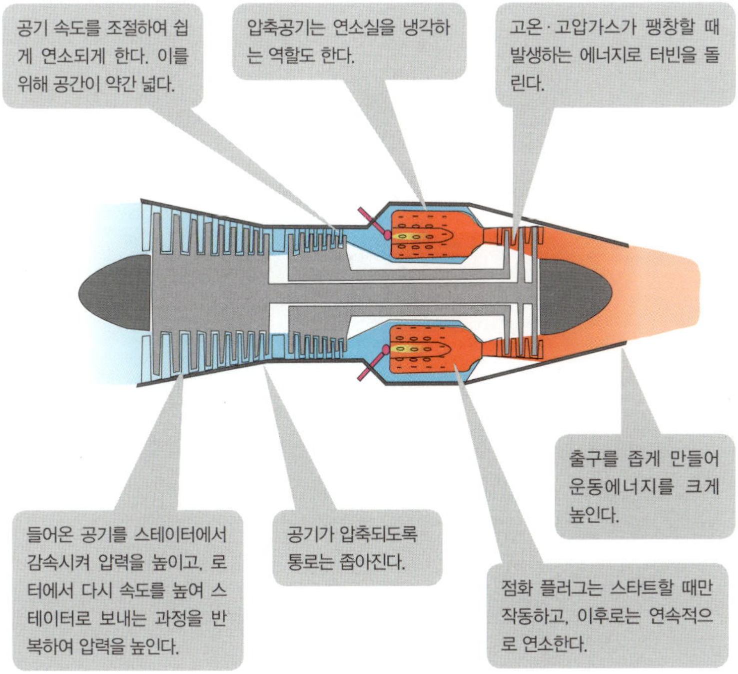

주류로 자리 잡은
터보팬 엔진
속도와 효율, 소음을 고려하여 채용하고 있다

4-05

 인류는 비행기가 더 많은 사람을 태우고, 더 빠르게, 더 멀리 날 수 있기를 기대해왔다. 제트 엔진이 등장하여 음속의 벽도 뛰어넘었다. 하지만 빨리 날면 그만큼 멀리 날 수 있다고 단정할 수는 없다. 예컨대 멀리 날기 위해 연료를 많이 실으면 그만큼 무거워진다. 승객 수와 탑재 화물량이 감소할 뿐만 아니라 연비도 나빠져, 결국 비행 거리는 늘어나지 않는다. 원래 음속보다 빨리 비행하면 54쪽에서 설명한 대로 소리와 연비 이외에도 많은 장애가 존재한다. 그래서 여객기는 대부분 음속의 80%(마하 0.80) 전후로 비행한다.

 많은 사람을 태우고 비행하려면 큰 추력이 필요하다. 추력의 크기는 분출하는 공기량과 속도로 정해진다는 사실을 108쪽에서 소개했다. 만약 음속보다 빨리 비행하고 싶다면 음속 이상의 속도로 분출해야 한다. 하지만 실제로는 마하 0.80 전후로 비행하므로 무조건 분출 속도를 높이면 효율도 낮아지고 소음도 커진다. 추력을 크게 하는 다른 방법인 공기 분출량을 늘리는 편이 속도에 어울리는 효율적인 비행법이다. 공기 분출량을 늘리기 위해 개발된 엔진이 팬이라 부르는 큰 블레이드를 붙인 터보팬 엔진이다.

 초기에 개발된 터보팬은 '바리바리바리'라는 큰 소리를 내면서 이륙했지만, 오늘날에는 '붕' 하며 프로펠러기에 가까운 소리를 내며 이륙할 정도로 소음이 줄었다. 그 이유는 팬을 통과하는 공기량이 많아져 바이패스비(by-pass ratio)가 커졌기 때문이다.

바이패스비

$$\text{바이패스비} = \frac{\text{팬을 통과하는 공기량}}{\text{엔진 안으로 들어가는 공기량}}$$

프랫 앤드 휘트니 JT8D 엔진

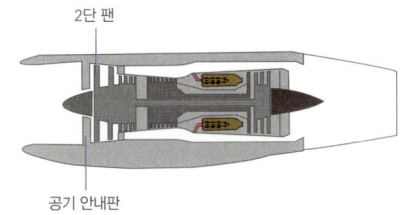

2단 팬
공기 안내판

보잉727, 737(초기)

JT8D-9 제원
추력 : 약 6.4톤
바이패스비 : 1.1
팬 직경 : 약 1.0m

제너럴일렉트릭 CF6 엔진

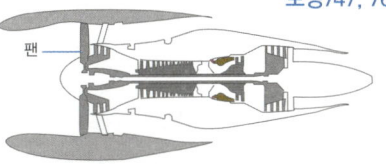

팬

보잉747, 767, MD-11, 에어버스 A300, A310, A330

CF6-50E2 제원
추력 : 약 23.8톤
바이패스비 : 4.3
팬 직경 : 약 2.2m

프랫 앤드 휘트니 PW4000 엔진

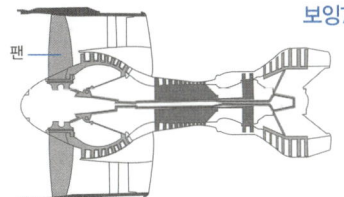

팬

보잉747, 767, 777, 에어버스 A300, A310, A330

PW4080 제원
추력 : 약 36.2톤
바이패스비 : 6.4
팬 직경 : 약 2.8m

엔진에 있는 팬의 역할은?

얼마나 바이패스하는가

4-06

터보팬 엔진의 가장 큰 특징은 커다란 팬 블레이드로, 보통 팬이라 부르는 블레이드다. 엔진 입구에 보이는 팬의 직경이 3m 이상인 엔진도 있다. 그래서 필연적으로 엔진의 크기가 커지는데, 비행기 자체도 커졌기 때문에 큰 터보팬 엔진을 장착할 수 있다. 또한 팬의 블레이드 수는 프로펠러보다 훨씬 많은 20~40매나 되고, 엔진 나셀(engine nacelle)이라 부르는 맥주 통처럼 생긴 덮개가 전체를 덮고 있다.

팬 블레이드를 만드는 재질에 대부분 티타늄 합금을 사용하는데, 합성수지와 합성섬유를 섞어 만든 고강도 복합재료를 사용하는 엔진도 있다. 복합재료를 사용하는 엔진의 팬은 높은 효율로 회전하기 위해 후퇴각이 있는 완만한 곡선 형태로 만든다. 그리고 블레이드 폭이 넓으므로 팬끼리 서로 지탱하게 돕는 슈라우드(shroud)라 부르는 판도 없다.

엔진 내부에 들어가지 않고도 팬을 바이패스하는 공기량을 알 수 있게 해주는 것이 바이패스비다. 바이패스비가 큰 엔진일수록 적은 공기와 적은 연료로 힘을 내므로 효율이 높은 엔진이라 할 수 있다. 예를 들어 바이패스비가 7.0인 엔진에서는 흡입 공기의 87.5%가 팬을 통과하고 12.5%가 엔진 내부에 들어간다. 즉, 불과 12.5% 정도의 공기를 이용하여 큰 힘을 얻는다. 이륙 시에 흡입하는 공기량을 매초 1만 1,430리터(500ml 페트병 2만 2,860개 분량)라 하면, 팬이 분출하는 공기량은 1만 리터, 터빈이 분출하는 양이 1,430리터가 된다.

팬의 형태와 소재

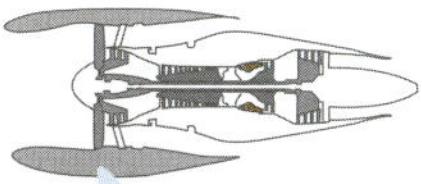

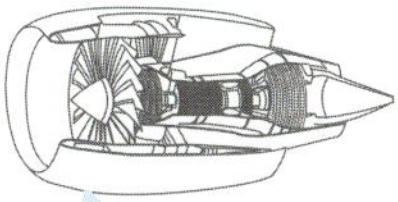

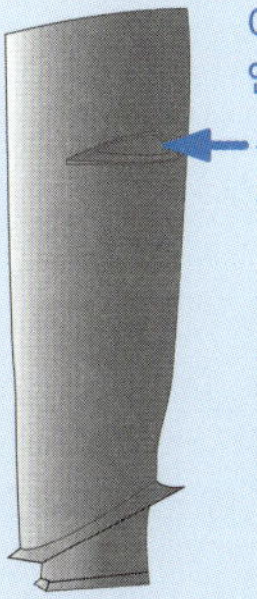

CF6-80A 엔진 팬
← 슈라우드라 부르는 지지판
- 팬 블레이드는 38매다.
- 옆의 팬 블레이드와 슈라우드가 서로 받쳐준다.
- 소재는 티타늄 합금이다.

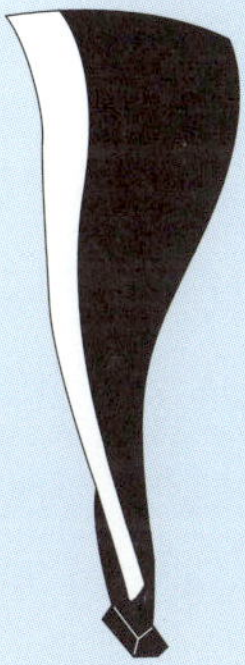

GE90-115B 엔진 팬
- 팬 블레이드는 22매다.
- 높은 효율로 회전하기 위해 후퇴각을 이룬다.
- 팬의 폭이 넓어서 슈라우드는 없다.
- 합성수지나 합성섬유를 이용한 고강도 복합재료로 만들어지고, 전연은 티타늄 합금으로 덮여 있다.

얼마나 바이패스할까?

바이패스비 : 7.0 → 팬 분출량 : 87.5%
터빈 분출량 : 12.5%

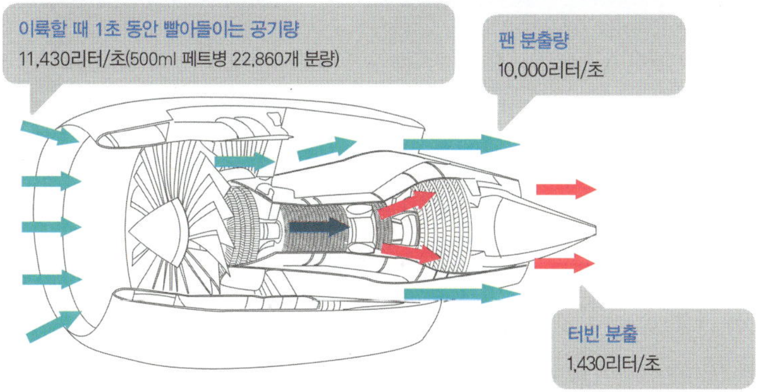

이륙할 때 1초 동안 빨아들이는 공기량
11,430리터/초(500ml 페트병 22,860개 분량)

팬 분출량
10,000리터/초

터빈 분출
1,430리터/초

팬 회전수는 어느 정도일까?

높은 효율로 회전하도록 설계되었다

프로펠러기는 비행 속도가 빨라지면 프로펠러 끝이 음속을 넘어서 효율이 낮아진다. 제트 엔진도 마찬가지로 팬이 고속으로 회전하면 효율이 낮아질 것으로 예상되지만, 이를 방지하도록 설계되어 있다. 밖으로 나와 있는 프로펠러와는 달리, 팬이 맥주 통처럼 생긴 덮개로 가려져 있다. 이 덮개 중에서 공기 흡입구 부근을 디퓨저 나셀(diffuser nacelle)이라 하는데, 입구가 약간 좁다. 음속 이하에서 공기는 갑자기 퍼지면 속도가 느려지는 성질이 있다. 그래서 공기가 팬에 도달했을 때의 속도는 비행 속도에 영향을 받지 않고 적당하게 감속하여 효율적으로 팬이 회전할 수 있게 되어 있다.

효율을 높이기 위한 또 다른 아이디어가 있다. 빠른 속도로 회전하지 않아야 하는 팬과 압축을 위해서는 제법 빨리 회전해야 하는 내부 압축기를 분리한 것이다. 연소 가스 분사구 부근에 고압 압축기를 회전시키는 터빈을 설치하고, 그다음 단에 팬과 저압 압축기를 회전시키는 터빈을 설치했다. 양쪽은 서로 기계적으로 연결되어 있지 않다.

초기 터보팬의 회전수는 팬 크기가 작은 것을 고려하여 분당 8,600회나 되었다. 하지만 엔진 추력이 커지면 팬 회전수는 감소하는 경향이 있어서 지금은 분당 2,600회 정도 회전하는 저속 회전 엔진도 있다. 팬 직경이 커지면 팬 블레이드의 강도나 효율에 문제가 있기 때문이다. 고압 압축기 회전수는 초기 엔진과 비교해 큰 변화가 없는 편이다. 대략 1만 1,000회전 전후다. 여담이지만, F1 경주용 차량 엔진의 최대 회전수는 분당 1만 9,000회나 된다.

공기 흡입구에 적용된 아이디어

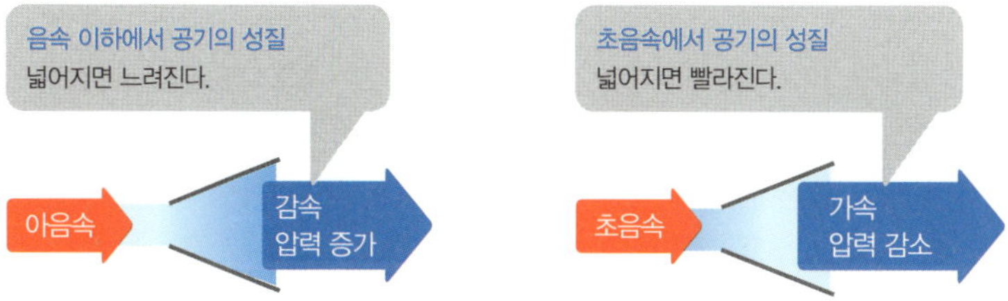

음속 이하에서 공기의 성질
넓어지면 느려진다.

아음속 → 감속 압력 증가

초음속에서 공기의 성질
넓어지면 빨라진다.

초음속 → 가속 압력 감소

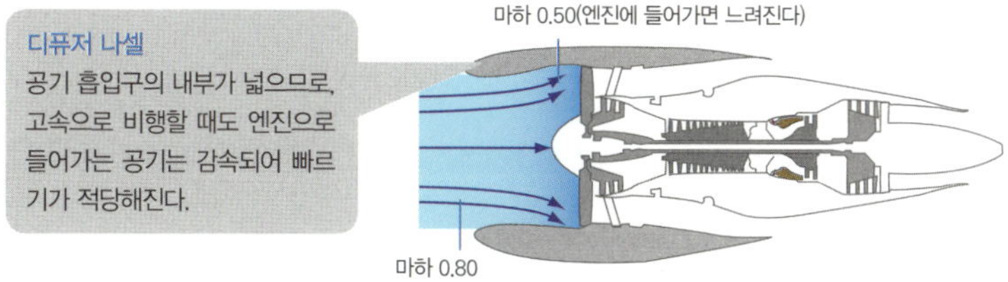

디퓨저 나셀
공기 흡입구의 내부가 넓으므로, 고속으로 비행할 때도 엔진으로 들어가는 공기는 감속되어 빠르기가 적당해진다.

마하 0.50(엔진에 들어가면 느려진다)

마하 0.80

엔진 회전수

JT8D 엔진
팬 : 최대 8,600rpm
고압 압축기 : 최대 12,250rpm

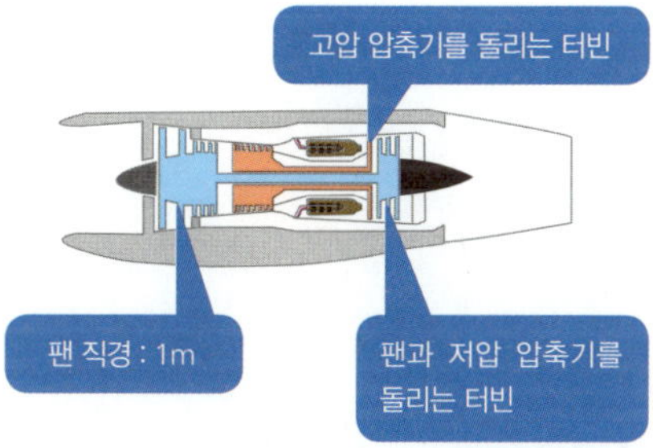

고압 압축기를 돌리는 터빈

팬 직경 : 1m

팬과 저압 압축기를 돌리는 터빈

GE90-115B 엔진
팬 : 최대 2,600rpm
고압 압축기 : 최대 11,290rpm

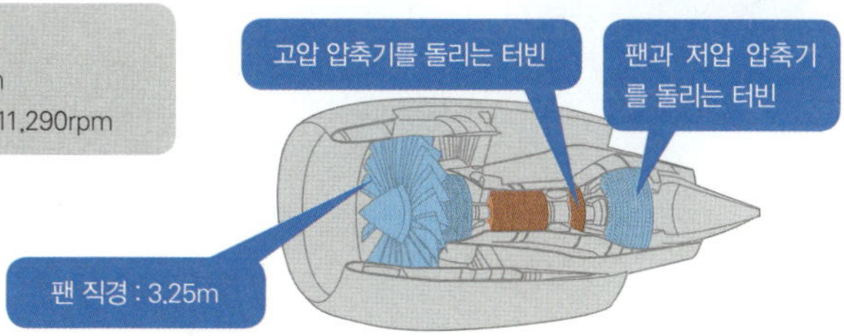

고압 압축기를 돌리는 터빈

팬과 저압 압축기를 돌리는 터빈

팬 직경 : 3.25m

※ rpm : 회전수/분

엔진이 내는 힘은 어느 정도일까?
순추력과 총추력을 알아보다

4-08

추력의 크기는 분출하는 공기 질량과 속도로 정해지며, 비행 중인 비행기의 추력을 구하는 식은 (추력)=(시간당 공기 질량)×(분출 속도-비행 속도)라고 앞에서 설명했다.

이렇게 구한 추력을 날기 위한 유효 추력이라는 의미에서 순추력(net thrust)이라 부른다. 이에 대해 엄밀하지는 않지만, 카탈로그에 실린 추력을 총추력(gross thrust)이라 한다. 비행 속도가 0인 경우, 즉 비행기가 정지한 상태의 순추력과 총추력은 같다. 골프 스코어를 얘기할 때, 핸디캡을 뺀 값을 네트, 실제 스코어를 그로스라 부르는 것과 비슷하다.

지금부터는 비행기가 이륙하는 데 필요한 총추력을 의미하는 최대 이륙 추력을 산출해보자. 흡입 공기량은 초기 터보팬인 JT8D 엔진인 경우에는 초당 140kg이었지만, GE90-115B 엔진에서는 약 10배나 되는 초당 1,400kg이다. 하지만 GE90-115B의 바이패스비는 7.0이므로, 팬이 흡입하는 공기량 1,225kg/초 중에서 엔진 본체에 들어가는 공기는 불과 175kg/초에 불과하다. 이것은 초기 터보팬 엔진과 큰 차이가 없다. 이렇게 산출할 수 있는 총추력은 대략 52.5톤이다. 상세하게 들여다보면, 팬에서 발생하는 추력이 45톤, 터빈이 만드는 추력이 7.5톤이므로 총추력의 85%가 팬에서 만들어진다.

이처럼 바이패스비가 큰 엔진일수록, 총추력에서 팬이 만드는 추력의 비율이 커진다. 그리고 팬을 통과한 공기가 터빈 분출 소음을 감싸서, 엔진 전체의 소음을 크게 줄여준다.

어느 정도의 힘을 내고 있는가

$$\text{바이패스비 } 7.0 = \frac{\text{팬으로 유입 : 1,225kg}}{\text{엔진 내부로 유입 : 175kg}}$$

빨아들인 공기 무게
1,400kg/초

팬이 분출하는 공기 : 1,225kg/초
분출 속도 : 360m/초(시속 1,296km)

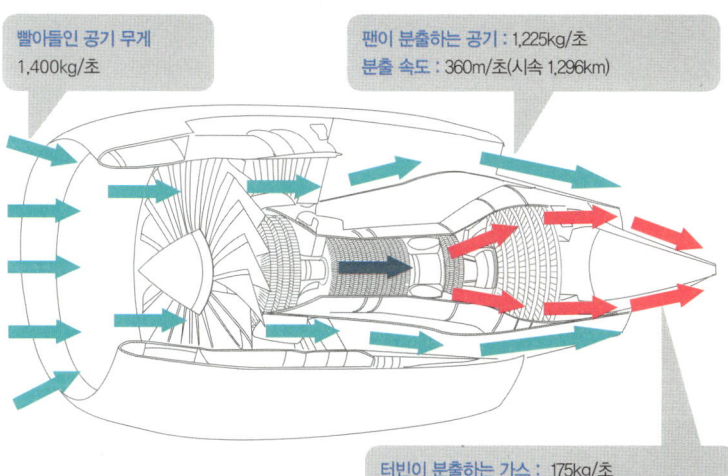

터빈이 분출하는 가스 : 175kg/초
분출 속도 : 420m/초(시속 1,512km)

(추력)=(분출하는 공기 질량)×(분출 속도)
(공기 무게)=(공기 질량)×(중력가속도)
따라서 추력의 크기를 나타내는 식은 아래와 같다.

$$(\text{추력}) = \frac{(\text{분출하는 공기 무게})}{(\text{중력가속도})} \times (\text{분출 속도})$$

$$(\text{팬에서 발생하는 추력}) = \frac{1{,}225\text{kg/초}}{9.8\text{m/초}^2} \times 360\text{m/초}$$
$$= 45{,}000\text{kg}$$

$$(\text{터빈에서 발생하는 추력}) = \frac{175\text{kg/초}}{9.8\text{m/초}^2} \times 420\text{m/초}$$
$$= 7{,}500\text{kg}$$

(추력) = (팬에서 발생하는 추력) + (터빈에서 발생하는 추력)
= 45,000 + 7,500 = 52,500kg(52.5톤)

비행기 액셀러레이터는 손으로 조작한다

조종석 중앙에 있는 스러스트 레버

자동차 액셀러레이터는 발밑에 있지만, 비행기 액셀러레이터는 좌우 조종석 어디서라도 손으로 조작할 수 있도록 조종석 중앙 받침대 위에 있다. 추력, 즉 스러스트를 조절하는 레버라서 스러스트 레버(thrust lever)라고 부른다. 자동차 액셀러레이터와 달라서, 레버를 움직인 후 손을 떼도 원래 자리로 돌아오지 않는다. 그리고 연료 밸브를 연료 제어 스위치 또는 엔진 마스터 스위치라 부른다. 레버나 스위치는 엔진마다 있다. 그 이유는 한 번에 모든 엔진을 스타트하지 않고, 고장이 나도 고장 난 엔진만 출력을 내리거나, 최악의 경우에는 고장 난 엔신만 정지할 필요가 있기 때문이다.

레버를 움직일 때는 조종 장치에서 플라이 바이 와이어와 마찬가지로 전기 신호로 변환되어, 와이어(전선)를 이용해 전기 신호로 엔진을 조종하는 방식이 주류를 이룬다. 레버를 움직이면 금속으로 만든 케이블을 따라 레버의 움직임이 전해지는 비행기가 있는데, 엔진에 이상 진동이 발생하면 스러스트 레버까지 그 진동이 전해지므로 엔진과 직결되어 있음을 실감할 수 있다.

연료 제어 스위치는 연료를 보내는 파이프 밸브를 개폐하는 스위치다. 엔진 스타트 시에 RUN(운전 위치)에 놓으면 목적지에 도착하여 엔진이 정지할 때까지 거의 만질 일이 없다. 단순히 만지는 것만으로는 스위치를 조작할 수 없게 되어 있다. 그리고 리버스 레버는 착륙 시나 이륙을 중지하는 경우에, 엔진을 역분사해서 비행기가 감속하는 것을 돕는 장치다.

제트 엔진의 액셀러레이터

보잉777의 예시

스러스트 레버
앞으로 밀면 출력이 커진다. 손을 떼도 자동차의 액셀러레이터와는 달리 원래 자리로 돌아가지 않고, 밀어놓은 위치에 그대로 있다.

엔진을 제어하는 스러스트 레버와 연료 제어 스위치는 좌우 어느 자리에서도 조작할 수 있도록 중앙 받침대에 있다.

연료 제어 스위치
RUN 위치에 두면 엔진으로 연료를 보내는 밸브가 열린다.

스위치를 지키는 방호판

리버스 레버
잡아당기면 역분사 장치가 작동한다.

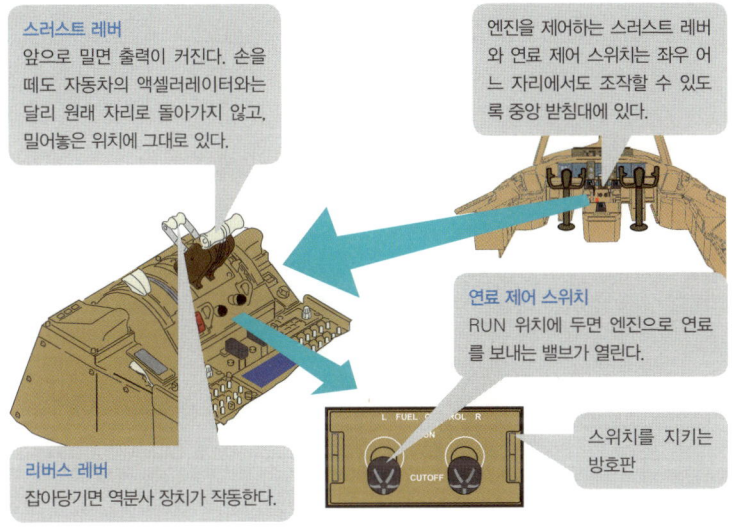

스러스트 레버에서 엔진까지

보잉767의 예시

레버와 엔진은 케이블을 통해 기계적으로 연결되어 있으므로 엔진 진동이 레버까지 전해지는 경우도 있다.

엔진 제어 장치
스러스트 레버
케이블

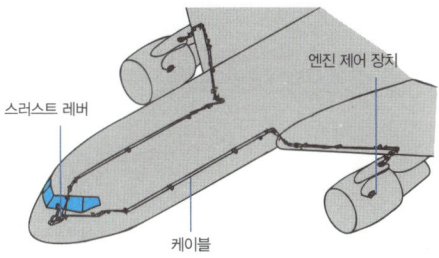

케이블(금속선)을 사용하지 않고 레버 위치를 전기 신호로 변환하여, 전선(와이어)으로 엔진을 제어하는 방법이 주류가 되었다. 조종간의 움직임을 케이블을 통해서가 아니라, 전기 신호로 변환해서 키를 제어하는 플라이 바이 와이어와 같다.

어떻게 출력을 올릴까?

4-10

주류는 컴퓨터를 이용한 전자 제어

스러스트 레버를 앞으로 밀면, 연소실에 보내는 연료량을 증가시켜 출력이 커진다. 하지만 연료만 많이 보낸다고 좋은 것은 아니다. 예를 들어 연료를 많이 넣어도, 큰 팬을 가지고 있는 터빈은 관성 때문에 갑자기 회전수가 증가하지는 않는다. 오히려 압축기 안을 통과하는 공기가 흩어져서 압축기 스톨이라 불리는 현상이 일어난다. 스톨이 발생하면 '쿵' 하는 큰 소리와 진동이 발생해서 압축기 블레이드가 파손되어 흩어지거나 이상 연소를 일으킬 가능성이 있다. 조금이라도 이상 연소가 발생하면, 터빈 블레이드는 열과 회전에 의한 응력 때문에 변형될 위험이 있다.

반대로 스러스트 레버를 당겨 엔진 유입을 줄여도, 고속 회전하고 있는 팬은 갑자기 감속할 수 없다. 그래서 유입 공기량보다 연료가 지나치게 적어지면 연속해서 연소해야 할 연소실 안의 불꽃이 꺼져버릴 수도 있다. 상공에서는 지상 기압의 20% 이하인 기압과 섭씨 영하 60도 이하인 기온 그리고 비행 속도의 변화를 고려해서 공기와 연료의 비율을 결정할 필요가 있다. 하지만 파일럿이 이런 것들을 모두 생각하며 레버를 조작해야 한다면 자유롭게 비행할 수 없을 것이다. 그래서 등장한 것이 레버 위치, 압력, 온도, 회전수, 비행 속도 등 많은 정보를 이용해서 안정적으로 운전할 수 있는 최적 연료 유입량을 산출하는 연료 제어 장치다. FCU라 불리던 초기 장치에서는 전부 기계적으로 연료 유입량을 산출했지만, 지금은 EEC라고 부르는 컴퓨터를 이용한 전자 엔진 제어가 주류를 이룬다.

연료 제어 장치의 기계 설비

JT8D 엔진의 경우

연료 제어 장치 FCU : Fuel Control Unit
전부 기계적(아날로그적)으로 연료 유량을 산출하는 장치로 매우 복잡하다.

탱크에서 엔진까지

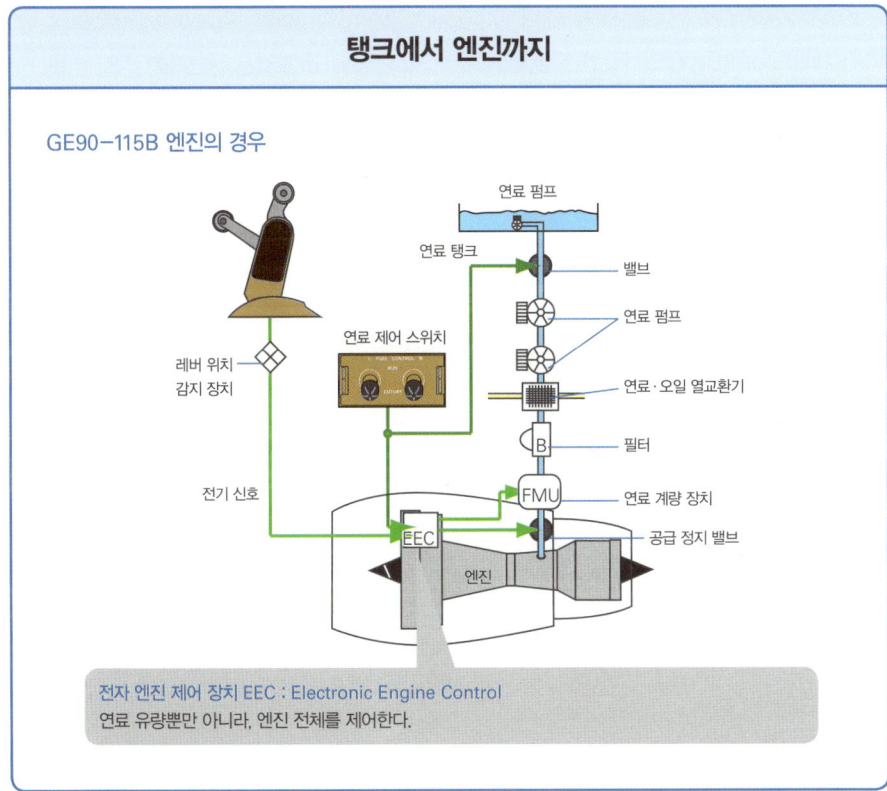

GE90-115B 엔진의 경우

전자 엔진 제어 장치 EEC : Electronic Engine Control
연료 유량뿐만 아니라, 엔진 전체를 제어한다.

엔진 역분사란?

공기 흐름을 바꾼다

4-11

비행기가 착륙한 순간 타이어에서 하얀 연기가 나는 것을 보면 알 수 있겠지만, 착륙할 때 비행기가 가진 매우 큰 에너지를 상쇄하고 제한된 활주로 내에서 정지해야 한다. 그래서 자동차처럼 차륜 브레이크에만 의지할 수가 없다.

우선 접지와 동시에 스피드 브레이크라 부르는 여러 장의 판이 주 날개 위에서 일어선다. 이를 이용해 양력이 발생하지 않도록 해서, 비행기 무게를 타이어에 실어 차륜 브레이크가 잘 듣게 한다. 스피드 브레이크는 스포일러(spoiler, 양력을 망친다는 의미)라고도 부르듯이, 비행기 속도가 느려진 이후에는 작동해도 별 효과가 없으므로 접지와 거의 동시에 작동한다.

다음으로 엔진 출력을 올리는 것 같은 소리가 들리는데, 이것은 엔진을 역분사하기 때문이다. 역분사라고 해도 역회전하여 공기를 흡입구에서 분사하는 것이 아니다. 블로커 도어(blocker door)라 부르는 차단 판을 사용하여, 분사 흐름을 전방으로 비스듬하게 방향 전환한다. 스피드 브레이크나 차륜 브레이크가 정지 방향으로 작동하는데 엔진이 진행 방향으로 계속 힘을 낸다면 효율 면에서 좋지 않다. 그래서 엔진 분사 방향을 바꿔 제동 효과를 높이는 것이다. 이 역분사 장치를 스러스트 리버서(thrust reverser)라 부르는데, 타이어처럼 활주로와 만나지 않으므로 활주로 상태와 상관없이 작동할 수 있다는 장점이 있다. 예컨대 얼음판에서 차륜 브레이크는 제대로 작동하지 않지만 리버서의 제동 효과는 변함없다.

역분사는 지상에서만 작동한다

역분사는 지상에서만 사용한다. 공중/지상 센서라 부르는 장치가 있어서 타이어가 기울어진 정도를 감지해서 공중인지 지상인지 판별한다.

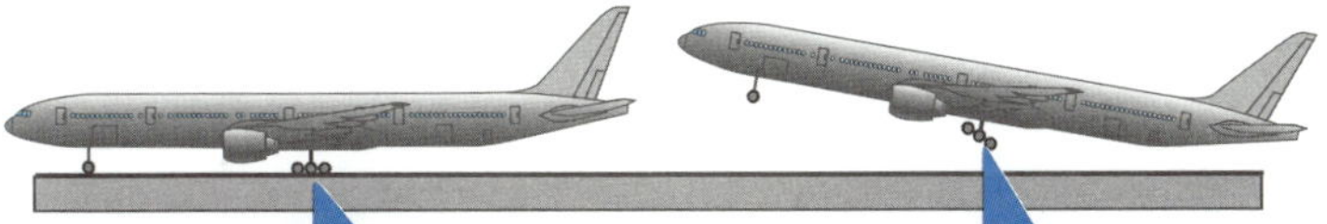

지상에서 타이어는 수평이다.

공중에서 타이어는 기울어져 있다.

리버스 레버(역분사 레버)
리버스 레버는 지상에서 스러스트 레버가 최소 위치인 아이들 상태가 아니면 작동하지 않는다. 레버를 당기는 정도에 따라 역분사 힘의 크기가 변한다.

스러스트 레버(추진 레버)
리버스 레버가 당겨지는 동안에는 스러스트 레버를 움직일 수 없다.

역분사의 흐름

CF6 엔진의 경우

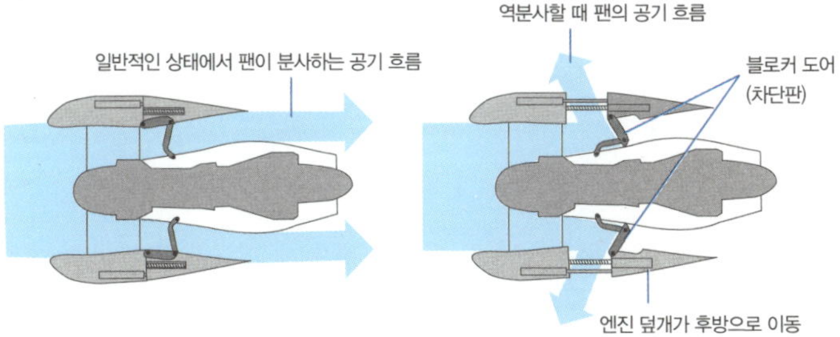

일반적인 상태에서 팬이 분사하는 공기 흐름

역분사할 때 팬의 공기 흐름

블로커 도어 (차단판)

엔진 덮개가 후방으로 이동

추진력은 팬 추력 80%, 터빈 추력 20%로 이루어지므로 역분사는 팬에서만 실시한다. 역분사를 하면 뒤로 향하는 힘은 최대 추력의 40%까지 발생한다.

제트 엔진 계기판이란?

4-12

대표적인 계기판은 온도계와 회전계

제트 엔진의 압축기, 연소실, 터빈은 각각의 역할이 있다. 그래서 터빈처럼 고온·고압가스를 계속 맞으며 고속 회전하는 부분도 생기기 마련이다. 터빈에 닿는 가스 온도를 제대로 감시하지 않으면 터빈이 변형되거나, 최악의 경우에는 파손될 수도 있다. 하지만 터빈 입구 온도가 섭씨 1,300도 이상이므로 오래 버틸 수 있는 온도계는 없다. 그래서 고압 터빈과 저압 터빈 사이에 온도를 측정하는 배기가스 온도계(EGT)를 설치하고 이것을 가장 중요한 엔진 계기로 간주한다. 엔진 스타트부터 정지까지 엄격한 제한치가 정해져 있다.

다음으로 회전계다. 항공 업계에서는 회전을 표시하는 기호로 N을 사용하는 관습이 있다. 압축기가 두 개 있는 엔진에는 팬과 저압 압축기를 위한 N_1계와 고압 압축기를 위한 N_2계가 있다. 압축기가 세 개 있는 엔진에는 저압 부분부터 N_1, N_2, N_3로 이름 붙는 계기가 있다. 계기의 단위는 일반적으로 회전에 사용하는 rpm(회전수/분)이 아니라, 기준 회전 속도에 대한 비율, 즉 %다. 예를 들어, 기준이 되는 100% 회전수가 1만 1,292rpm인 엔진은 N_2계가 83.4%를 가리키면 실제 회전 속도는 11,292×0.834≒9,418rpm이 된다. 83.4와 9,418을 비교해보면, %로 표시하는 편이 알기 쉽다는 점을 깨닫게 된다. 또한 기준인 100% 회전 속도가 제한치는 아니다. 그러므로 실제로는 100%가 넘는 값을 가리키는 경우도 있다. 같은 엔진이라도 처음 설정한 최대 회전수가 개량을 거듭하며 변하기 때문이다.

엔진의 어느 부분을 감시하는가

P&W4080 엔진의 예시

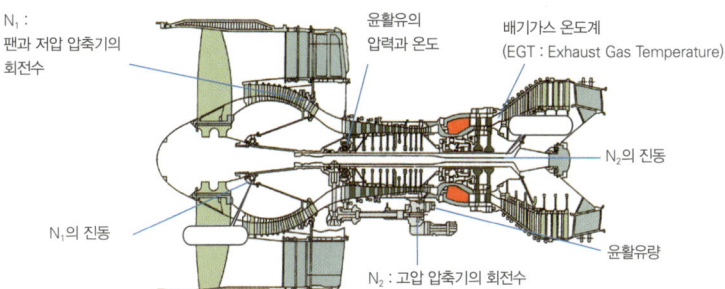

- N_1 : 팬과 저압 압축기의 회전수
- 윤활유의 압력과 온도
- 배기가스 온도계 (EGT : Exhaust Gas Temperature)
- N_2의 진동
- N_1의 진동
- 윤활유량
- N_2 : 고압 압축기의 회전수

엔진 회전수, 배기가스 온도, 윤활유의 압력·온도·양, 진동 등의 상태를 계기로 보낸다. 항공 업계에서는 회전수를 N으로 표시하는 관습이 있어서, 저압 압축기의 회전을 N_1, 고압 압축기의 회전을 N_2라 부른다.

엔진 계기판

보잉777의 예시

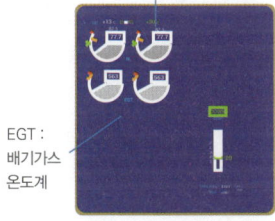

회전계 N_1 : 팬과 저압 압축기의 회전수
EGT : 배기가스 온도계

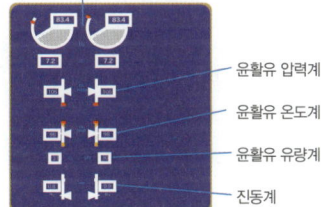

회전계 N_2 : 고압 압축기의 회전수
- 윤활유 압력계
- 윤활유 온도계
- 윤활유 유량계
- 진동계

EICAS 디스플레이
조종석 중앙에 있는 주계기를 표시한다. 엔진 계기만이 아니라, 파일럿에게 고장과 같은 중요한 사항에 대한 정보를 문자로 보여준다.

다기능 디스플레이
비행기의 모든 시스템 상황을 보여준다. 엔진 스타트를 할 때나 엔진 상태를 보고 싶을 때, 이 화면을 표시한다.

추력 크기를 알려주는 계기

힘의 크기를 알 수 없으면 비행할 수 없다

자동차는 엔진 마력을 몰라도 도로를 달리는 데 아무런 문제가 없다. 하지만 비행기는 자신의 힘이 어느 정도인지를 모른 채 하늘을 나는 무모한 짓을 할 수 없다. 추력 크기는 이륙할 수 있는 비행기의 무게, 비행 속도, 상승 고도 등 비행 전반에 큰 영향을 미치기 때문이다. 그리고 실제 비행에서는 예정대로 추력이 나오는지를 파악할 필요가 있다. 하지만 아쉽게도 공중에서 추력을 직접 측정할 방법은 없다. 그래서 간단히 용수철저울의 원리를 이용하여, 지상에서의 추력 크기를 측정하고 그 크기 변화와 직선적으로 비례하는 계기를 통해 공중에서의 추력을 산출한다.

이런 역할을 하는 대표적인 계기가 엔진 압력비를 알려주는 EPR계다. 엔진 입구에서 측정한 공기압과 터빈 출구에서 측정한 압력의 비, 즉 얼마나 압축했는지를 확인해 추력 크기를 추측한다. 바이패스비가 큰 엔진에서는 팬에서 발생하는 추력이 크기 때문에, 팬 회전 속도는 추력과 거의 직선적으로 비례한다. 그래서 굳이 EPR계를 위한 장치를 설치하지 않고 기존 계기인 팬 회전 속도, 즉 N_1계를 추력 설정 계기로 사용하는 엔진도 있다.

이륙하기 위한 추력이나 상승하기 위한 추력은 계기에 표시되는 목표치에 맞춰서 스러스트 레버가 자동으로 작동하여 유지되도록 설정되어 있다. 목표치를 유지하면, 카탈로그에 기재된 추력 크기를 보장할 수 있다. 순항(수평비행)이나 하강 중에는 표시되는 최댓값을 넘지 않게 사용해야 한다.

압력비로 추력을 추측하는 EPR계

$$EPR = \frac{터빈\ 출구압}{엔진\ 입구압}$$

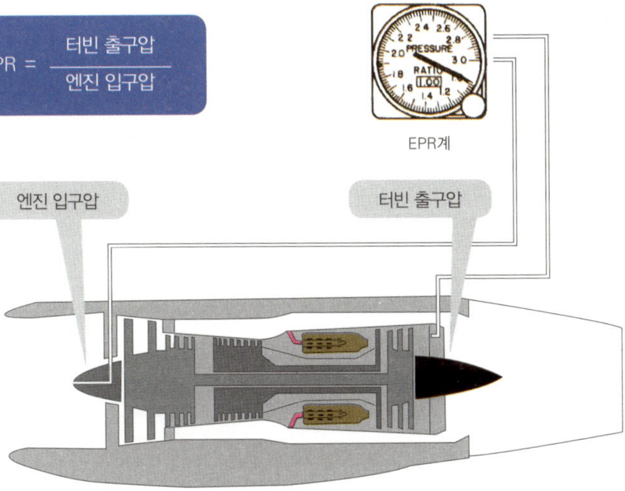

EPR계

엔진 입구압

터빈 출구압

EPR : Engine Pressure Ratio

팬 회전 속도와 추력

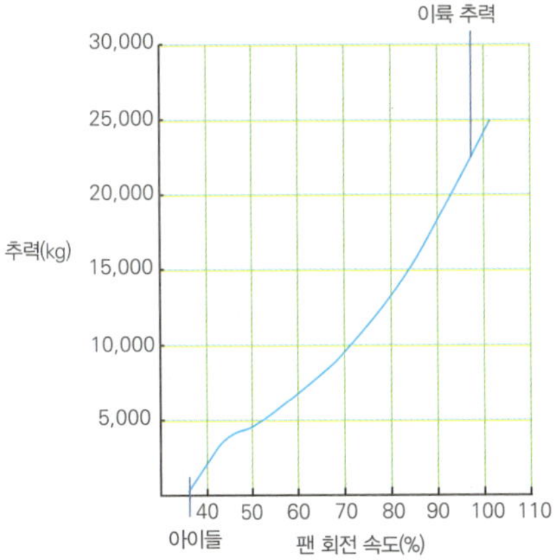

이륙 추력

추력(kg)

30,000
25,000
20,000
15,000
10,000
5,000

40 50 60 70 80 90 100 110
아이들   팬 회전 속도(%)

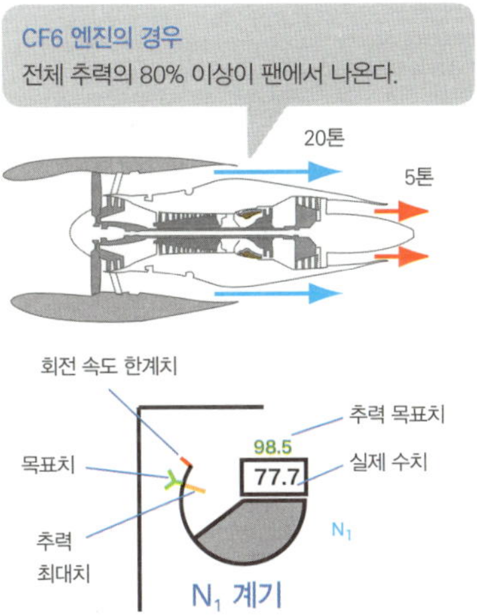

CF6 엔진의 경우
전체 추력의 80% 이상이 팬에서 나온다.

20톤
5톤

회전 속도 한계치
목표치
추력 최대치

98.5
77.7

추력 목표치
실제 수치

N_1

N_1 계기

129

엔진 스타트 방법

4-14

모든 엔진에는 도움이 필요하다

엔진 스타트란 정지 상태부터 안정된 최소 회전 속도 상태(아이들, idle)까지를 말한다. 어떤 엔진이라도 갑자기 연료를 연소해 스타트할 수는 없다. 예를 들어, 자동차는 키를 돌려 스타트 위치에 두면, 전동 스타터(셀모터)가 피스톤을 움직여 혼합 기체를 흡입·압축하고 점화할 때까지 도와서 스타트할 수 있다.

제트 엔진은 자동차와 달리 키가 아닌 두 개의 스위치를 사용한다. 각 스위치를 움직이면 스타터가 엔진의 고압 압축기를 회전시킨다. 그러면 엔진 입구에서 자연스럽게 공기가 유입된다. 공기가 충분히 유입되면 우선 점화 플러그가 작동하고 연료가 흐르기 시작한다. 가스레인지에서 '딱딱' 하며 불꽃이 생긴 후에 가스가 흘러들어 가는 것과 마찬가지다. 가스가 먼저 들어가면 화재가 발생할 위험이 있으므로 가스는 나중에 들어간다.

연소실 내에서 성공적으로 점화해도, 스타터의 도움이 필요하다. 엔진마다 다르지만, 50% N_2(약 5,600회전)에 도달해야 겨우 엔진과 스타터가 분리된다. 이후로는 스스로 가속해서 60% N_2(약 6,700회전)에 도달하면 스타터는 동작을 멈춘다. 자동차 엔진의 아이들이 분당 600회전 정도로 최대 회전의 약 10% 정도인 것에 비해, 제트 엔진의 아이들 회전 속도는 빠르다는 사실을 알 수 있다. 또한 자동차는 2~3초 만에 스타트하지만, 제트 엔진은 20~30초나 필요하다.

한편 엔진마다 특색 있는 소리를 낸다. 과거 하늘의 귀부인으로 불린 DC-8의 '붕' 하는 엔진 소리는 사람들을 향수에 젖게 하는 독특한 음색으로 해 질 녘 공항에 울려 퍼졌다.

엔진 스타트의 구조

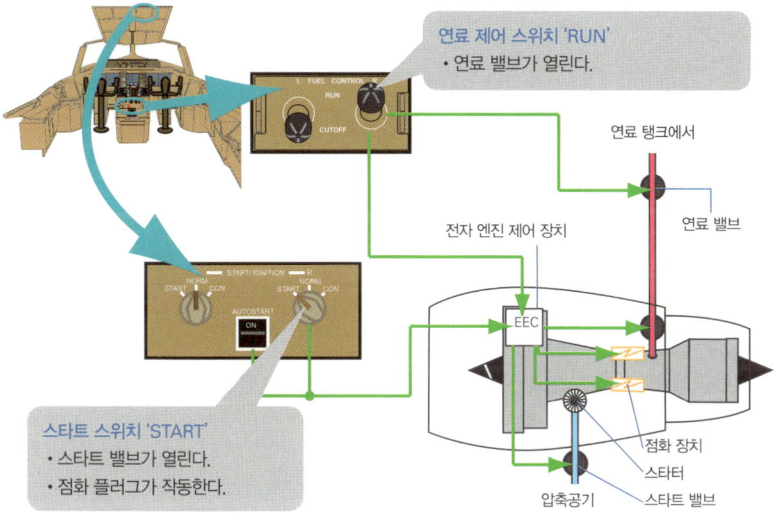
연료 제어 스위치 'RUN'
• 연료 밸브가 열린다.
FUEL CONTROL
RUN
CUTOFF
연료 탱크에서
연료 밸브
전자 엔진 제어 장치
START/IGNITION
NORM
START
CON
AUTOSTART
ON
EEC
스타트 스위치 'START'
• 스타트 밸브가 열린다.
• 점화 플러그가 작동한다.
점화 장치
스타터
압축공기
스타트 밸브

엔진 사이클

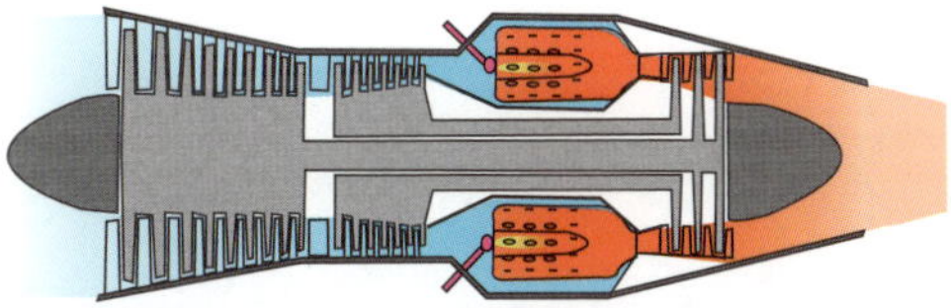

	흡입	압축	연소	배기
제트 엔진 사이클	공기	공기를 압축	연속 연소	배기가스가 에너지다
피스톤 엔진 사이클	공기·연료 혼합기체	혼합기체를 압축	간헐 연소	배기가스를 에너지로 사용하지 않는다

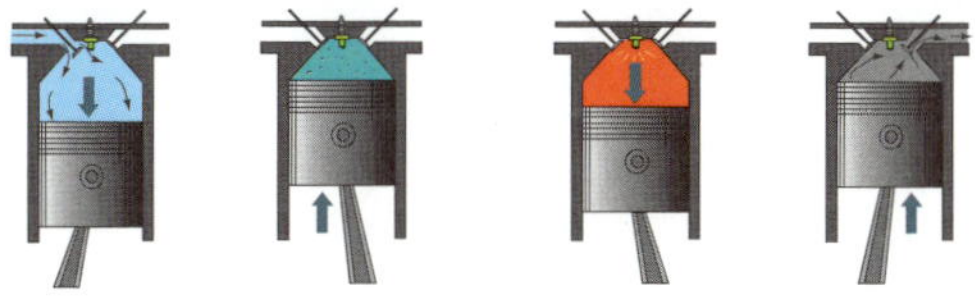

엔진이 만드는 4개의 힘
추력, 전력, 유압력, 압축공기

 엔진의 주요 임무는 추력을 만드는 것이지만, 추력 이외에도 전력, 유압력, 압축공기를 만들어낸다. 엔진 회전력을 이용하여 연료 계량 장치, 발전기, 유압 펌프 등을 구동시켜 기내에서 사용하는 전기를 공급하고, 비행기 다리나 조종 장치를 움직인다. 그리고 압축기에 있는 연소 전의 공기(30기압, 500℃)를 추출하여 에어컨, 공기 모터, 방빙 장치 등에 사용한다.

 전자 엔진 제어 장치에서 산출한 연료량을 실제로 마지막에 조절하는 장치가 연료 계량 장치다. 연료 탱크 안의 펌프에서 보내온 연료를 이 장치 안에 있는 펌프에서 다시 가압한다. 가압하는 이유는 엔진에 연료를 확실하게 보내기 위해서가 아니라, 압력을 가한 연료(서보 연료라 부른다)로 연료량을 정하는 밸브를 움직이기 때문이다. 전동 모터를 사용하지 않는 이유는 혹시라도 불꽃이 튀거나 하는 일이 있으면 큰일이기 때문이다.

 발전기는 정속 구동 장치가 내장된 교류발전기다. 만약 발전기가 고장 나면 엔진에도 나쁜 영향을 미칠 가능성이 있으므로, 엔진에서 떼어내는 장치가 있다. 기어박스와 직접 연결된 스타터는 압축공기의 힘으로 회전하는 것이 대부분이지만, 발전기를 스타터용 모터로 사용하는 비행기도 있다.

 비행기 다리나 조종 장치를 움직이기 위한 유압 장치에 압력을 가하는 펌프는 엔진 회전 속도와 상관없이 일정한 압력을 유지한다. 엔진이 작동하는 동안 펌프는 인간 심장처럼 움직여 혈액과 같은 작동액을 순환시킨다.

기어 박스

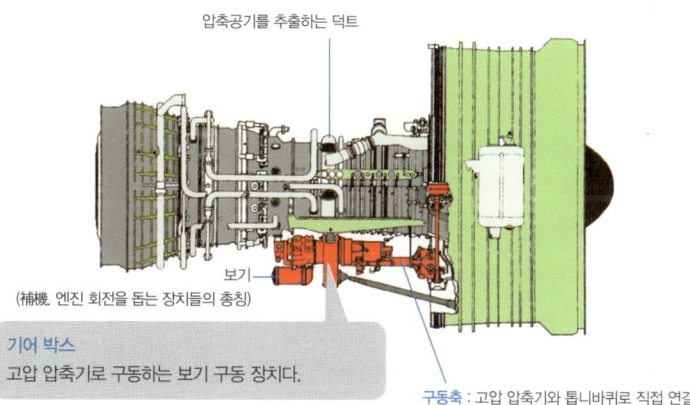

압축공기를 추출하는 덕트

보기
(補機, 엔진 회전을 돕는 장치들의 총칭)

기어 박스
고압 압축기로 구동하는 보기 구동 장치다.

구동축 : 고압 압축기와 톱니바퀴로 직접 연결

보기란 액세서리를 번역한 항공 용어로 부속품이란 의미다. 대표적인 보기는 다음과 같다.
연료 계량 장치, 스타터, 윤활유 펌프, 주발전기, 유압 펌프, N_2 회전계 센서.
또한 N_2 회전계 센서는 훌륭한 발전기 역할을 하며, 주파수를 회전수로 계기판에 표시하고, 전력은 전자 엔진 제어 장치의 전원이 된다.

4개의 힘

엔진이 만드는 4개의 힘
- **추력** : 비행기를 전진시키는 힘
- **전력** : 기내에서 사용하는 전자기기를 움직이는 힘
- **유압력** : 비행기의 다리, 조종 장치 등을 움직이는 힘
- **압축공기** : 에어컨, 공기 모터, 방빙 등에 사용하는 힘

토막 상식 004

체크리스트란 무엇인가?

파일럿은 조종실에 들어가서 목적지에 도착하여 조종실에서 나올 때까지, 모든 비행 단계에서 반드시 체크리스트를 실시한다. 체크리스트는 다음 비행 단계로 진행하기 위하여 비행기를 정확하게 설정할 수 있도록 파일럿을 돕는 도구로, 점검 항목을 열거한 표로 되어 있다.

예를 들어, 비행 전 점검이 끝난 시점에 다음 단계인 엔진 스타트 후 이동에 문제가 없음을 확인하기 위해, 산소 장치 준비 여부, 객실 좌석 벨트 사인 점등 여부, 항법 장치 세팅 여부, 연료 밸브 닫힘과 같은 항목이 있는 '스타트 전' 체크리스트를 실시한다. 그러고 나서 '스타트 후'부터 착륙하고 '엔진 정지'까지, 비행 단계마다 실시한다.

이와 같은 통상적인 체크리스트 이외에도, 긴급 고장 시에 사용하는 것도 있다. 이 체크리스트는 비행기가 처한 통상적이지 않은 상태를 쉽게 관리하기 위한 것으로, 긴급 조작 순서를 열거한 표다. 고장이 발생하면 이 표에 따라 조작하지만, 엔진 화재나 객실의 급격한 감압이 발생하면 느긋하게 체크리스트를 참조하고 있을 여유는 없다.

긴급 상황이 발생하면 상황에 따라 메모리 아이템(memory item)이라는 절차를 수행하고 그다음에 체크리스트를 실시한다.

CHAPTER 5

운항 시스템의 구조

비행기는 언제나 연료 탱크를 가득 채워 출발하는 것은 아니다. 비행마다 면밀하게 계산하여 필요한 연료량을 결정한다. 또한 비행기는 양력을 크게 하여 상승하는 것이 아니라, 상승 추력으로 상승한다. 5장에서는 실제로 비행기가 운항하는 원리와 구조를 설명한다.

비행기가 깨어날 때

5-01

비행 전에는 여러 가지 점검을 시행한다

정비사가 면밀하게 비행 전 점검(pre-flight check)을 실시하면, 오늘 비행을 하기 위해 쉬고 있던 비행기는 조금씩 깨어난다.

먼저 손전등을 들고 외부 점검을 한다. 앞바퀴 부근부터 시작해서 우측 엔진 주변, 우측 주 날개, 우측 주 바퀴, 기체 뒷부분을 돌아 좌측 주 바퀴, 좌측 엔진 주변부터 기수 방향으로 빠트리는 부분 없이 점검하도록 작업 순서가 정해져 있다.

외부 점검이 끝나면 객실 내부를 한 바퀴 돌고 조종실에 들어간다. 먼저 전원을 넣어도 안전한지 점검한다. 예를 들어, 유압 장치 전동 펌프나 플랩을 내리는 스위치가 들어간 상태에서 전원을 넣으면 뜻하지 않게 펌프가 작동하거나 플랩이 내려가거나 해서, 비행기 주변에서 작업하는 사람이 있는 경우에 위험하다. 안전 점검을 확실하게 하고 나면 배터리 스위치를 넣는다. 그러면 아주 작은 전등이 켜지고, 배터리만으로 작동하는 장치에서 작은 소리가 들리는데 마치 잠에서 깨기 직전인 비행기가 꿈틀거리는 것 같다.

다음으로 보조 동력 장치(APU)를 스타트시킨다. 배터리로 작동하는 전동 모터의 힘으로 APU가 회전하기 시작하는 소리가 후방에서 들려온다. 스타트가 끝나면, 비행기 전체에 전원이 켜지고 조종실과 객실이 밝아진다. 새까맣던 표시 화면이 살아나서 계기류를 표시하고, 비행기는 출발 준비가 되었음을 알려준다. 그러면 마치 기다리고 있었다는 듯이 많은 차량이 차례차례 비행기 주변에 모여 각자 맡은 출발 준비를 시작한다.

외부 점검

오늘 비행을 위해 면밀한 비행 전 점검을 실시한다. 외부 점검도 그중 하나다.

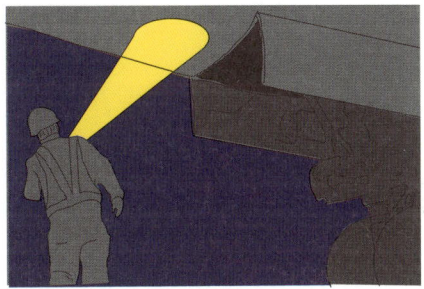

예를 들어 전륜 부근에서는 도어 상태, 격납고 내의 기름 누설, 타이어 상처나 마모 상황, 완충지주에서 기름 누설 등을 점검한다.

비행기 주변에 떨어진 물체도 점검한다. 혹시라도 엔진이 빨아들이면 FOD(이물이나 새 등을 빨아들여 발생하는 엔진 손상)의 위험이 있기 때문이다.

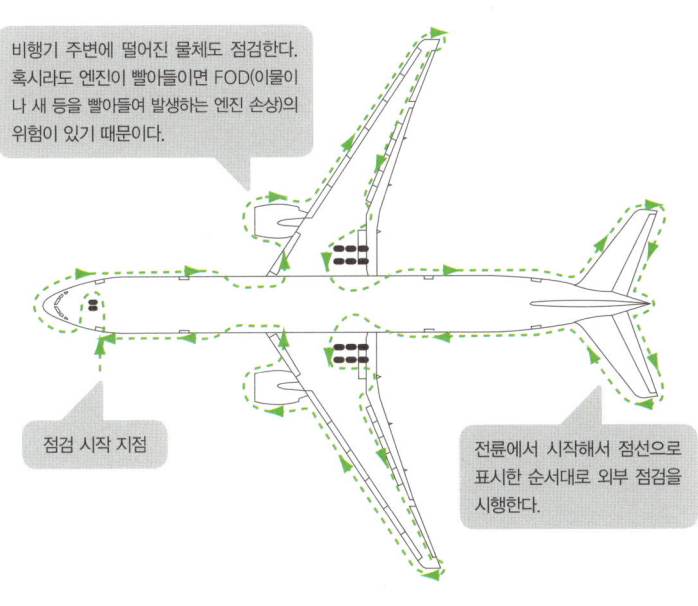

점검 시작 지점

전륜에서 시작해서 점선으로 표시한 순서대로 외부 점검을 시행한다.

비행기 출발 준비 모습

비행기를 둘러싸고 있는 여러 차량

5-02

비행기 주기장을 에이프런(apron), 에이프런 안의 비행기 한 대분의 주기 장소를 스폿(spot)이라 부른다. 스폿에는 번호가 매겨져 있어서 정확한 위치가 표시되어 있다. 이는 비행기가 움직이기 전의 정확한 위치를 관성항법장치에 입력하기 위해서다. 예를 들어 인천 공항의 34번 스폿이라면 N37°27.1, E126°26.8과 같이 지구 좌표인 위도 경도로 현재 위치를 파악할 수 있다.

출발 로비에서 에이프런을 보면 지상 지원 장비(GSE. Ground Support Equipment)인 많은 종류의 자동차가 바쁘게 움직이고 있다. 여객 서비스차는 문 높이까지 화물 컨테이너를 올려서 식료와 음료를 기내로 옮긴다. 하이리프트 로더(high lift loader)라 불리는 차량은 항공 컨테이너를 들어 올려 화물실에 싣는다. 각 컨테이너의 무게를 정확하게 측정하고 무게에 따라 탑재 위치를 결정한다. 이는 비행기의 무게중심을 제한 범위 안에서 유지하기 위해서다.

날개 아래쪽으로 들어간 연료차는 탱크로리나 지하에 매설된 급유관에서 펌프를 이용해 급유한다. 자동차는 연료 탱크 가득 급유하는 경우가 많지만, 비행기는 언제나 탱크를 가득 채워 출발하지 않는다. 비행마다 목적지까지 필요한 연료량을 상세하게 계산하여 탑재한다. 그리고 여러 군데로 나뉜 비행기 연료 탱크에 급유할 때에는 소비하는 탱크의 순서가 정해져 있으므로, 급유 순서와 양이 정해져 있다. 사용할 연료량을 산출하는 방법과 어떻게 사용하는지는 뒤에서 알아보도록 하자.

지상 지원 장비

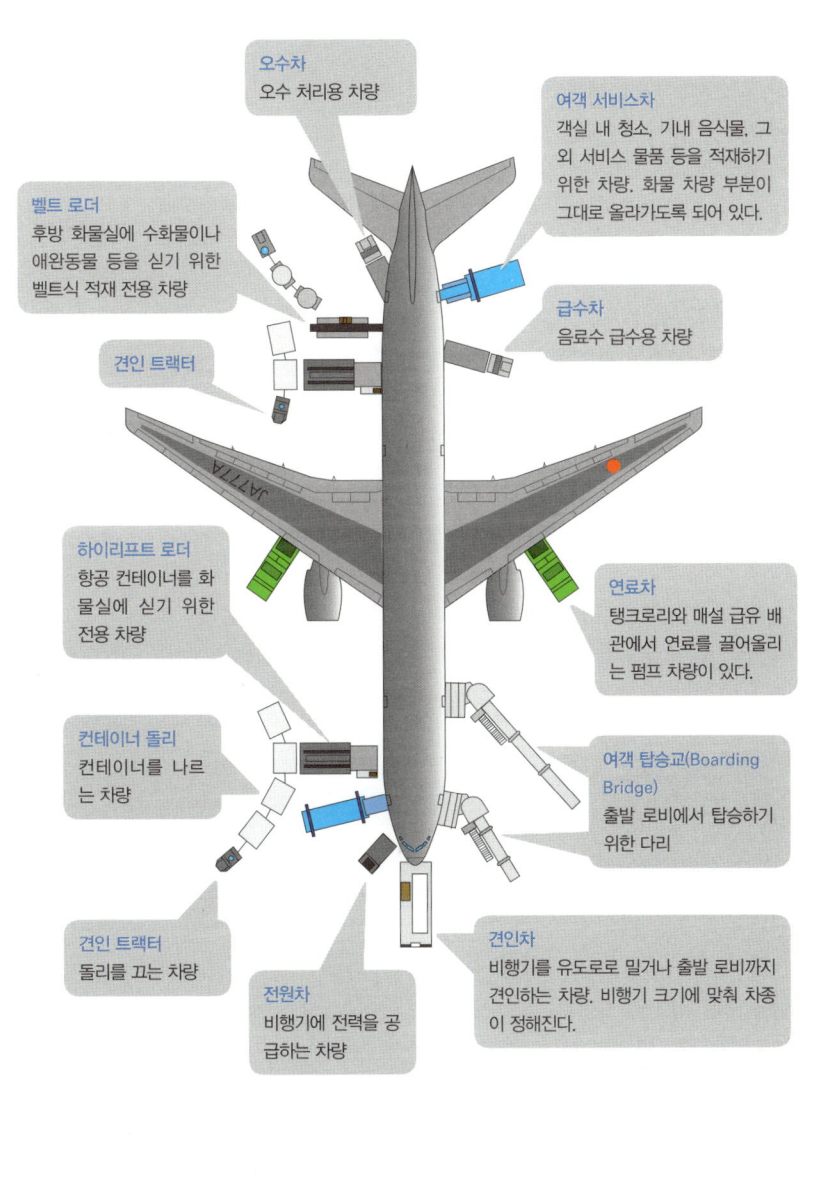

오수차
오수 처리용 차량

여객 서비스차
객실 내 청소, 기내 음식물, 그 외 서비스 물품 등을 적재하기 위한 차량. 화물 차량 부분이 그대로 올라가도록 되어 있다.

벨트 로더
후방 화물실에 수화물이나 애완동물 등을 싣기 위한 벨트식 적재 전용 차량

급수차
음료수 급수용 차량

견인 트랙터

하이리프트 로더
항공 컨테이너를 화물실에 싣기 위한 전용 차량

연료차
탱크로리와 매설 급유 배관에서 연료를 끌어올리는 펌프 차량이 있다.

컨테이너 돌리
컨테이너를 나르는 차량

여객 탑승교(Boarding Bridge)
출발 로비에서 탑승하기 위한 다리

견인 트랙터
돌리를 끄는 차량

전원차
비행기에 전력을 공급하는 차량

견인차
비행기를 유도로로 밀거나 출발 로비까지 견인하는 차량. 비행기 크기에 맞춰 차종이 정해진다.

비행 계획이란 무엇인가?

5-03

운항 관리사와 실시하는 브리핑은 대단히 중요하다

정비사가 면밀하게 점검하여 비행기가 잠에서 깨어날 무렵, 파일럿은 운항 관리사와 브리핑이라 부르는 회의를 자세히 진행한다. 운항 관리사는 디스패처(dispatcher)라고도 부르며, 비행 계획(flight plan) 작성과 기상 정보 등 운항과 관계있는 여러 정보를 분석하여 비행 안전과 효율을 관리하는 사람이다. 기장과 운항 관리사가 비행 계획에 동의하지 않으면 비행은 불가능하다. 여기서는 비행 계획의 중요한 부분인 비행 루트를 선택하는 방법을 알아보자.

대기를 이용하는 비행기는 대기 상태, 즉 날씨의 영향을 크게 받는다. 항로에서 받는 바람은 비행시간과 연비에 큰 영향을 미치므로 배풍이면 강풍, 맞바람이면 약한 바람이 부는 항로와 고도를 선택한다.

예를 들어 나리타 공항에서 샌프란시스코 공항까지 최단 거리는 약 8,400km다. 평균 비행 속도를 시속 900km라 하면 비행시간은 9시간 20분이 걸린다. 한편 배풍을 이용하기 위해 100km 우회해서 8,500km를 비행하더라도, 평균 비행 속도가 시속 950km가 되면 배풍 덕분에 비행시간은 8시간 57분이 되어, 총비행시간을 23분이나 단축할 수 있다. 23분 동안 소비하는 연료량은 약 3톤이므로, 연료를 연간 1,000톤 이상 절약할 수 있다. 물론 경제성뿐만 아니라 안전성도 당연히 중요하고, 흔들림이 적은 쾌적함도 고려해야 한다. 결국 안전성, 쾌적함, 경제성을 생각하여 비행 계획을 세워야 한다.

비행에 필요한 서류

기상도

상층풍
고도 변경 등에 참고가 되는 고도별 상층풍 지도

목적지 공항, 대체 공항, 긴급 착륙 가능성이 있는 공항 등을 알려주는 최신 정보와 일기예보

```
AIRPORT W
KSFO 1805
KLAX 1806
KOAK 180653Z 30008KT 10SM FEW001 14/12 A3000
KSMF 180653Z 13005KT 10SM CLR 19/14 A2998
RJAA 180653Z 14004KT 9999 FEW020 BKN140 27/23 Q1006 RMK A2972
RJTT 180630Z 16009KT 9999 FEW030 BKN100 28/25 Q1006 RMK A2972
TAF KSFO 180520Z 1806/1912 29011KT P6SM SKC
FM180800 28008KT P6SM FEW007
TEMPO 1812/1815 BKN007
FM182100 30015KT P6SM SCT080
FM190400 30008KT P6SM SKC
TAF KOAK 180520Z 1806/1912 30010KT P6SM SKC
FM180800 29007KT P6SM FEW007
FM181200 30009KT P6SM BKN007
FM181500 29007KT P6SM SCT007
FM181700 30009KT P6SM FEW007
FM182000 30012KT P6SM FEW040 SCT080
FM190400 31006KT P6SM SKC
TAF KSJC 180520Z 1806/1906 33006KT P6SM SKC
FM180800 VRB03KT P6SM FEW010
FM182000 33010KT P6SM FEW040
FM190400 32005KT P6SM SKC
TAF RJAA 180240Z 1803/1906 14006KT 9999 SCT025
BECMG 1821/1824 22012KT
TEMPO 1900/1906 22016G28KT
```

```
... NOTAM SUMMARY AS OF 09.71.6 1510Z -
    CONTENTS / ITEM : DEPEND ON GROUP CODE
ALT : ALL TYPE : A
P SFO / SFO / - - SANFRANCISCO -
RWY - - 1R/19L CLOSED UFN
TXY - - 51 CLOSED UFN
P OAK / OAK / - - NILL -
R JAA / NRT / - - - NARITA -
TWY . - TAXING CAUTION - // REF RMB ( JAPAN ) 001 / 04 //
IN CASE OF TAXING VIA K-TWY AND C-TXY,
PILOT SHOULD EXERCISE CAUTION,
NOT TO CONFUSE C-3 TWY AS C-TXY.
R JTT / HND / - - - HANEDA - - - NIL
```

```
ATS
(FPL-***001-IS
-B777H-SDHIRWZ/S
-RJAA0950
-N0492F320 DCT CVC ORT11 RKY DCR GARRY DCT 4000N16000E/M084F350
DCT 4200N17000E DCT 4400N18000W DCT 4500N17000W DCT
4100N13000W/N0470F350DCT REDO DCT ENI DCT PYE DCT
-KSFO1838 KSMF
-EET/PAZA0247 RJTG0345
REG/JA777A SEL/A**D
-E/0807 P/000 R/UVE S/PM J/L D/02 092 C YELLOW
A/BLUE/WHITE
C/NAKAMURA
```

항공 정보, 노탐(Notice To Air Man)
운항 관계자에게 중요한 정보다. 예를 들어 활주로 단축 운용과 같은 항공 관련 시설 변경, 설정, 상태 등을 알려주는 정보, 또는 화산 정보나 로켓 발사에 관한 위험 구역 정보 등이 포함되어 있다.

비행 계획서(flight plan)
비행에 앞서 다음 사항을 관련 기관에 제출한다.
• 출발 지점, 출발 시각
• 목적지까지 항로, 고도, 속도
• 소요 시간, 도착 예정 시각, 연료량

COMPANY CLEARANCE - FUEL PLAN																
		TIME	FUEL		TIME	FUEL										
BOF	KSFO	08/57	162800	KSFO	00/00	000000	CPT	04/15		081500						
CON		00/28	008200		00/00		TC	GS	CTIME	LAT/LONG	ETO	ZTIME	ALT	FUEL	TMP	ZWIND	MW/TP
RSV		00/30	007200		00/00		MC	TAS	RTIME	(WP) POS	ATO	DIST	FL	RMG	SAT	SPOT	WSCP
ALT	KSMF	00/19	005700		00/00												
TAX			001500		00/00		075	569	00.59	N37119E150000	,	0.19	32000	134.0	-32	251078	39/48
REQ		10/14	185400		00/00		081	491	07.58	RKY		184	FL	R		/	02
PCF		00/00	000000		00/00												
EXT		00/00	000000		00/00		074	562	01.02	N37191E150314	,	0.03	32000	132.9	-32	251061	39/47
FOB		10/14	185400		00/00		079	491	07.56	GARRY		R		/			
							070	552	01.53	N400000E160000	,	0.51	32000	117.6	-33	263065	39/47
							074	489	07.04	4060		473	FL	-		/	01
							075	538	02.46	N42000E170000	,	0.54	32000	101.4	-46	306088	35/41
							075	487	06.11	4270		469	FL	R		/	01
							075	53									
							071	49									

연료 계획
• 목적지까지 예정 소비 연료량
• 그 외의 예비 연료량으로 비행에 필요한 양. 이를 통해 비행기에 탑재하는 연료량이 정해진다.

내비게이션 로그(항법 일지)
예정 통과 지점까지의 방위, 속도, 소요 시간, 남은 연료량, 풍향 풍속, 외기 온도, 흔들림 등을 표시한 일지. 실제로 통과한 지점에서는 시각, 남은 연료량, 바람, 온도 등을 기록한다.

탑재 연료량을 면밀하게 계산한다

언제나 가득 채우지 않는 이유는?

5-04

자가용차는 연료 탱크를 가득 채워도 연료 무게가 어른 한 명 정도의 무게로, 전체 무게의 10%도 되지 않는다. 하지만 비행기는 가득 채운 연료 무게가 전체의 약 40%나 된다. 그래서 연료를 가득 채우고 비행하면, 수송할 수 있는 여객과 화물량이 적어지기 때문에 꼼꼼하게 계산해서 연료량을 결정한다.

먼저 반드시 실어야 하는 것이 목적지에 착륙할 때까지 필요한 연료인 소비 연료다. 하지만 소비 연료만으로는 충분하지 않다. 만약 목적지 날씨가 급변하거나 활주로가 갑자기 폐쇄되었을 때, 다른 곳으로 이동할 연료가 없다면 큰 문제가 된다. 항공 업계에서는 목적지 이외의 공항을 대체 공항이라 부르는데, 대체 공항까지 비행할 수 있는 연료도 필요하다. 하지만 날씨가 급변하는 경우, 다른 비행기도 근처 공항으로 모일 가능성이 크다. 그래서 공중에서 대기할 가능성도 있으므로, 공중대기용 연료도 필요하다.

연료가 필요한 경우는 또 있다. 우선 비행 항로 혼잡 등의 이유로 예정했던 고도나 속도로 비행하지 못하게 된 경우에 소비 연료량이 달라지는 것도 생각해야 한다. 그래서 예비 연료를 싣는 편이 안심이다. 예비 연료량을 산출하는 방법이 몇 가지 있는데, 예를 들어 소비 연료량의 5%를 더하는 방법이나 비행시간의 10%에 해당하는 연료량을 더하는 방법 등이 있다.

출발 게이트에서 이륙을 위해 활주로까지 이동할 때 사용하는 지상 활주용 연료도 필요하다. 하지만 착륙하고 나서 도착 게이트까지 사용하는 연료는 굳이 설정하지 않는다. 착륙한 경우에는 반드시 남아 있는 연료가 있기 때문이다.

비행기 무게와 연료

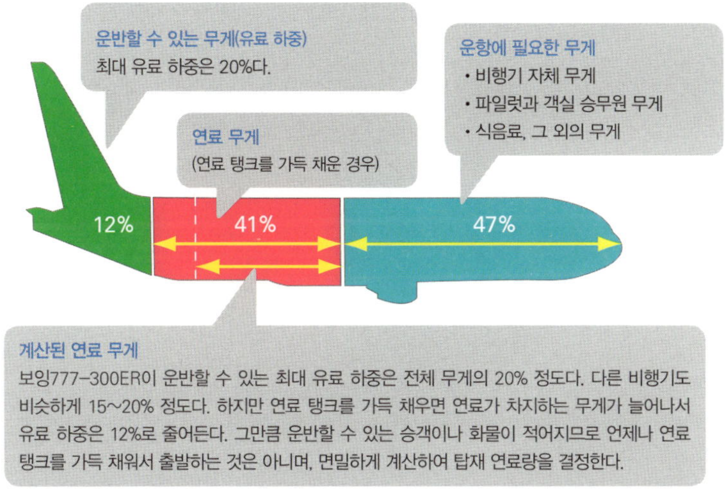

운반할 수 있는 무게(유료 하중)
최대 유료 하중은 20%다.

연료 무게
(연료 탱크를 가득 채운 경우)

운항에 필요한 무게
- 비행기 자체 무게
- 파일럿과 객실 승무원 무게
- 식음료, 그 외의 무게

12%   41%   47%

계산된 연료 무게
보잉777-300ER이 운반할 수 있는 최대 유료 하중은 전체 무게의 20% 정도다. 다른 비행기도 비슷하게 15~20% 정도다. 하지만 연료 탱크를 가득 채우면 연료가 차지하는 무게가 늘어나서 유료 하중은 12%로 줄어든다. 그만큼 운반할 수 있는 승객이나 화물이 적어지므로 언제나 연료 탱크를 가득 채워서 출발하는 것은 아니며, 면밀하게 계산하여 탑재 연료량을 결정한다.

비행기에 싣는 연료의 양

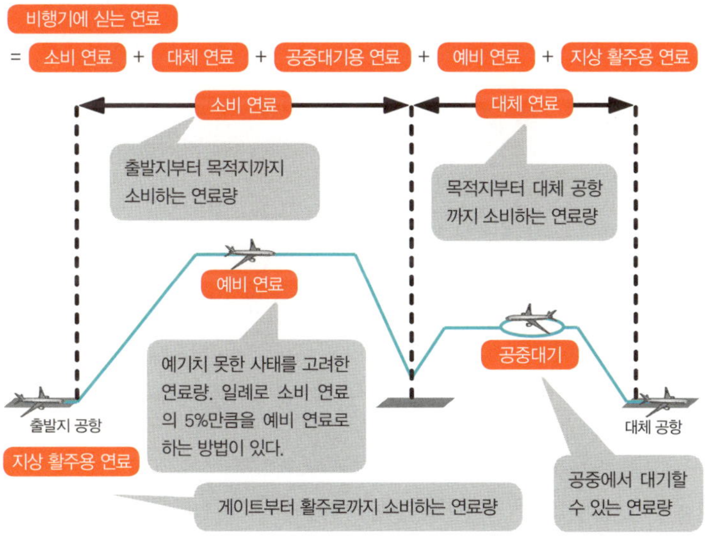

비행기에 싣는 연료
= 소비 연료 + 대체 연료 + 공중대기용 연료 + 예비 연료 + 지상 활주용 연료

소비 연료
출발지부터 목적지까지 소비하는 연료량

대체 연료
목적지부터 대체 공항까지 소비하는 연료량

예비 연료
예기치 못한 사태를 고려한 연료량. 일례로 소비 연료의 5%만큼을 예비 연료로 하는 방법이 있다.

공중대기
공중에서 대기할 수 있는 연료량

지상 활주용 연료
게이트부터 활주로까지 소비하는 연료량

출발지 공항 → 대체 공항

출발·도착 시각은 언제인가?

'지각 탑승'은 있을 수 없다

5-05

매일 통근이나 통학을 하다 보면, 출발 신호 벨이 울리는 순간 지하철에 뛰어들어 탑승하는 사람을 쉽게 볼 수 있다. 하지만 비행기에 탑승하는 경우에는 탑승권에 '출발 시각 10분 전까지는 탑승구에'라고 적혀 있듯이 여유 있게 공항에 가는 편이 안전하다.

시각표에 있는 출발 시각은 비행기가 이륙을 위해 움직이기 시작하는 시각이다. 일반적으로 비행기는 터미널을 바라보는 자세로 주기하고 있는데, 자동차와 달리 후진할 수 없다. 큰 배가 출항할 때 예인선(tugboat)이 도와주듯, 비행기도 터그카(tugcar)라 부르는 견인차의 도움이 필요하다. 견인차가 비행기를 유도로로 밀어주는 것을 푸시백(pushback)이라 하는데, 푸시백을 시작하는 시각이 출발 시각이다.

출발 시각 25~30분 전부터 탑승을 시작하는데, 승객이 탑승하는 동안에는 자동차의 사이드 브레이크와 같은 역할을 하는 파킹 브레이크 이외에도, 안전을 확보하기 위해 비행기 이동을 방지하는 블록처럼 생긴 차륜막이(chock)를 바퀴 앞에 둔다. 비행기가 푸시백할 때 차륜막이를 치우는 것을 블록아웃(block out)이라 부른다. 블록아웃하는 시각을 실제 출발 시각으로 사용한다.

그리고 비행기가 도착해서 정지한 후 블록을 바퀴 앞에 두는 것을 블록인(block in)이라 부르는데, 이 시각이 도착 시각이 된다. 시각표에 있는 소요 시간은 블록아웃부터 블록인까지 걸리는 시간으로, 블록 타임(block time)이라 부른다. 한편 이륙부터 착륙까지 걸리는 시간, 즉 비행기가 공중에 있었던 시간을 플라이트 타임(flight time)이라 부르며 블록 타임과는 구분한다.

푸시백

출발 시각 : 견인차에 밀려 유도로를 향해 움직이기 시작한 시각

"푸시백 부탁합니다. 노즈는 사우스(기수는 남쪽 방향)입니다. 우측 엔진 스타트합니다."

"노즈 사우스로 푸시백 시작하겠습니다. 우측 엔진 스타트 OK입니다."

터그카

차륜막이와 블록 타임

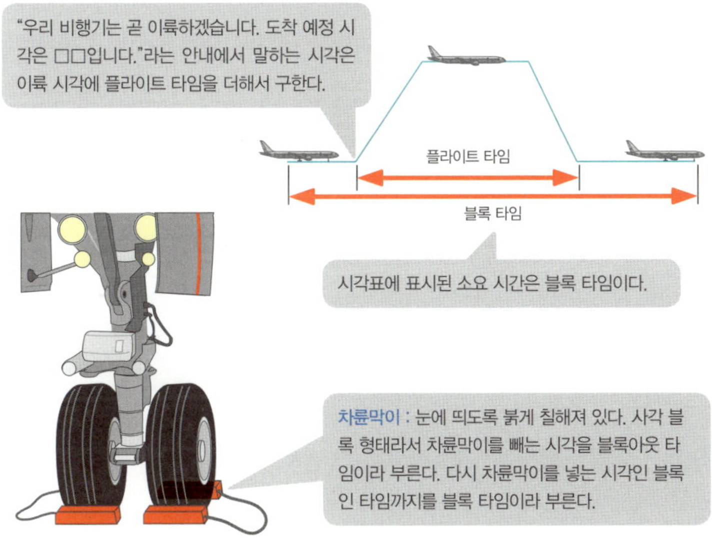

"우리 비행기는 곧 이륙하겠습니다. 도착 예정 시각은 □□입니다."라는 안내에서 말하는 시각은 이륙 시각에 플라이트 타임을 더해서 구한다.

플라이트 타임

블록 타임

시각표에 표시된 소요 시간은 블록 타임이다.

차륜막이 : 눈에 띄도록 붉게 칠해져 있다. 사각 블록 형태라서 차륜막이를 빼는 시각을 블록아웃 타임이라 부른다. 다시 차륜막이를 넣는 시각인 블록인 타임까지를 블록 타임이라 부른다.

왜 붉은 라이트를 켤까?

충돌 방지등과 다른 라이트의 의미

5-06

출발 준비 중에는 꺼져 있던 붉은 라이트가 비행기 동체 위아래에서 반짝거리기 시작하면 드디어 비행기는 출발한다. 이 붉은 라이트는 충돌 방지등이라 부르는 적색 섬광등으로 엔진 스타트를 할 때와 비행기가 움직일 때 켜진다. 날개 끝과 비행기 최후미에도 백색 섬광등으로 된 충돌 방지등이 있지만, 이 라이트는 이륙을 위해 활주로에 진입하면 켠다.

좌우 날개 끝에 있는 라이트가 각각 우현 녹색등, 좌현 적색등이라 부르는 항공등으로, 위치등이라고도 부른다. 비행기의 위치와 진행 방향을 분명히 하기 위한 불빛이다. 비행기를 눈앞에서 발견했을 때 오른쪽에 적색, 왼쪽에 녹색 라이트가 켜져 있다면 이쪽을 향하고 있다는 뜻이다.

야간에 착륙할 경우에는 착륙등을 사용하며, 좌우 날갯죽지와 앞바퀴 완충지주에 설치되어 있다. 세 군데에 있는 착륙등은 비행기 라이트 중에 가장 밝다. 또 날개에 위치한 라이트는 새가 비행기에 충돌하는 것을 방지하고 비행기끼리 확인하기 쉽도록, 야간 착륙을 할 때뿐만 아니라 이륙이나 착륙을 할 때와 같이 낮은 고도(3,000m 이하)에서는 반드시 켜둔다.

지상 활주등은 지상 주행 중에 전방을 비추고, 지상 선회등은 선회하는 방향을 넓게 비춘다. 앞바퀴에 설치한 지상 활주등과 앞바퀴 착륙등은 앞바퀴가 격납되어 있을 때에는 켜지지 않는다. 그리고 야간에 눈이 내리고 있는 상황에서 지상 주행 중이거나 비행 중인 경우, 날개 조명등을 사용하여 날개 윗면에 눈이 쌓여 있는지 혹시 얼음이 붙어 있는지 등을 점검하거나 엔진 입구에 얼음이 붙어 있는 상황을 점검한다.

비행기 라이트의 모든 것

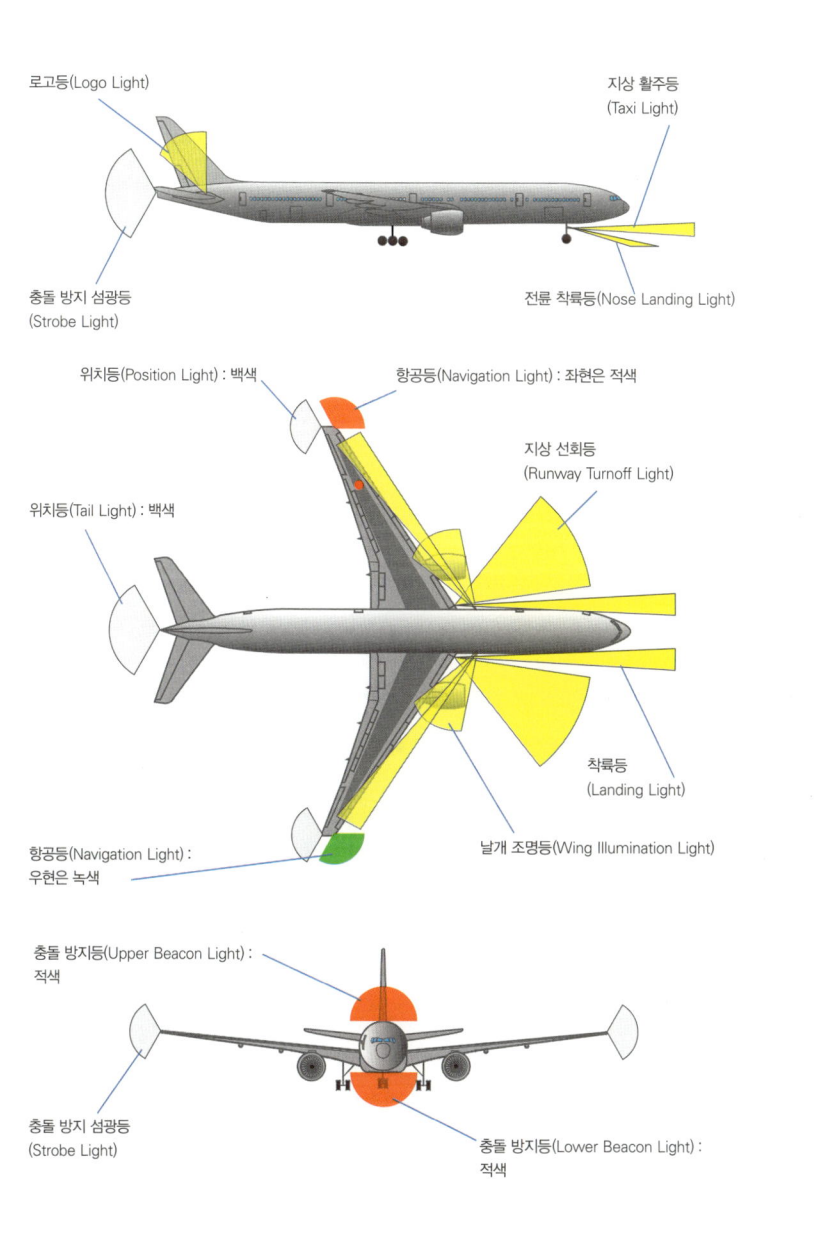

다양한 추력을 사용하여 비행한다

제트 엔진 출력에는 규정이 있다

5-07

정지 상태에서 출발해야 하는 이륙은 엔진이 가진 최대 추력을 사용한다. 하지만 이륙 후에도 추력을 유지하는 것은 아니다. 제트 여객기는 예컨대 하네다 공항과 지토세 공항을 왕복한 후, 가고시마 공항을 왕복하고 나서 후쿠오카 공항까지 비행하고, 그다음 날 이른 아침 비행까지 잠깐 휴식하는 매우 힘든 일정에 따라 운항한다.

엔진은 소중하게 사용하지 않으면 오래 사용할 수 없을 뿐 아니라 안전에도 영향을 미친다. 그래서 파일럿이 엔진 출력을 마음대로 사용하는 것은 금지되어 있다. 안전하고 경제적인 비행을 위해 이륙, 상승, 순항과 같은 각 비행 단계(flight phase)에서 사용할 수 있는 최대 추력을 설정하고 그 범위 내에서 사용해야 한다.

이륙 시에 사용할 수 있는 최대 추력을 최대 이륙 추력이라 한다. 엔진 배기가스 온도와 회전수에 따라 한계가 정해지는 추력으로, 연속해서 5분(10분인 엔진도 있다) 이상 사용하면 안 된다. 또한 착륙 시에 어떤 이유로 말미암아 착륙을 멈추고 상승하는 경우에 사용하는 착륙 복행(고 어라운드, go around) 추력이 있는데, 이것은 이륙 추력과 크기가 같다.

최대 연속 추력은 만약 이륙 중 엔진이 고장 난 경우에 이륙 추력 사용 제한 시간인 5분을 넘긴 후에 사용하는 긴급 추력으로, 연속해서 사용할 수 있는 추력이다. 최대 상승 추력은 이륙 후 순항고도에 도달하여 순항속도까지 올리기 위해 사용하는 추력이다. 그리고 최대 순항 추력 범위 내에서 순항고도와 순항속도를 유지해야 한다.

비행 단계

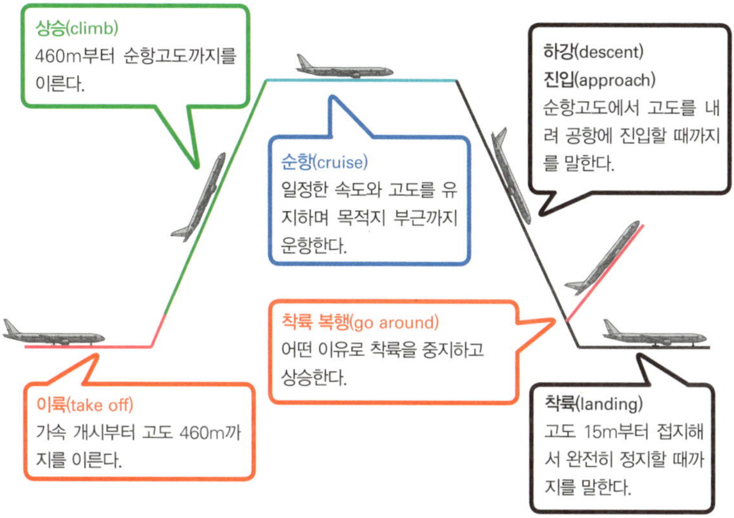

- **상승(climb)**: 460m부터 순항고도까지를 이른다.
- **순항(cruise)**: 일정한 속도와 고도를 유지하며 목적지 부근까지 운항한다.
- **하강(descent) 진입(approach)**: 순항고도에서 고도를 내려 공항에 진입할 때까지를 말한다.
- **착륙 복행(go around)**: 어떤 이유로 착륙을 중지하고 상승한다.
- **이륙(take off)**: 가속 개시부터 고도 460m까지를 이른다.
- **착륙(landing)**: 고도 15m부터 접지해서 완전히 정지할 때까지를 말한다.

엔진 정격 출력

최대 이륙 추력(Maximum Take Off Thrust)
이륙(또는 착륙 복행)할 때 사용하는 최대 추력으로, 사용 제한 시간(5분 또는 10분)이 있다.

최대 연속 추력(MCT: Maximum Continuous Thrust)
엔진 고장 등의 긴급한 경우에 연속으로 사용할 수 있는 최대 추력. 이륙 추력 다음으로 큰 추력이다.

최대 상승 추력(MCLT: Maximum CLimb Thrust)
이륙부터 순항고도에 도달하여 순항속도로 가속할 때까지 사용하는 추력. MCT 다음으로 큰 추력이다.

최대 순항 추력(MCRT: Maximum CRuise Thrust)
순항에서 사용할 수 있는 최대 추력. 정격 출력 중에서 가장 작은 추력이다.

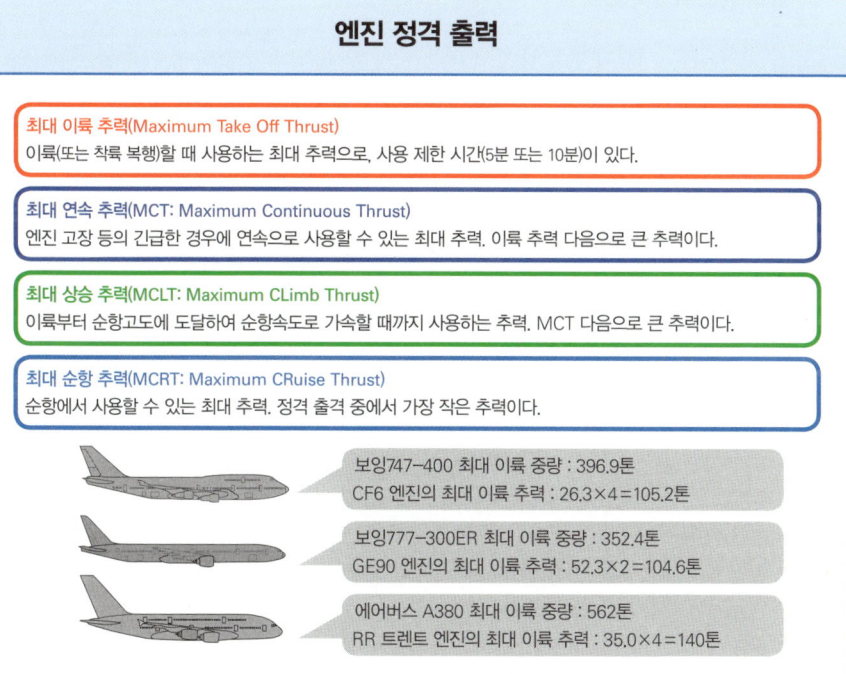

보잉747-400 최대 이륙 중량 : 396.9톤
CF6 엔진의 최대 이륙 추력 : 26.3×4=105.2톤

보잉777-300ER 최대 이륙 중량 : 352.4톤
GE90 엔진의 최대 이륙 추력 : 52.3×2=104.6톤

에어버스 A380 최대 이륙 중량 : 562톤
RR 트렌트 엔진의 최대 이륙 추력 : 35.0×4=140톤

이륙하는 속도는 어느 정도일까?

비행기 무게를 모르면 이륙할 수 없다

5-08

자동차 무게를 몰라도 운전은 가능하다. 하지만 비행기 무게를 모르면 이륙할 수 없다. 왜냐하면 (비행기 무게)=(양력의 크기)이므로, 비행기 무게를 모르면 비행기를 떠받치기 위한 최소 속력을 알 수 없기 때문이다. 즉, 비행기 무게를 이용해 필요한 양력 크기를 구하고, 그 양력에 비례하는 속도를 알아낸다. 비행기 무게가 결정되면, 이륙과 관계있는 V_1, V_R, V_2로 부르는 세 가지 속도가 정해진다.

먼저 V_1(브이원)은 이륙을 중지할지 아니면 그대로 계속할지를 파일럿이 결단하는 속도로, 이륙 결정 속도라고도 부른다. V_1을 넘은 후에 이륙을 중지하면 오버런 가능성이 커진다.

V_R(브이알)은 비행기가 부양하기 위해 충분한 속도에 도달하여 기수를 들어 올리는 조작을 시작하는 속도로, 이륙 전환 속도(rotation speed)라고 부른다. 이륙을 시작하면 가속을 느끼고 잠시 후에 갑자기 머리 위에서 끌어당기는 힘을 느낀다. 이것은 속도가 V_R에 이르러 기수를 올리면 양력이 갑자기 커지기 때문이다. 아무런 조작을 하지 않으면 비행기를 아무리 가속하더라도 활주로에서 떠오르지 않으므로, 기수를 높인다. 즉, 날개가 공기를 받아들이는 각도(받음각)를 크게 만들어 양력을 키운다.

V_2(브이투)는 떠오른 후에 실속하지 않고 안전하게 상승할 수 있는 최소 속도를 말하며, 이륙 안전 속도라 부른다. 물새가 날아오르는 순간을 관찰해보면, 물새는 힘차게 날갯짓하면서 수면을 떠난 후 얼마간 시간이 지나면 날갯짓을 천천히 한다. 이를 통해 추측해보건대, 물새는 V_2를 본능적으로 알고 있는 듯하다.

비행기 무게와 양력

$$(양력) = \frac{1}{2}(양력\ 계수) \times (공기\ 밀도) \times (비행\ 속도)^2 \times (날개\ 면적)$$

비행기를 떠받치기 위한 비행 속도는 (양력)=(항력)이므로

$$(비행\ 속도) = \sqrt{\frac{2 \times (비행기\ 무게)}{(양력\ 계수) \times (공기\ 밀도) \times (날개\ 면적)}}$$

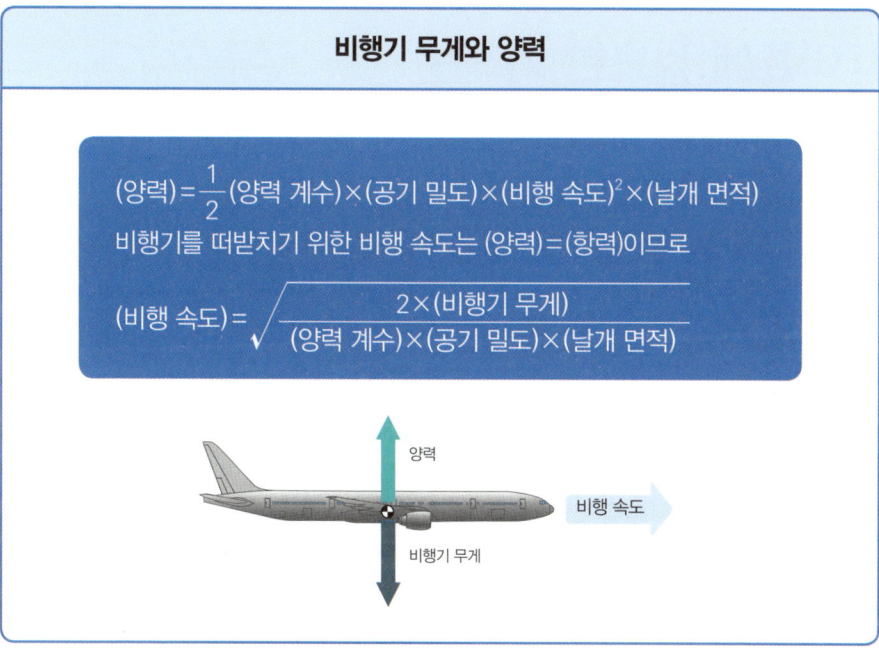

비행기 무게와 이륙 속도

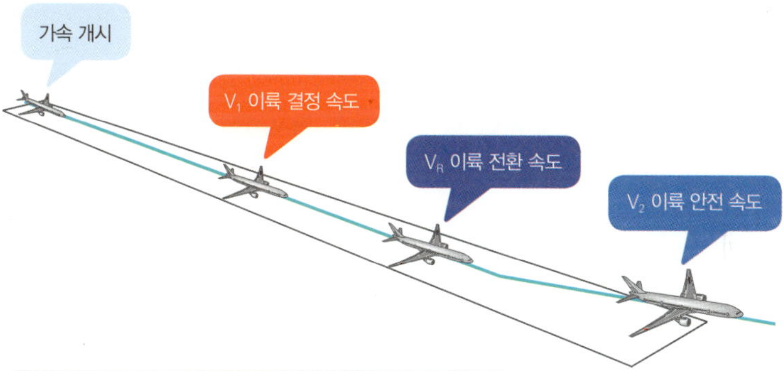

비행기 무게 \ 이륙 속도	V_1	V_R	V_2
350톤	306km/시	313km/시	328km/시
250톤	250km/시	257km/시	283km/시

무게가 100톤 달라지면 속도는 60km/시 가까이 달라진다.

이륙에 필요한 거리는 어느 정도일까?

5-09

'이륙거리'는 활주로를 떠날 때까지 달린 거리가 아니다

비행기 무게를 컴퓨터에 입력하면 세 가지 이륙 속도 V_1, V_R, V_2가 속도계에 표시된다. 안전하게 이륙하기 위해서는 속도계에 표시되는 세 가지 속도에 도달하는 순간마다 필요한 조작을 해야 한다. 예를 들어, 파일럿이 이륙을 시작해서 V_1까지는 스러스트 레버를 잡고 있다. 만약 이륙 중지를 결정한 경우에는 엔진 출력을 내려야 하므로 레버를 아이들까지 내릴 준비를 하는 것이다.

V_1을 지나면 이륙을 계속한다는 결심의 표시로 레버에서 손을 뗀다. 항공 업계에는 '비행기 후방에 있는 활주로만큼 쓸데없는 것은 없다'라는 말이 있는데, 이 말을 따르자면 V_1 부근에 이른 비행기에게는 1초마다 80m 이상의 쓸데없는 활주로가 생기는 셈이다. 파일럿은 이런 상황에서 중지할지 계속할지를 판단한다.

그런데 이륙거리란 단순히 바퀴가 활주로를 떠날 때까지 달린 거리를 의미하는 것이 아니다. 안전을 생각하여, 이륙을 시작하고 떠오른 후 높이 10.7미터(35피트)를 통과한 지점까지의 수평거리를 이륙거리라고 한다. 하지만 엔진 고장이 발생하여 V_1에서 이륙을 계속 진행하기로 결정한 경우에는 남은 엔진으로 V_R까지 가속해서 높이 10.7미터 지점을 통과하기까지의 거리가 길어진다. 그리고 V_1에서 이륙 중지를 결정한 경우에는 완전하게 정지할 때까지의 거리(가속 정지거리라 부른다)를 생각해야 한다.

이상의 사항을 고려할 때 이륙을 위해 필요한 거리는 다음 세 가지 거리 가운데 가장 긴 거리로 한다. ① 통상적인 이륙거리에 여유분을 더한 거리 ② 엔진 고장 상태로 이륙을 속행한 거리 ③ 이륙을 중지한 경우에는 완전히 정지하기까지의 거리.

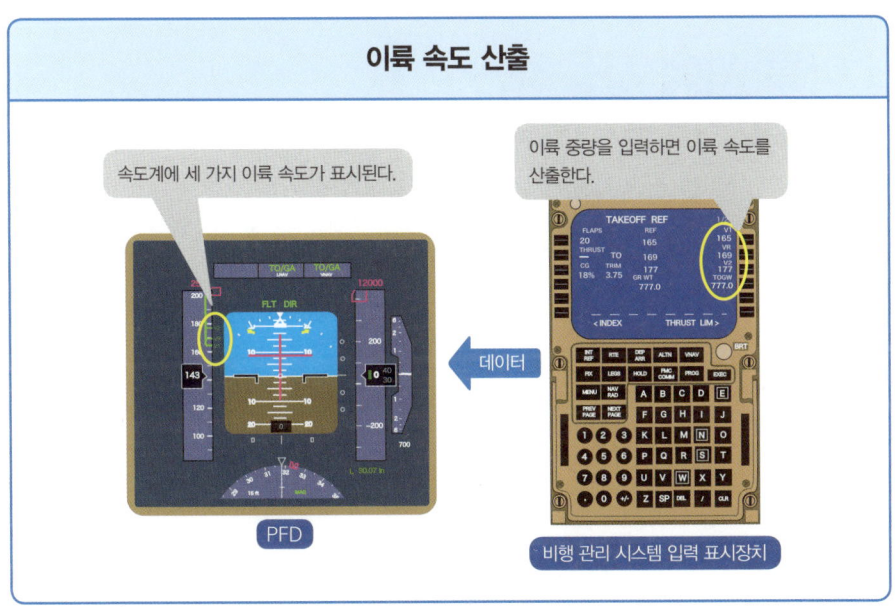

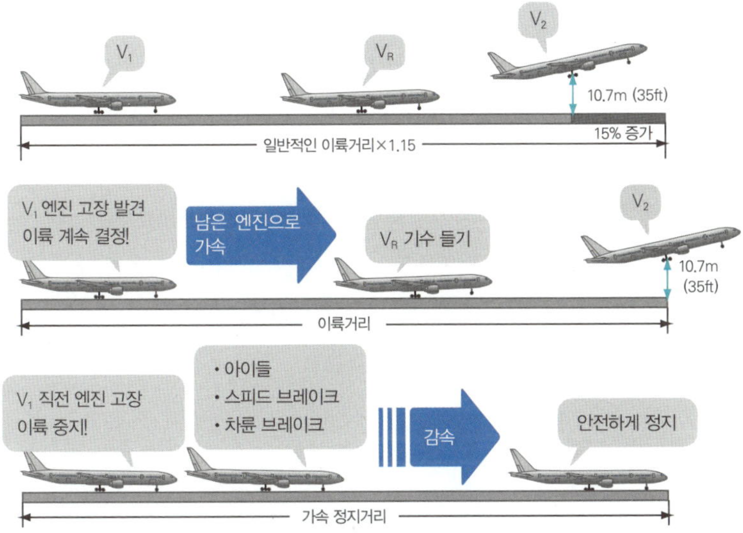

이륙 시에 사용하는 플랩의 비밀

5-10

무게나 활주로 길이를 고려하여 플랩 위치를 변경한다

플랩은 비행기 날개의 단면 모양을 바꿔서 공기 흐름을 더 크게 굽어지게 하고, 그 반작용으로 양력을 크게 늘리는 장치다. 플랩을 내민 정도에 따라 비행기를 떠받치는 양력을 얻을 수 있는 속도가 달라지는 성질을 이용한다. 비행기는 대부분 이륙을 위한 플랩 위치를 두 개 이상 가진다. 그리고 엔진 출력도 최댓값뿐만 아니라, 2~3가지 이륙 추력을 설정하여 사용한다. 이를 통해, 사용하는 활주로 길이에 따라 플랩 위치와 추력을 자유롭게 조합하여 최적의 이륙을 한다.

비행기가 무거우면 가속이 어려워지지만, 이륙 속도가 더 빨라져야 하므로 이륙에 필요한 거리가 길어진다. 그래서 가속이 잘되도록 최대 이륙 추력을 내고, 이륙 속도를 늦추기 위해 플랩을 깊은 위치에 두어 가능한 한 이륙거리를 짧게 한다. 한편, 비행기가 가벼울 때 최대 추력으로 이륙하면 가속도가 지나치게 커져 탑승감이 나빠진다. 그래서 비행기가 가볍거나 긴 활주로에서 이륙하는 경우에는 최대 추력보다 작은 추력을 내고, 플랩을 얕은 위치에 둔다. 탑승감뿐 아니라 소음 면에서도, 작은 추력을 사용하므로 소음을 줄일 수 있다는 장점이 있다.

비행기는 맞바람을 맞으며 이륙하는 편이 유리하다. 극단적인 예로 맞바람이 풍속 90m로 분다면 자연적으로 양력이 발생하므로, 긴 활주로를 사용하지 않아도 이륙할 수 있다. 맞바람만큼 공기에 대한 상대 속도가 빨라지므로, 비행기가 빠른 속도로 주행하지 않아도 맞바람 때문에 이륙 속도가 커져 짧은 거리로도 이륙할 수 있다.

플랩과 이륙 속도의 관계

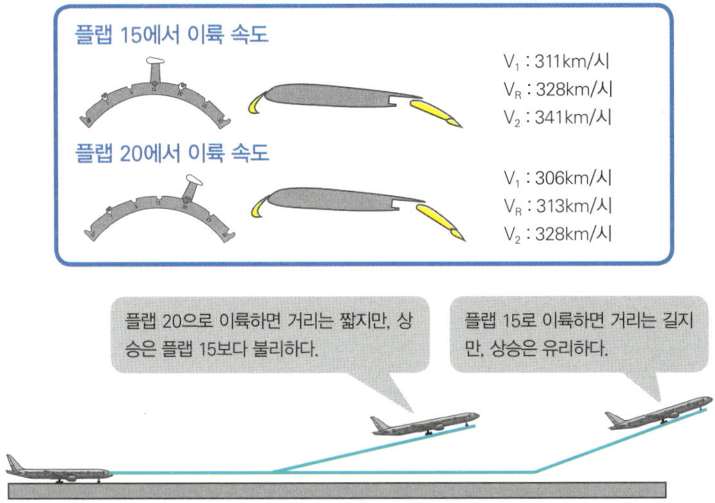

플랩 15에서 이륙 속도

V_1 : 311km/시
V_R : 328km/시
V_2 : 341km/시

플랩 20에서 이륙 속도

V_1 : 306km/시
V_R : 313km/시
V_2 : 328km/시

플랩 20으로 이륙하면 거리는 짧지만, 상승은 플랩 15보다 불리하다.

플랩 15로 이륙하면 거리는 길지만, 상승은 유리하다.

비행기 종류 · 무게와 이륙거리의 관계

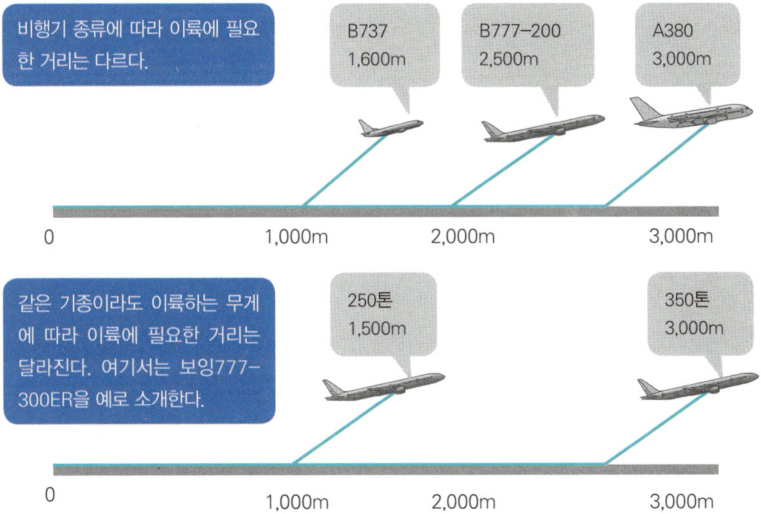

비행기 종류에 따라 이륙에 필요한 거리는 다르다.

B737
1,600m

B777-200
2,500m

A380
3,000m

0   1,000m   2,000m   3,000m

같은 기종이라도 이륙하는 무게에 따라 이륙에 필요한 거리는 달라진다. 여기서는 보잉777-300ER을 예로 소개한다.

250톤
1,500m

350톤
3,000m

0   1,000m   2,000m   3,000m

양력으로 상승하는 것은 아니다

5-11

자동차가 비탈길을 올라갈 때처럼 엔진 힘으로 상승한다

이륙을 시작해서 좌석 등받이로 몸이 밀리는 가속을 느끼기 시작하고 얼마간 시간이 흐르면, 머리 위로 끌어올리는 것 같은 힘을 느끼게 된다. 이것은 앞뒤로 작용하는 힘에 더해, 위아래로 또 다른 힘이 작용하기 시작했다는 신호와 같은 것이다. 하지만 비행기 다리가 활주로에서 완전히 떨어지면, 이런 느낌은 사라진다. 왜냐하면 양력이 비행기를 떠받치는 일에만 작용해서, 위아래로 작용하는 힘의 관계에 변화가 없어지기 때문이다.

이런 사실에서 알 수 있듯이 양력이 하는 일은 비행기를 계속해서 떠받치는 것이며, 비행기는 양력을 크게 높여 상승하거나 양력을 낮추어 하강하지 않는다. 비행 중 양력의 크기 변화는 롤러코스터처럼 탑승감을 나쁘게 할 뿐 아니라, 날개에 여분의 힘이 작용해서 날개 강도에도 문제를 일으킬 수 있다.

그렇다면 어떤 식으로 상승할까? 자동차가 비탈길을 올라가는 것을 예로 들어 생각해보자. 비탈길에 들어서면 지금보다 액셀러레이터를 더 밟지 않으면 속도가 점점 느려진다. 왜냐하면 도로와의 마찰과 공기저항 이외에, 자동차가 기울어져서 자체 무게의 일부가 자동차를 뒤로 당기는 힘인 항력에 더해지기 때문이다.

비행기에서도 이와 마찬가지 현상이 발생한다. 상승하기 위해 기체를 기울이면, 항력에 비행기 무게 일부가 더해진다. 그래서 상승하기 위한 추력은 수평비행할 때보다 배 이상의 힘이 필요하다. 이와 반대로 기체가 기울면 겉보기에 무게가 가벼워지므로 비행기를 떠받치는 양력은 작아도 된다. 극단적인 예로 비행기 무게보다 큰 추력으로 로켓처럼 수직으로 상승할 수 있다면, 양력은 필요 없다. 비행기는 양력이 아니라 추력으로 상승하는 것이다.

자동차가 비탈길을 올라갈 때

상승 중인 비행기와 힘의 관계

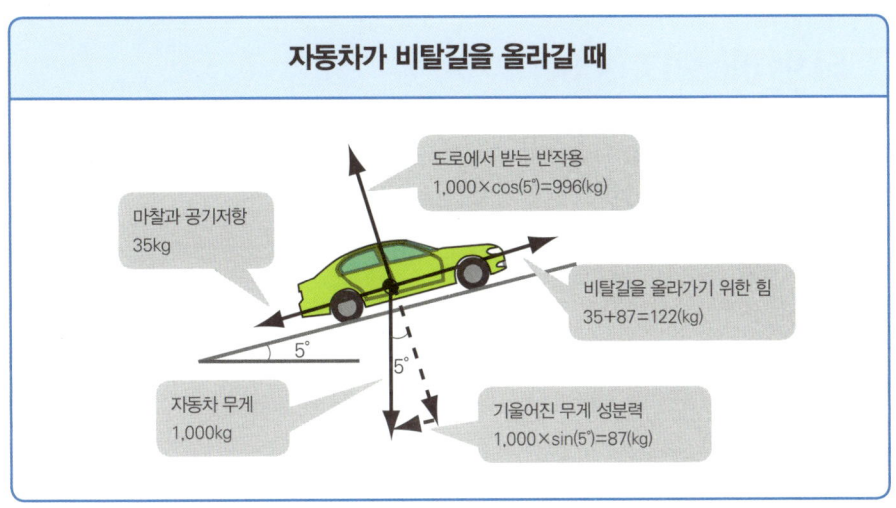

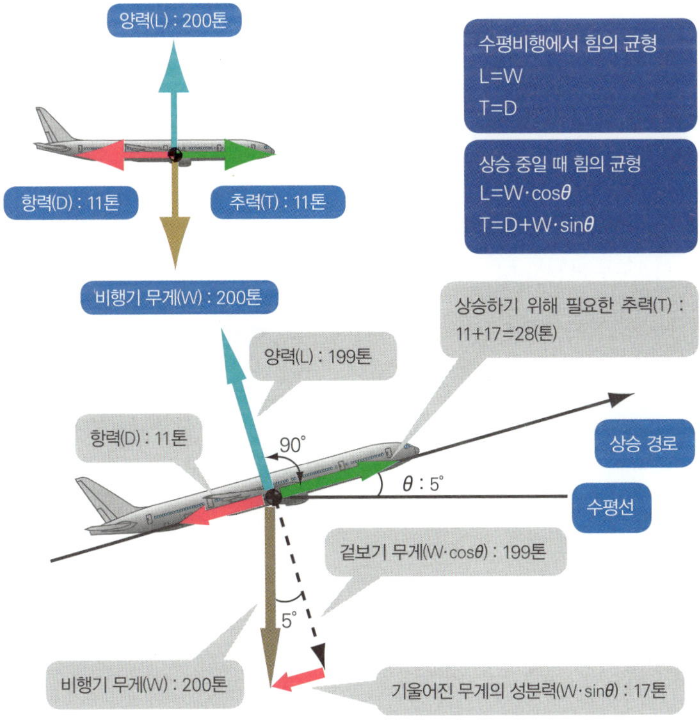

무엇에 의지해서 상승하는가?

속도계, 자세 지시기, 고도계, 승강계

5-12

조종실 앞 유리가 바람을 가르는 소리를 들으면 비행기가 하늘로 상승하고 있다는 사실을 실감할 수 있다. 바람을 가르는 소리는 속도가 빨라지면 커지고, 감속하면 작아진다. 물론 바람 가르는 소리에 의지하여 상승하는 것은 아니다. 비행기 자세가 위를 향하고, 안정적인 속도를 가리키며, 고도계가 계속 증가하고, 승강계가 상승을 가리키면 비행기가 상승하고 있다는 사실을 객관적으로 확인할 수 있다.

승강계는 어느 정도의 비율로 고도가 높아지는지(하강도 마찬가지)를 상승률로 보여주는 계기다. 예를 들어 위로 1,000m/분을 가리키면, 1분에 1,000미터만큼 높이가 상승한다는 의미다. 이 상승률은 상승 시 비행기의 성능(비행하는 특성이나 능력)을 알아보는 '잣대' 중 하나다.

상승 성능과 관련한 지표로는 상승률 이외에도 상승 기울기가 있다. 예컨대 고속도로에 등판 차선이 있는 것은 도로 기울기가 3% 이상인 경우라고 하는데, 기울기 3%는 100m 앞으로 진행할 때 3m 높아지는 비탈길을 의미한다. 비행기도 같은 방식으로 생각할 수 있다. 상승 경로 상승각이 5°라는 것은, 상승 기울기로 변환하면 8.7%가 된다. 이것은 수평비행으로 1,000m를 이동하면 고도가 87m 올라가는 것을 의미한다.

여기서 비행기 자세와 상승각은 서로 다르다. 실제로 상승하는 각도보다, 비행기 자세가 더 큰 각을 이룬다. 상승각과 자세가 같은 각이라면, 날개의 받음각이 작아져서 충분한 양력을 얻을 수 없기 때문이다. 자세 각도와 상승 경로 각도는 혼동하기 쉬워서, 상승각을 상승 기울기라고 부르는 경우가 많은 것 같다.

상승을 실감할 수 있는 계기판

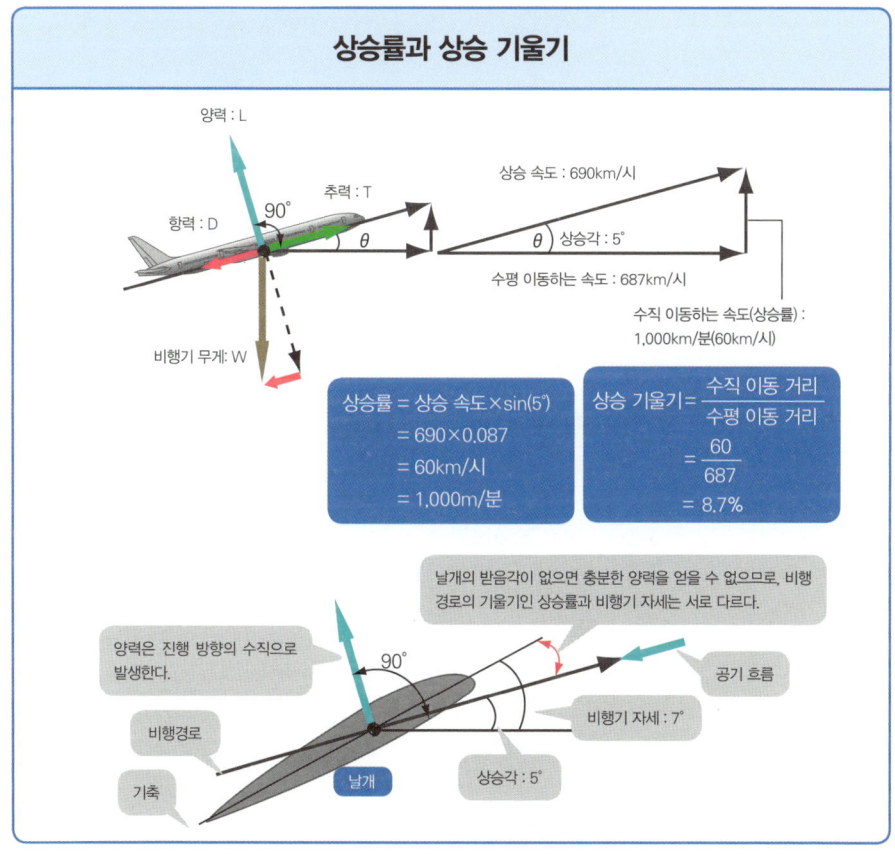

상승률과 상승 기울기

여객기는 어디까지 올라갈 수 있을까?

상승 추력 크기에 달려 있다

5-13

비행기는 일정한 속도를 유지하며 상승한다. 엄밀한 표현은 아니지만, 상승률과 상승 기울기는 그때그때 상황에 따라 달라진다. 상승률과 상승 기울기는 추력과 항력의 차(잉여 추력이라고 부른다)로 정해진다.

하지만 추력은 상승과 함께 작아진다. 왜냐하면 고도가 높아질수록 공기가 희박해져서 공기 압축 효율이 떨어지기 때문이다. 이에 맞춰 연료량도 줄여야 하므로 고도가 높아질수록 힘을 낼 수 없게 된다.

한편 항력은 고도가 달라져도 거의 변하지 않는다. 상승하기 위해 유지하는 속도는 속도계가 가리키는 속도인 '지시대기속도'이기 때문이다. 속도계는 풍압 크기, 정확하게 말하자면 동압을 측정해서 속도를 나타낸다. 양력은 동압에 비례하므로, 동압 크기를 속도로 환산하는 편이 편리하다. 마찬가지로 항력도 동압에 비례한다. 즉, 같은 동압을 유지해서 상승하므로 동압에 비례하는 항력도 변하지 않는 것이다.

추력은 줄지만 항력은 변함없으므로 상공으로 올라갈수록 상승률은 낮아진다. 그리고 최종적으로 잉여 추력이 없어져서 상승률이 제로(0)가 되는 고도가 존재하게 된다. 이 고도를 절대상승한도라 부른다. 하지만 이 고도까지 올라가는 것은 불가능하다. 실제 비행에서는 상승률이 90m/분(300피트/분)인 운용상승한도라 부르는 고도를 한계 고도로 설정한다.

상승률과 상승 기울기의 식

상승률이란 상승 속도의 수직 방향에 작용하는 속도 성분이므로, 상승 속도를 V, 상승각을 θ라 하면 (상승률)=V·sinθ가 된다. 상승 기울기는 수평 이동에 대한 수직 이동 비율로, (상승 기울기)=tanθ로 나타내지만, θ가 작으면 sinθ≒tanθ이므로, (상승 기울기)=sinθ라고도 나타낼 수 있다.

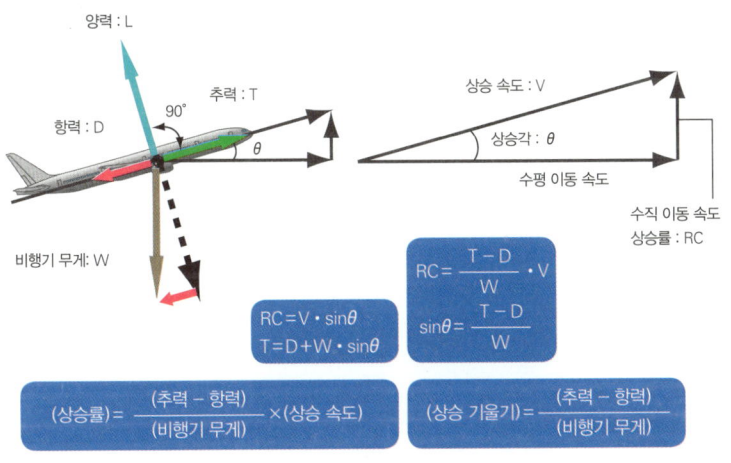

$$RC = \frac{T-D}{W} \cdot V$$
$$\sin\theta = \frac{T-D}{W}$$

$$RC = V \cdot \sin\theta$$
$$T = D + W \cdot \sin\theta$$

$$(상승률) = \frac{(추력 - 항력)}{(비행기 무게)} \times (상승 속도)$$

$$(상승 기울기) = \frac{(추력 - 항력)}{(비행기 무게)}$$

고도 변화에 따른 추력과 항력

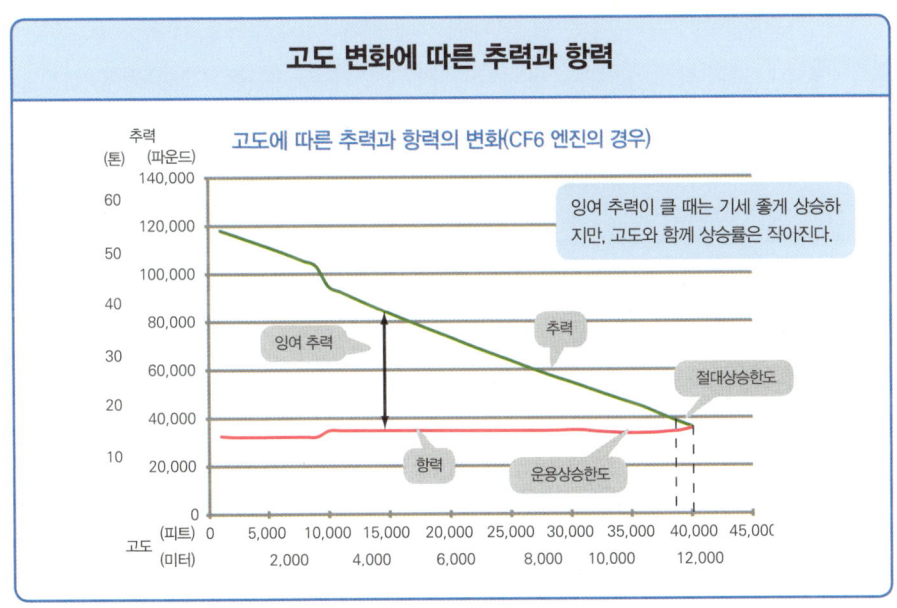

잉여 추력이 클 때는 기세 좋게 상승하지만, 고도와 함께 상승률은 작아진다.

어느 정도의 속도로 상승할까?
계기 속도와 공기 속도

5-14

비행기가 하늘을 날 수 있는 것은 공기의 힘 덕분이다. 공기 중을 빠른 속도로 움직여서 비행기는 힘을 얻는다. 따라서 자동차와 달리 지면에 대한 속도(대지속도)보다 공기에 대한 속도(대기속도)가 중요하다. 비행기가 공기 중을 비행하는 속도, 즉 비행기를 통과하는 공기의 속도를 진대기속도라 부른다. '진'이 붙는 이유는 자동차 속도계는 대지속도 자체지만, 비행기 속도계는 진정한 대기속도인 진대기속도와 일치하지 않기 때문이다.

속도계가 가리키는 속도를 지시대기속도라 부른다. 속도계는 동압 크기를 속도로 환산한다. 공기의 힘인 동압 크기를 알면 동압에 비례하는 양력 크기를 알 수 있기 때문이다. 지시대기속도로 비행하면, 파일럿은 지나치게 감속하여 실속하거나 지나치게 가속하여 큰 힘을 받거나 하는 일을 겪지 않아도 된다.

지시대기속도와 진대기속도가 일치하지 않는 이유는 지상에서 측정한 동압으로 눈금을 매겼기 때문이다. 그래서 비행기와 자동차 양쪽의 속도계가 같은 속도를 가리키는 경우에 지상에서는 나란히 달릴 수 있지만, 상공에서는 비행기가 더 빨라서 자동차보다 앞서 나간다. 고도가 높으면 공기가 그만큼 희박해지고, 비행기가 같은 동압, 즉 자동차와 같은 지시대기속도를 내려면 실제로는 지시대기속도보다 빠른 진대기속도를 내야 한다. 이처럼 지시대기속도는 비행에 중요한 속도이며, 진대기속도는 비행기의 비행 성질을 알기 위해 중요한 속도다.

풍압(동압)과 공기 속도

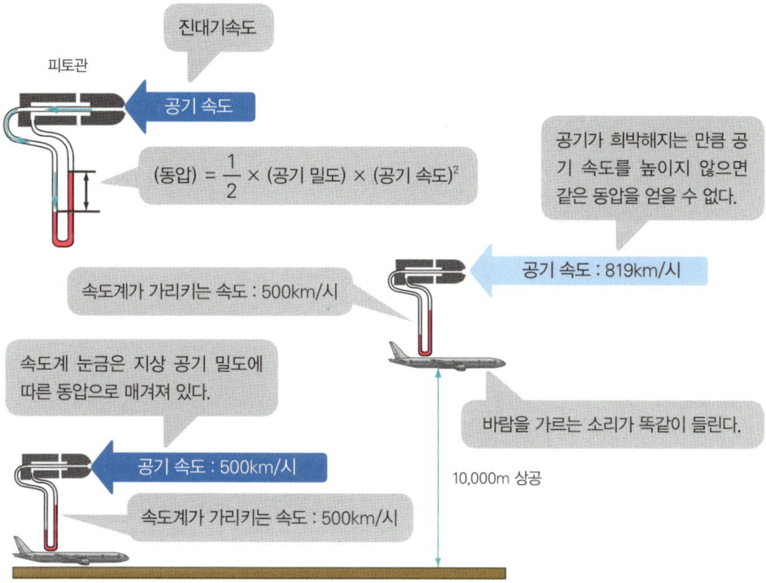
진대기속도
피토관
공기 속도
(동압) = 1/2 × (공기 밀도) × (공기 속도)²
공기가 희박해지는 만큼 공기 속도를 높이지 않으면 같은 동압을 얻을 수 없다.
공기 속도 : 819km/시
속도계가 가리키는 속도 : 500km/시
속도계 눈금은 지상 공기 밀도에 따른 동압으로 매겨져 있다.
바람을 가르는 소리가 똑같이 들린다.
공기 속도 : 500km/시
10,000m 상공
속도계가 가리키는 속도 : 500km/시

계기 속도와 공기 속도의 관계

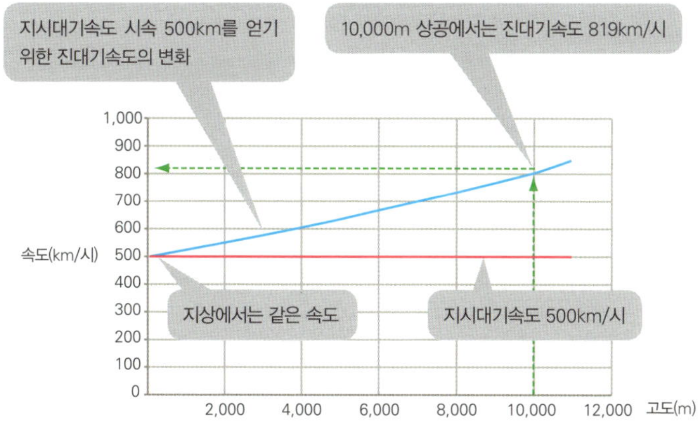
지시대기속도 시속 500km를 얻기 위한 진대기속도의 변화
10,000m 상공에서는 진대기속도 819km/시
1,000
900
800
700
600
속도(km/시)
500
400
300
200
100
0
지상에서는 같은 속도
지시대기속도 500km/시
2,000
4,000
6,000
8,000
10,000
12,000
고도(m)

지시대기속도와 진대기속도의 관계

대지속도는 바람의
속도를 반영한다
5-15
바람의 유무에 따라 큰 차이가 난다

이륙할 때에는 맞바람이 유리하지만, 하늘로 날아오른 후에는 배풍이 유리하다고 앞에서 설명했다. 그 이유는 양쪽 모두 실제 비행 거리를 짧게 해주기 때문이다. 비행기가 공기 중을 통과하는 속도를 진대기속도라고 했다. 움직임이 없는 공기를 통과하는 경우라면 진대기속도와 대지속도(지면에 대한 상대 속도)는 같다. 바람의 영향이 전혀 없다면 (대지속도)=(진대기속도)다.

하지만 바람(공기의 흐름)이 있다면, 이 등식은 성립하지 않는다. 배를 타고 강의 상류로 가는 경우와 하류로 가는 경우에 배의 속도가 달라지는 것과 마찬가지로 바람이 있는 경우의 관계식은 (대지속도)=(진대기속도) ± (바람의 속도)다.

여기서 +는 배풍, −는 맞바람인 경우를 의미한다. 이륙할 때 맞바람이 유리한 이유는 비행기가 날아오르기에 충분한 진대기속도가 되어도 대지속도는 맞바람만큼 느려지므로, 그만큼 짧은 거리로 이륙할 수 있기 때문이다. 그리고 하늘로 날아오른 후에는 배가 강의 하류로 내려가는 것과 마찬가지로, 배풍인 경우에 더 빨리 진행할 수 있다. 대지속도가 빠르면 그만큼 연료를 적게 사용해도 된다.

그런데 진대기속도와 대지속도는 대기나 대지와의 관계를 실제로 측정한 속도가 아니다. 진대기속도는 에어(air) 데이터 컴퓨터에서 계산한 속도, 대지속도는 관성항법장치에서 이동 거리와 이동 시간을 이용하여 계산한 속도다. 컴퓨터가 발달하기 이전의 여객기에는 진대기속도계와 대지속도계가 없었다.

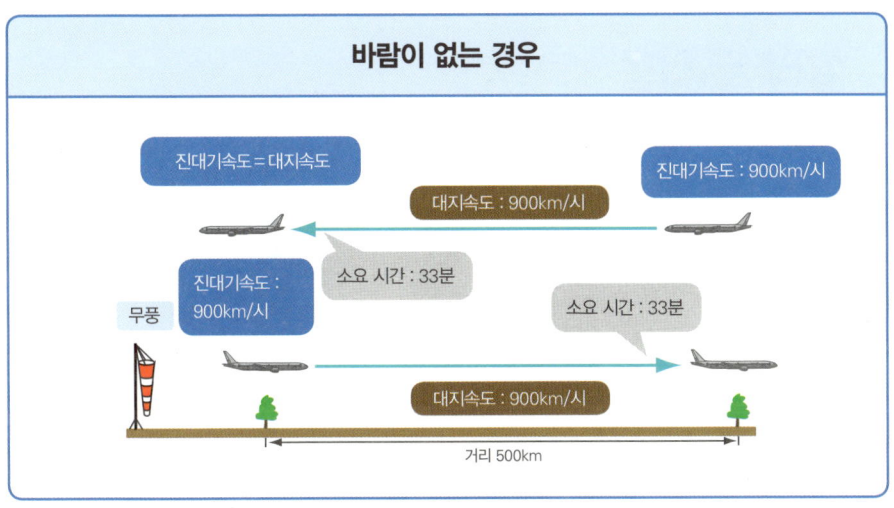

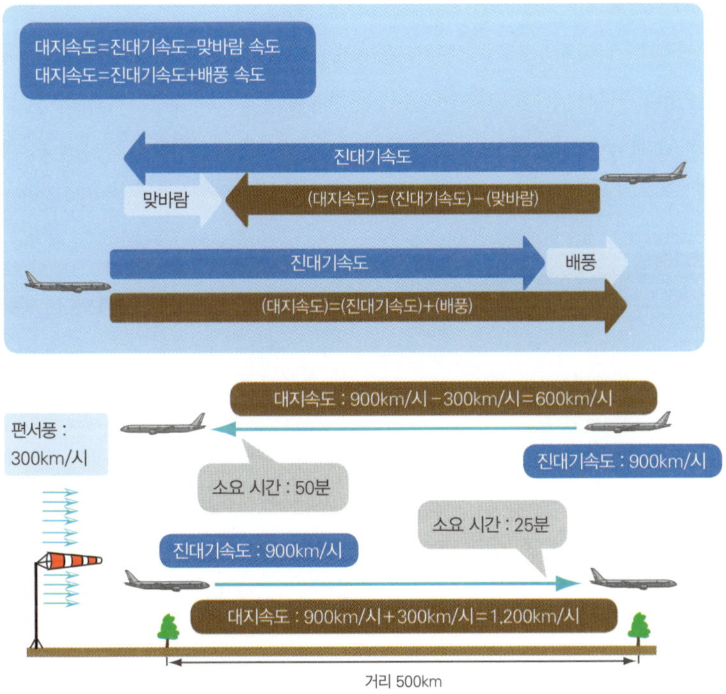

살짝 무서운 마하의 세계

5-16

여러 가지 문제를 일으키는 충격파

음속은 소리가 전해지는 속도일 뿐 아니라, 물체가 움직일 때 생기는 미묘한 압력 변화가 전달되는 속도라고 소개했다. 비행기가 빠른 속도로 비행하면 압력 변화가 파동이 되어 음속과 같은 속도로 전해진다. 그 속도와 비행 속도의 관계를 알기 위해 마하수가 있다. 마하수란 비행 속도와 음속의 비로 단위는 없지만 마하수 1.0을 음속이라고 한다.

52쪽에서처럼 비행 속도가 빨라지면 공기가 압축된다. 그 압축 정도와 마하수 사이에는 분명 관계가 있다. 피토관에서 감지한 압력과 외기압의 비를 통해 마하수를 구한다. 음속은 기온에 따라 변하므로, 비행하고 있는 고도에 따라 달라진다. 하지만 마하수는 비행하고 있는 고도에서 측정되는 음속과의 비이기 때문에, 어떤 고도에서도 마하수 1.0은 그 고도에서의 음속을 의미한다. 그래서 매우 편리한 속도라고 할 수 있다.

왜 편리하냐면 어떤 고도에서도 마하수가 1.0에 가까워지면 압축된 공기의 묶음인 충격파가 발생한다는 것을 예상할 수 있기 때문이다. 충격파가 발생하면 공기가 날개에서 멀어지거나 공기저항인 항력이 급격하게 커진다. 그렇게 되면 버핏(buffet. 날개에서 멀어진 공기가 비행기 몸체에 부딪혀 큰 진동을 일으키는 현상)이나 실속 상태(비행기를 받치기에 충분한 양력을 얻을 수 없게 되어 속도와 고도가 감소하는 현상. 이 경우는 충격파 실속이라고 함)에 빠질 수 있다. 이런 사태를 피하고자 비행 마하수에는 제한이 있다. 또한 비행 마하수가 1.0이 되지 않아도 날개 윗면의 마하수가 1.0을 넘게 되는 비행 마하수를 임계 마하수라고 한다.

마하수

마하계 : $\dfrac{(피토압)}{(외기압)}$ 　　지시대기속도계 : (피토압) − (외기압)

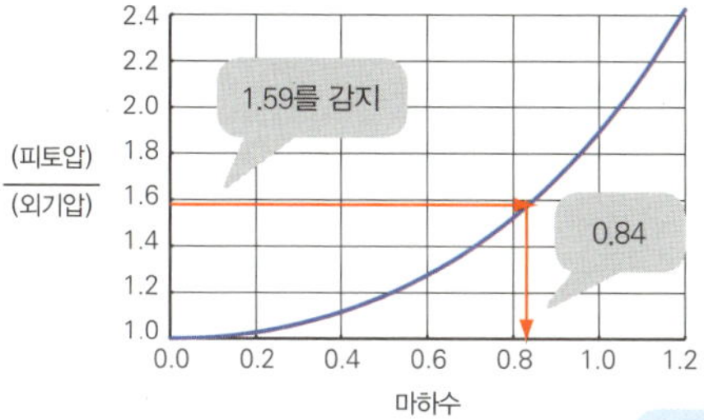

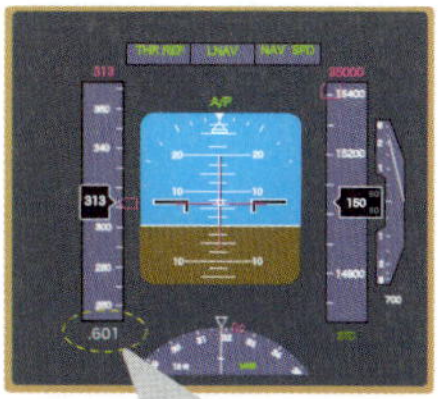

- 1.59를 감지
- 0.84

마하계
지시대기속도계나 고도계처럼 연속적인 변화를 볼 필요가 없으므로 디지털 표시만 한다.

마하수 = $\dfrac{비행\ 속도(진대기\ 속도)}{비행고도에서의\ 음속}$

음속 = $20.05 \times \sqrt{절대온도}$
　　　= $20.05 \times \sqrt{273.15 + 위기온도}$

지상 15℃에서의 음속은
$20.05 \times \sqrt{273.15 + 15} \fallingdotseq 1{,}225$ km/시

고도 10,000m, −50℃에서의 음속은
$20.05 \times \sqrt{273.15 - 50} \fallingdotseq 1{,}078$ km/시

지상에서 충격파가 발생하는 속도는 시속 1,225km이지만, 고도 10,000m에서는 시속 1,078km에서 발생한다. 하지만 지상에서도 10,000m에서도 충격파가 발생하는 마하수는 1.0으로 동일하다.

임계 마하수

비행 마하수(마하계)가 음속을 넘지 않아도 날개 윗면이 음속을 넘게 되는 비행 마하수를 임계 마하수라고 부른다. 이 비행기의 임계 마하수는 0.87이다.

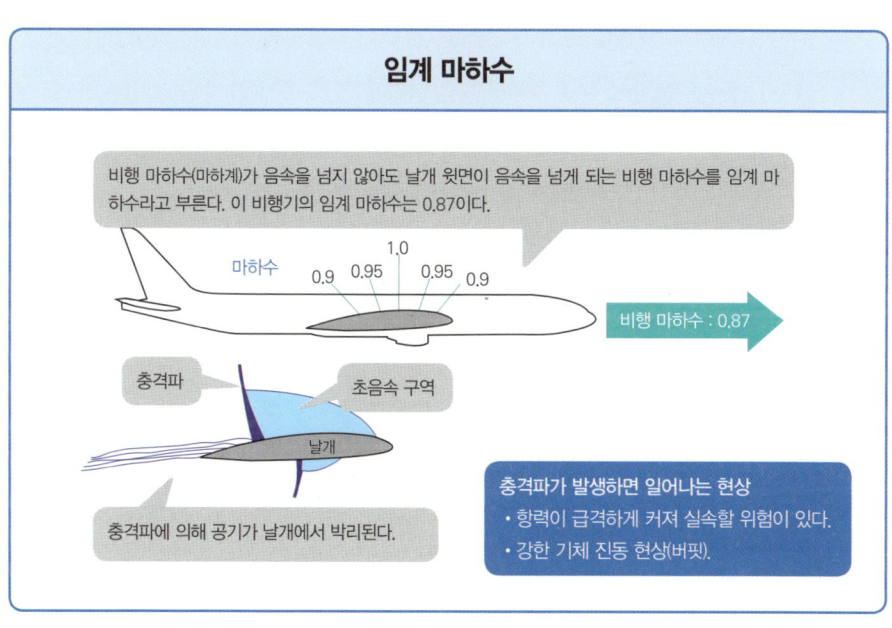

충격파가 발생하면 일어나는 현상
- 항력이 급격하게 커져 실속할 위험이 있다.
- 강한 기체 진동 현상(버핏).

비행고도를 정확하게 측정하는 방법

고도계는 수정해야 한다

5-17

비행기 고도계는 79쪽에서 설명했듯 기압계에 눈금을 매긴 것이다. 대기압이 중력의 영향으로 고도와 함께 작아지는 성질을 이용하기 때문에 기압 고도계라 부른다. 기압 고도계의 유일한 단점은 기준이 되는 표고 0m에서의 대기압이 언제나 일정하지 않다는 점이다. 매일 기압 배치가 달라진다는 사실에서 알 수 있듯이 대기압은 계속 변하고 있다.

예를 들어 이른 아침 첫 비행 전에 계기를 점검해보면, 고도계가 공항의 표고보다 높게 가리키는 경우가 있다. 이것은 고기압의 영향으로 맑은 날씨였던 어제와 달리 저기압이 접근함에 따라 공항 주변의 해면(표고 0m) 기압이 낮아졌기 때문이다. 이와 같은 기압 변화에 대응하기 위해 고도계는 임의로 기압을 수정할 수 있다. 기압을 해면 기압으로 다시 수정하면, 고도계는 올바른 표고를 가리킨다. 이렇게 해서 올바른 고도로 상승할 수 있다. 만약 설정을 다시 하지 않고 상승하면, 고도계가 가리키는 고도와 실제 고도가 달라져서 낮은 고도에서는 매우 위험하다. 이처럼 공항의 표고로 고도계를 수정한 값을 QNH라 부른다.

상승하여 높은 고도(약 4,300m 이상)에 도달하면 고도계를 1,013헥토파스칼로 다시 세팅한다. 세팅하는 이유는 높은 고도에서는 장해물이 없어서 안전하고, 바다 위에서는 해면 기압을 알 수 없기 때문이다. 비행기끼리 스쳐 지나갈 때에도 서로 1,013헥토파스칼로 세팅해서 비행하므로 고도 간격을 유지하여 부딪칠 위험이 없다. 이 고도계 수정값을 QNE라 부르는데 표고 0m 기압을 1,013헥토파스칼로 가정한 것이라 실제와는 다르므로, 이렇게 규정한 고도를 플라이트 레벨(flight level)이라 부른다.

고도계가 가리키는 고도

고도계 m	기압 수정값 hPa
5,000	540
4,500	577
4,000	616
3,500	658
3,000	701
2,500	747
2,000	795
1,500	846
1,000	899
500	955
0	1,013
-500	1,075

표고 0m인 공항. 언제나 기압이 1013 hPa이라면 올바른 고도를 보여준다.

고도계 m	기압 수정값 hPa
5,000	540
4,500	577
4,000	616
3,500	658
3,000	701
2,500	747
2,000	795
1,500	846
1,000	899
500	955
0	1,013
-500	1,075

공항 주변 기압이 낮아서 500m를 표시. 이대로 상승하면 실제 고도보다 500m 낮아진다.

고도계 m	기압 수정값 hPa
5,000	505
4,500	540
4,000	577
3,500	616
3,000	658
2,500	701
2,000	747
1,500	795
1,000	846
500	899
0	955
-500	1,013

올바른 기압 955hPa을 세팅하면 올바른 고도 0m를 표시. 상승해도 고도계는 올바른 고도를 보여준다.

고도 수정

수정값은 1,013hPa. 265hPa을 감지하여 고도계는 10,000m를 표시한다.

낮은 고도를 비행하는 경우의 수정값(QNH)
산과 같은 장해물이 있으면 실제 고도와 고도계를 일치시킬 필요가 있으므로, 공항 주변 0m에서의 기압으로 수정한다.

높은 고도나 바다 위를 비행하는 경우의 수정값(QNE)
아무런 장해물이 없으므로 0m에서의 기압을 1,013hPa로 가정해서 세팅한 고도계로 비행한다.

고도계 m	기압 수정값 hPa
10,000	265
9,500	287
9,000	310
8,500	336
8,000	363
7,500	393
7,000	425
6,500	460
6,000	498
5,500	505
5,000	540
4,500	577
4,000	616
3,500	658
3,000	701
2,500	747
2,000	795
1,500	846
1,000	899
500	955
0	1013

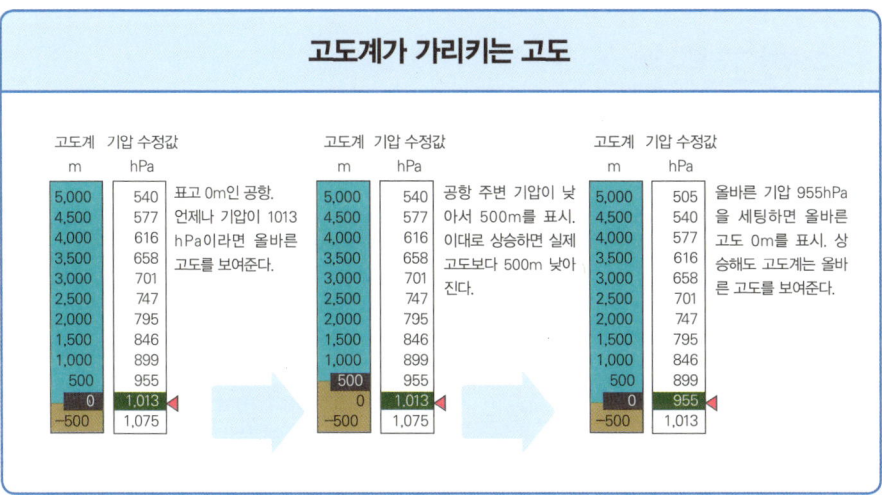

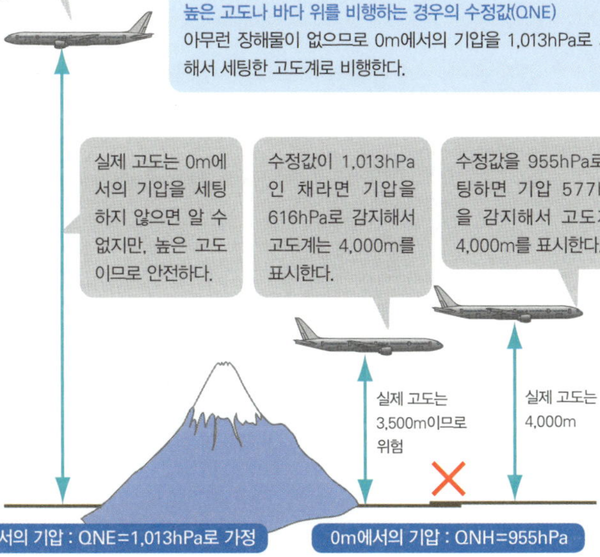

순항고도는 어떻게 정할까?

비행기 연비가 가장 좋은 고도가 있다

5-18

순항이란 일정한 고도를 유지하며 수평비행하는 것을 말하는데, 비행 단계 중에서도 가장 많은 시간을 사용한다. 그래서 순항 중 연비가 좋은지 나쁜지는 매우 중요하다. 자동차 연비는 리터(L)당 주행거리로 표시하는데, 항공 업계에서는 이를 항속률이라 부른다.

비행기는 수평비행을 하는 순항 중에도 기수를 약간 들어 올린 상태로 비행한다. 왜냐하면 고도가 높아지면 공기가 희박해지므로 날개의 받음각을 크게 해서 양력을 일정하게 유지해야 하기 때문이다. 결국 공기가 희박해진 만큼 양력 계수를 크게 만들어서 양력을 유지하는 것이다. 하지만 항력 계수는 거의 일정하다. 즉, 공기가 희박해진 만큼 항력이 작아지는 것을 의미한다. 그래서 높은 고도에서 순항하면 비행기의 연비가 좋아지는 경향이 있다.

하지만 높이 올라가면 올라갈수록 연비가 좋아지는 것은 아니다. 항력 계수가 비행기 자세에 따라 급격하게 커지기도 한다. 예를 들어 자동차 창밖으로 손바닥을 수평으로 내민 후에, 손바닥을 기울이면 각도에 따라 풍압이 갑자기 커지는 것과 같은 원리다. 공기가 희박해지는 것과 동시에 양력을 유지하기 위한 자세를 지나치게 크게 하면, 그때까지 얌전하게 있던 항력 계수가 갑자기 커진다. 그러면 항력이 커져 속도를 유지하기 위한 추력을 크게 올려야 하므로 연비가 갑자기 나빠진다. 위와 같은 사실에서 연비는 고도에 따라 변화하고, 연비가 가장 좋아지는 고도가 있다는 것을 알 수 있다. 이런 고도를 최적 고도라 부르고, 순항고도를 선택하는 중요한 요인이 된다.

연비는 비행기 자세에 따라 다르다

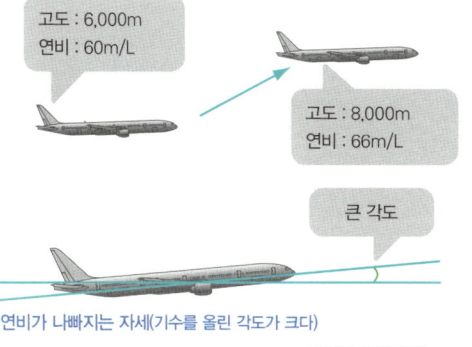

제트 여객기는 높이 올라가면 연비가 좋아지는 경향이 있다. 물론 높이 올라갈수록 좋아지기만 하는 것은 아니다.

비행기가 무거울 때 무리하게 높은 고도로 올라가면, 양력을 유지하기 위해 자세가 나빠져서 항력이 급격히 커지고 연비가 갑자기 나빠진다.

연비가 가장 좋은 자세를 취할 수 있는 고도를 최적 고도라 부른다.

최적 고도

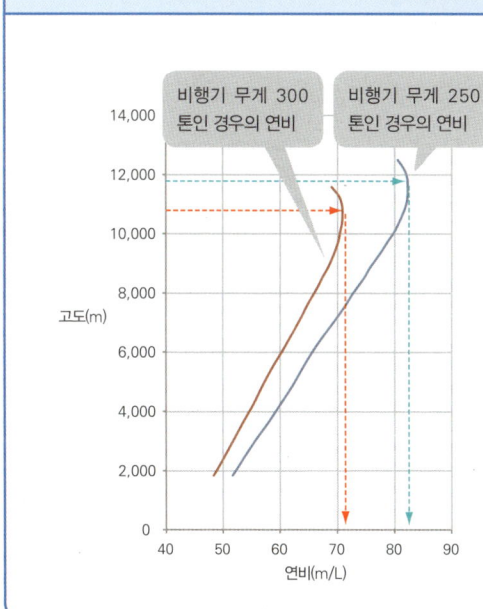

- 비행기 무게가 300톤인 경우 최적 고도는 10,700m, 71m/L.
- 비행기 무게가 250톤인 경우 최적 고도는 11,900m, 82m/L.
- 무게에 따라 최적 고도는 다르므로, 이륙할 때의 무게에 맞게 순항고도를 결정한다.
- 순항 중에 연료를 소비하면 비행기 무게가 가벼워지므로 최적 고도로 스텝업 상승한다.

순항의 주류는 '경제 순항'

5-19

순항 방법에는 여러 종류가 있다

앞에서 연비가 가장 좋아지는 고도, 즉 최적 고도가 있다는 사실을 알아보았다. 연비가 가장 좋아지는 고도가 있듯이, 연비가 가장 좋아지는 속도가 있다고 상상할 수 있다.

먼저 속도가 느린 경우에는 비행기 자세가 나쁘므로(양력을 유지하기 위해 기수를 들어 올린 각이 크다) 항력이 커져 연비가 나쁜데, 비행 속도를 올리면 자세도 좋아져서 연비가 개선된다. 하지만 속도의 제곱에 비례하는 항력이 커지기 때문에 속도와 함께 연비가 나빠지는 경향도 있다.

실제 예를 조사해보면, 속도와 연비의 관계는 완만한 호를 그리므로 연비가 최대가 되는 속도가 있다는 것을 알 수 있다. 이렇게 연비가 최대가 되는 속도로 순항하는 방식을 최대 항속거리 순항 방식(MRC. Maximum Range Cruise)이라 부른다. 최대 항속거리 순항 방식으로 순항하면, 연료 소비가 가장 적어진다. 하지만 최대 항속거리 순항 방식은 약간 느리다는 단점이 있다. 다행히 연비 변화는 완만하므로 연비를 조금 희생해서 제법 속도를 빠르게 할 수는 있다. 연비 1%를 희생해서 얻을 수 있는 속도로 순항하는 방법이 있고, 이것을 장거리 순항 방식(LRC. Long Range Cruise)이라 부른다.

연비만이 아니라 인건비, 보험료, 착륙료와 같은 운항에 관한 모든 비용을 고려한 속도로 순항하는 방식을 경제 순항 방식(ECON. ECONomy cruise)이라 부르며, 이 순항 방식이 주류를 이룬다. 경합 노선이나 비즈니스 승객이 많은 노선에서는 비행시간 단축이 목적이기 때문에 일정한 속도(예를 들어 마하 0.86)로 비교적 빠르게 순항하는 고속 순항 방식도 있다.

최대 연비가 되는 속도가 있다

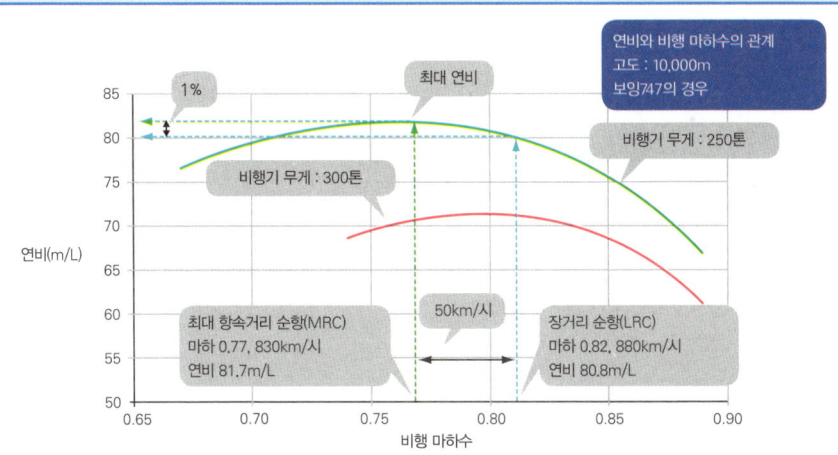

그림과 같이 연비가 최대가 되는 비행 마하수가 존재한다. 이 속도에서 순항하는 방식을 최대 항속거리 순항(MRC, Maximum Range Cruise)이라 부른다. 연비 변화는 완만하기 때문에 속도를 늘려도 연비 감소 정도가 작은 것을 알 수 있다. 최대 연비의 1%만을 희생해서 얻을 수 있는 속도로 순항하는 방식을 장거리 순항이라 부른다.

여러 가지 순항 방법

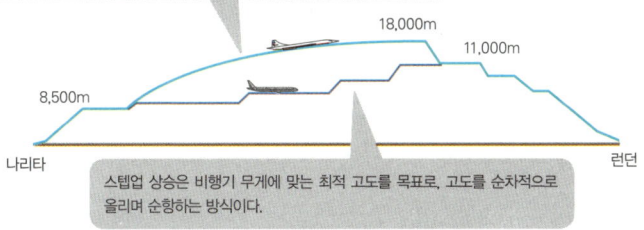

고속 순항	비행시간 단축이 목적인 방식으로, 예컨대 마하 0.86과 같이 일정한 마하수를 유지하며 순항하는 방식. 운항편이 많은 노선이나 비즈니스 노선에서 많이 사용한다.
최대 항속거리 순항(MRC)	최대 항속률(연비)을 얻을 수 있는 속도로 순항하는 방식. 순항속도로는 느린 편이므로 시간보다 연비를 중시하는 화물 전용기 등이 많이 사용한다.
장거리 순항 (LRC)	최대 항속률(연비)을 1% 희생한 속도로 순항하는 방식: 목적지 이외의 공항으로 향하는 경우나 임시 착륙하는 경우에 많이 사용한다.
경제 순항 (ECON)	주류를 이루는 순항 방식이며, 연료 비용(연비)뿐만 아니라 시간 비용(정비 비용, 보험료, 인건비 등 시간에 따라 증감하는 경비)도 고려한 속도로 순항하는 방식이다.

173

어느 정도의 힘으로 순항하는가?
파일럿이 결코 들어가서는 안 되는 백사이드

5-20

    수평비행하고 있을 때의 추력과 속도의 관계는 연비의 경우와 마찬가지다. 느린 속도에서 비행기 자세는 공기가 희박해지는 높은 고도에서와 마찬가지로 비행기를 떠받치는 양력을 유지하기 위해 받음각을 크게 만드는 자세다. 이때는 항력도 크다.

    속도를 늘리면 자세도 좋아지므로 항력이 줄어들지만, 이번에는 속도의 제곱에 비례하는 현상이 두드러지게 나타나서 어떤 속도부터 항력은 증가한다. 이런 항력과 속도의 관계는 가마솥 바닥과 같은 모양을 그리는 그래프로 표시할 수 있다.

    수평비행하고 있을 때는 (추력)=(항력)이므로 항력을 필요 추력이라 부르는데, 그래프의 밑바닥에서 가장 작아지는 것을 알 수 있다. 필요 추력, 즉 항력이 최소가 되는 속도를 최소 항력 속도라 한다. 최소 항력 속도에서 양항비가 가장 커지지만, 제트 여객기의 경우에는 최소 항력 속도가 연비를 가장 좋게 하는 속도가 아니다(프로펠러기의 연비는 가장 좋아진다). 시간당 유입하는 연료는 최소라도 속도가 너무 느려서 긴 거리를 비행할 수 없기 때문이다. 그 대신 시간당 연료 소비가 적으므로 시간을 벌기 위한 속도, 예를 들면 공중대기 등에 사용한다.

    최소 항력 속도 이하의 영역에서는 실속은 하지 않더라도 매우 불안정한 비행을 한다. 속도를 유지하는 데 필요 이상으로 추력을 조절해야 하기 때문이다. 이 속도 범위를 백사이드(back side)라 부르는데, 파일럿은 결코 이 영역까지 감속하지 않는다. 그래서 공중에서 대기할 때 최소 항력 속도보다 약간 빠른 속도를 공중에서 대기할 때 사용하는 비행기도 있다. 연비보다 안정적인 비행을 우선하기 위해서다.

필요 추력

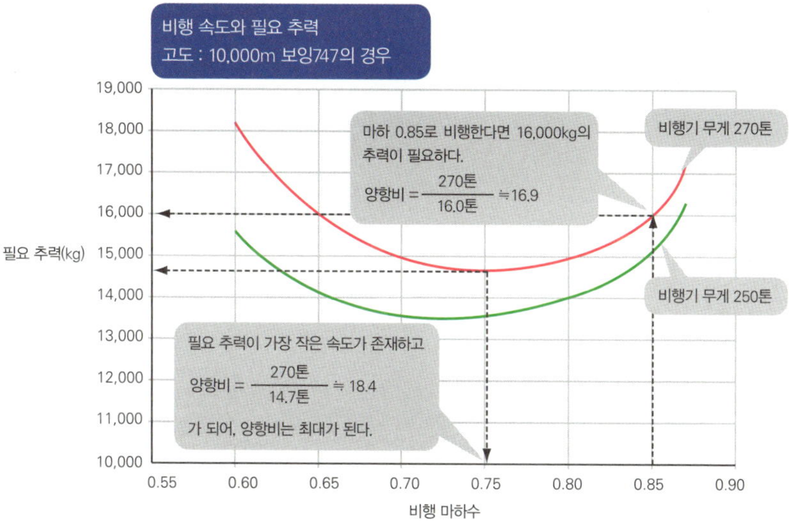

비행 속도와 필요 추력
고도 : 10,000m 보잉747의 경우
마하 0.85로 비행한다면 16,000kg의 추력이 필요하다.
양항비 = 270톤 / 16.0톤 ≒16.9
비행기 무게 270톤
비행기 무게 250톤
필요 추력이 가장 작은 속도가 존재하고
양항비 = 270톤 / 14.7톤 ≒ 18.4
가 되어, 양항비는 최대가 된다.
필요 추력(kg)
19,000
18,000
17,000
16,000
15,000
14,000
13,000
12,000
11,000
10,000
0.55
0.60
0.65
0.70
0.75
0.80
0.85
0.90
비행 마하수

백사이드란 무엇인가

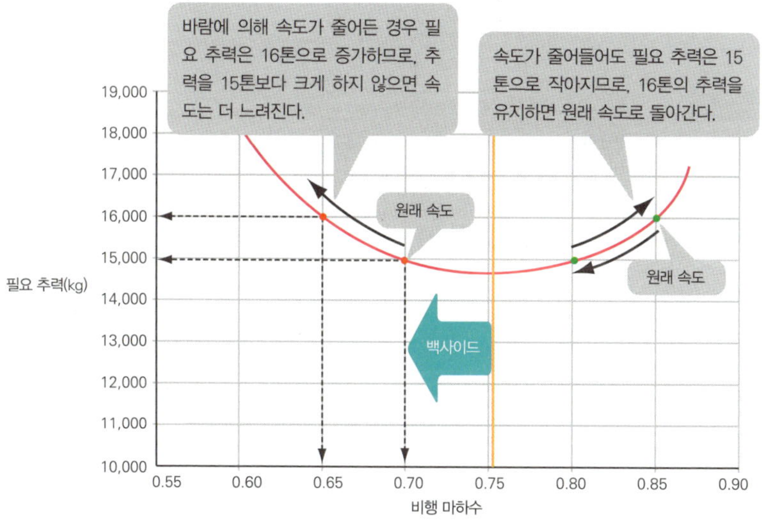

바람에 의해 속도가 줄어든 경우 필요 추력은 16톤으로 증가하므로, 추력을 15톤보다 크게 하지 않으면 속도는 더 느려진다.
속도가 줄어들어도 필요 추력은 15톤으로 작아지므로, 16톤의 추력을 유지하면 원래 속도로 돌아간다.
원래 속도
원래 속도
백사이드
필요 추력(kg)
19,000
18,000
17,000
16,000
15,000
14,000
13,000
12,000
11,000
10,000
0.55
0.60
0.65
0.70
0.75
0.80
0.85
0.90
비행 마하수

무거우면 하강을 천천히 한다?

5-21

하강도 상승과 마찬가지

안정되어 있던 엔진 음이 조용해지면 하강을 시작한다. 하강할 때 힘의 관계는 상승할 때와 거의 같고, 항력과 양력이 서로 자리를 바꿀 뿐이다. 다만 기수를 내릴 때는 비행기 무게 때문에 생기는 성분력이 비행기가 상승할 때와는 반대로 비행기 진행 방향에 더해진다. 여담이지만, 추력이 없는 글라이더는 기체 무게의 성분력을 전진하는 힘으로 사용한다.

상승할 때에 속도는 일정하고 상승률과 상승각은 그때그때 상황에 따라 달라진다고 160쪽에서 소개했다. 하지만 하강할 때에는 속도가 일정한 것뿐만 아니라 하강률과 하강 각도를 일정하게 하거나 자유롭게 선택할 수 있는 것이 큰 특징이다. 예를 들어 정해진 지점을 지정된 고도에서 통과할 때, 순항고도와 지정된 고도를 잇는 하강 각도로 하강할 수도 있다. 이 경우 하강률과 하강 속도는 하강 단계에 따라서 변한다.

하강 속도가 빠를수록 하강하는 시간과 거리는 짧아진다. 반대로 속도가 느리면 하강하는 시간과 거리는 길어진다. 그래서 하강할 때에는 고속 하강 방식과 저속 하강 방식이 있고, 각각의 특징을 살려서 운항하고 있다.

만약 같은 속도로 하강한다면, 비행기가 무거울수록 하강 시간과 거리가 길어진다. 즉, 하강 속도가 같다면 비행기가 무거울수록 천천히 내려온다. 상승할 때에는 무거울수록 상승이 힘든 점을 이해할 수 있는데, 하강할 때에도 마찬가지다. 같은 속도로 하강할 때에는 비행기가 무거우면 양력을 유지하기 위해 가벼울 때보다 받음각을 크게 해야 하므로 하강 각도를 작게(아주 약간 작아진다) 만들어야 하기 때문이다.

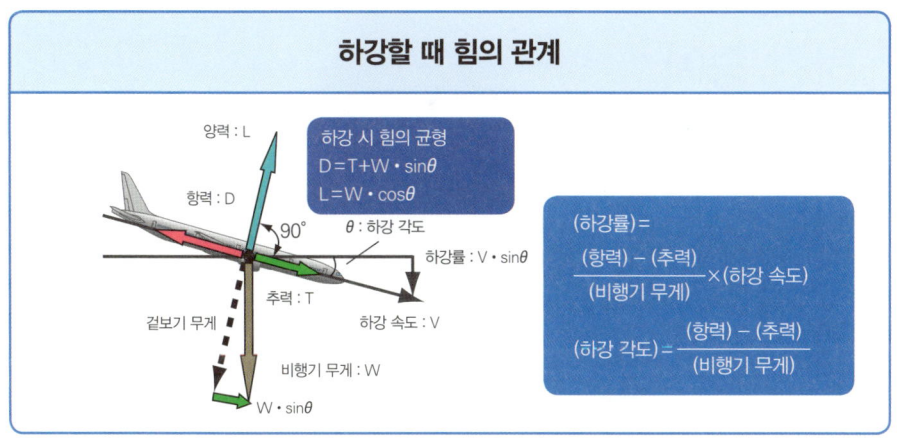

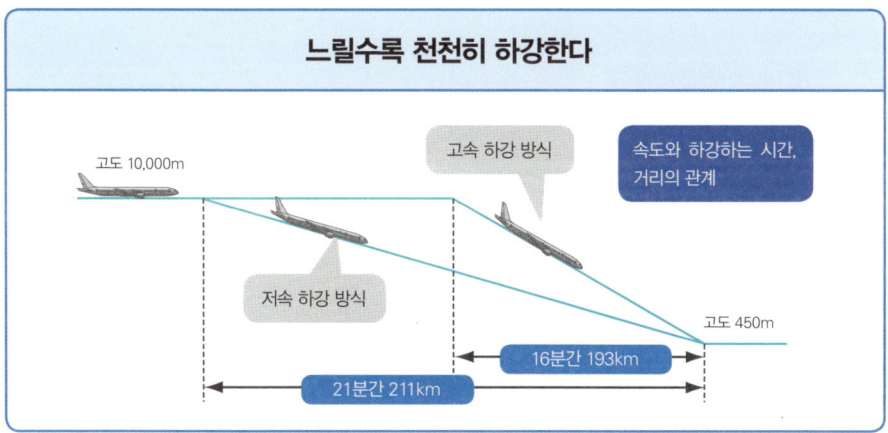

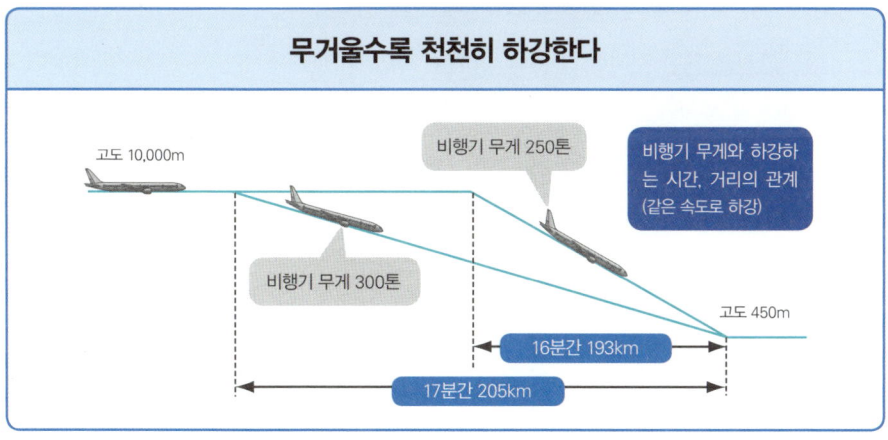

하강 중에 아이들의 힘은?
엔진 브레이크의 역할

5-22

하강 중인 엔진은 출력이 최소 상태인 아이들(idle), 즉 자동차라면 액셀러레이터에서 발을 뗀 상태에 있다. 제트 엔진이 하강할 때의 추력은 아이들 상태라도 결코 제로는 아니다. 그래서 제트 여객기의 하강은 글라이더처럼 추력을 고려하지 않는 활강이 아니므로 주의해야 한다.

제트 엔진의 추력은 흡입한 공기를 어느 정도의 속도로 분출하지 않으면 공기에 작용을 가한 것이 아니므로 반작용을 받을 수가 없다. 또한 글라이더의 추력은 총추력과 118쪽에서 비행 속도에 따라 변화하는 추력인 순추력과 구분한다고 소개했지만, 아이들에서 총추력은 대략 1톤 정도의 힘이다(엔진마다 다르긴 하다). 그 증거로 지상에서는 아이들이라도 주행할 수 있다. 하지만 하강 중 아이들 상태라면 낮은 고도로 하강할 때까지 비행기 속도에 비해 분출 속도가 느리다. 그래서 전진하는 힘인 추력이 발생하지 않는다. 힘을 내긴 하지만 순추력은 내지 못하기 때문에, 순추력은 제로가 아닌 마이너스, 즉 항력으로 작용한다. 마치 비탈길에서 자동차 엔진 브레이크 같은 역할을 하는 것이다.

지금까지 소개한 것처럼 하강 중 힘의 관계를 보면, 비행기가 아래로 기울기 때문에 비행기 무게의 성분력이 전진하는 힘이 되고, 이 전진하는 힘과 공기저항과 마이너스 추력이 합해진 힘이 상쇄되는 것을 알 수 있다. 한편 양력은 비행기 자세와 상관없이 진행 방향의 수직 방향으로 발생하여 비행기를 떠받친다.

하강 중 아이들의 힘은?

$$(\text{추력}) = \frac{(\text{빨아들인 공기 질량})}{(\text{단위 시간})} \times (\text{분출 속도} - \text{하강 속도})$$

하강 속도 : 700km/시(194m/초)
분출 속도 : 660km/시(183m/초)
빨아들인 공기 : 890kg/초

따라서 추력 $= \dfrac{890\text{kg/초}}{9.8\text{m/초}^2} \times (183\text{m/초} - 194\text{m/초}) = -1{,}000\text{kg}$

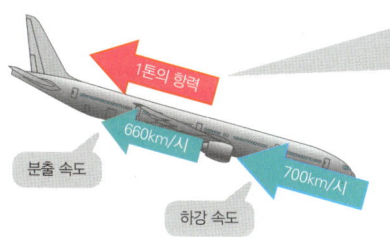

(하강 속도) 〉 (분출 속도)이면 빨아들인 공기를 운동시킨 것이 아니므로, 순추력을 내지 못한다. 추력은 마이너스 힘인 항력이 된다. 마치 비탈길에서 자동차의 엔진 브레이크와 같은 역할을 한다.

하강률과 하강 각도

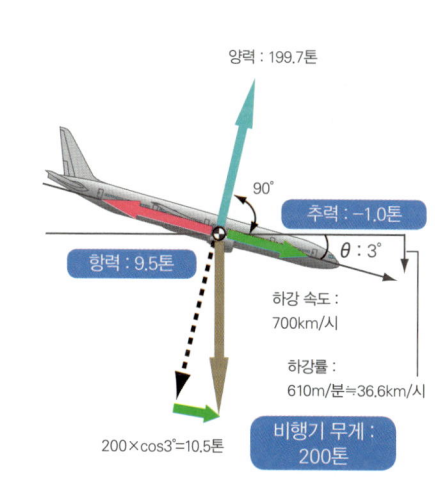

하강률 =
$\dfrac{(\text{항력}) - (\text{추력})}{(\text{비행기 무게})} \times (\text{하강 속도})$

$= \dfrac{9.5 - (-1.0)}{200} \times 700$

$≒ 36.6\text{km/시}(610\text{m/분})$

하강 각도 $= \dfrac{(\text{항력}) - (\text{추력})}{(\text{비행기 무게})}$

$= \dfrac{9.5 - (-1.0)}{200}$

$= 0.0525 \text{(라디안)}$

$= 3°$

여압을 1기압으로 할 이유는 없다

하강 중에 귀가 불쾌해지는 이유

5-23

만들어지고 1세기가 지난 지금까지도, 현역으로 날고 있는 비행기가 있다. 바로 여압 장치가 없는 비행기로, 조종실과 객실의 기압이 비행고도와 같다. 이 비행기는 스카이다이빙에도 사용된다. 외기와 기내 사이에 압력 차가 없으므로 기체에 여분의 힘이 작용하지 않아 금속 피로가 적다.

제트 여객기처럼 성층권보다 높은 고도를 나는 비행기에는 여압이 필요하다. 여압 장치에서 기내 기압을 일정하게 유지하면, 비행하는 고도에서의 외기압과 차이가 생긴다. 예를 들어 고도 1만 미터에서의 기압은 0.26기압까지 내려간다. 이 고도에서 비행하는 기내를 1기압으로 유지하면, 외기압과의 차이가 0.74기압이 된다. 이것은 비행기를 부풀게 하려는 힘이 $7.6톤/m^2$나 된다는 것을 의미한다. 그래서 기내 기압을 1기압보다 낮게 하여 비행기 안팎의 기압 차를 줄여서 비행기에 작용하는 힘을 줄이고 있다. 이로 말미암아 비행기에 탄 사람은 귀에 불쾌한 느낌이 든다.

기내 기압을 변화시킨다고 해도, 한꺼번에 변하는 것은 아니다. 사람 귀는 기압이 올라가는 것에는 민감하게 반응하기 때문에 기압을 내릴 때는 최대 150m/분, 1기압으로 되돌릴 때는 감소시킬 때보다 느리게 최대 100m/분 정도로 변화시킨다. 일본에서 가장 빠른 엘리베이터의 속도는 750m/분이라 한다. 비행기는 이 속도의 5분의 1 이하로 기압을 조절하는 것이다. 참고로 사탕을 나눠주는 기내 서비스가 있는데, 사탕을 먹으면 귀가 느끼는 불쾌감을 완화할 수 있기 때문이다(한국은 과거에 사탕을 나눠주는 서비스를 한 적이 있다).

비행기 고도와 객실 기압

- 비행고도 : 10,000m
  기압 : 0.26기압(2.7톤/m²)
- 비행기 상승과 함께 객실고도도 상승
  상승률 : 150m/분
- 기내와 기외의 기압 차 : 0.59기압(6톤/m²)
- 비행기 하강과 함께 객실고도도 하강
  하강률 : 100m/분
- 객실고도 : 1,400m
  기압 : 0.85기압(8.7톤/m²)

출발 공항 / 착륙 공항

객실 기압을 지상 기압과 같게 하면 비행기에는 큰 힘이 가해진다. 기압 차는 0.74기압(7.6톤/m²).

지상 기압의 75% 이하로 내려가지 않는다

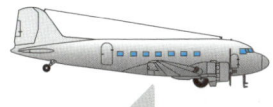

DC-3 : 1930년대에 제조되었지만, 지금도 현역으로 비행한다. 여압 장치가 없는 비행기는 여분의 힘이 가해지지 않으므로 오래 사용할 수 있다.

비행기가 비행하는 고도에서의 기압과 객실과의 기압 차를 언제나 6톤/m²로 유지한다. 그래서 비행고도가 7,000m 이하에서 객실 기압은 지상 기압과 같다. 비행고도가 7,000m 이상이면, 기압 차를 유지하기 위해 객실 기압을 내린다. 하지만 가장 많이 내려도 지상의 75%, 고도로 환산하면 2,400m 까지다.

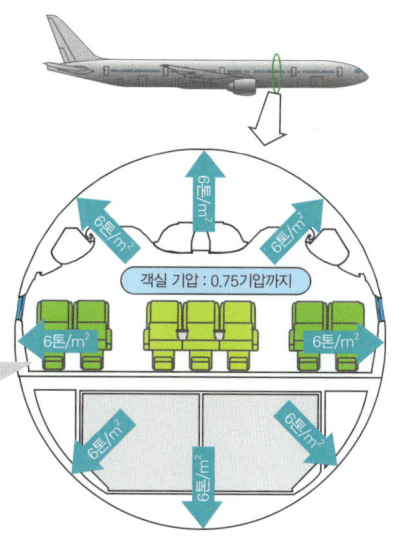

선회할 때 비행기는 무거워진다

뱅크각 30°라면 1.15배

5-24

목적지 공항이 가까워졌다. 공항 주변에서는 비행기가 크게 방향을 바꿀 일이 많아진다. 비행기가 공중에서 방향을 바꾸는 것을 선회라고 하는데, 반드시 기체를 기울이며 방향을 바꾼다. 그 이유를 생각해보자.

비행기가 선회할 때, 방향을 아주 조금만 바꾸는 경우라고 해도 원운동으로 간주할 수 있다. 실로 연결한 비행기를 빙글빙글 돌린다고 생각해보자. 직진하려는 비행기를 잡아당기기 때문에 돌릴 수 있는 것이다. 속도의 크기뿐만 아니라 방향을 바꿀 때도 힘이 필요하므로, 이렇게 중심 방향으로 잡아당기는 힘이 구심력이다. 하지만 파일럿이 느끼는 힘은 이 구심력과 정반대 방향인 원 바깥으로 밀어내는 힘이다. 이와 같은 겉보기 힘(관성력)이 원심력이다. 구심력과 원심력이 상쇄해서 실이 끊어지지 않고 회전할 수 있다.

실제로 비행기가 선회할 때에는 구심력을 만들기 위해 선체를 기울일 필요가 있다. 이 기울이는 동작이 실 역할을 대신한다고 생각하면 된다. 모터사이클도 기울이지 않고 방향을 바꾸면 곡선 주로의 바깥으로 밀려나게 된다. 기울이는 동작을 통해 구심력과 원심력을 상쇄하여 방향을 바꾼다.

양력은 기울어진 날개의 직각 방향으로 발생한다. 하지만 비행기 무게는 지구 중심을 향하고 있으므로 (양력)=(비행기 무게)가 성립하지 않는다. 비행기 무게와 원심력의 합력 때문에 비행기는 실제보다 무거워진다. 예를 들어 여객기가 선회할 때에는 뱅크각이 30°이고, 이로 말미암아 비행기든 사람이든 무게가 원래의 1.15배나 된다. 기울이는 각도가 클수록 실제보다 무거워지고, 이 무게를 떠받치기 위한 양력도 커져야 한다.

기울어진 비행기의 상태

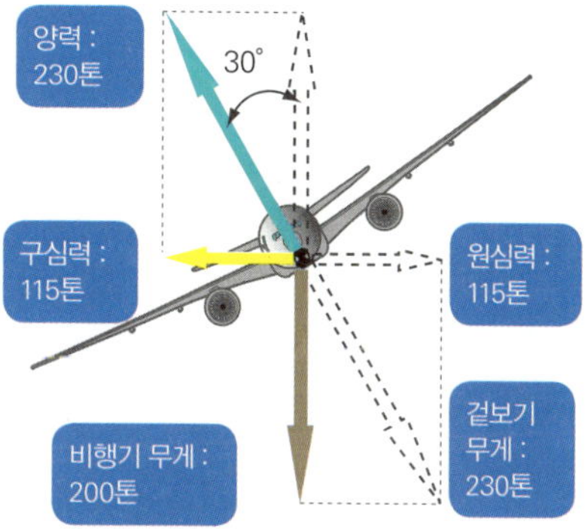

- 양력: 230톤
- 30°
- 구심력: 115톤
- 원심력: 115톤
- 비행기 무게: 200톤
- 겉보기 무게: 230톤

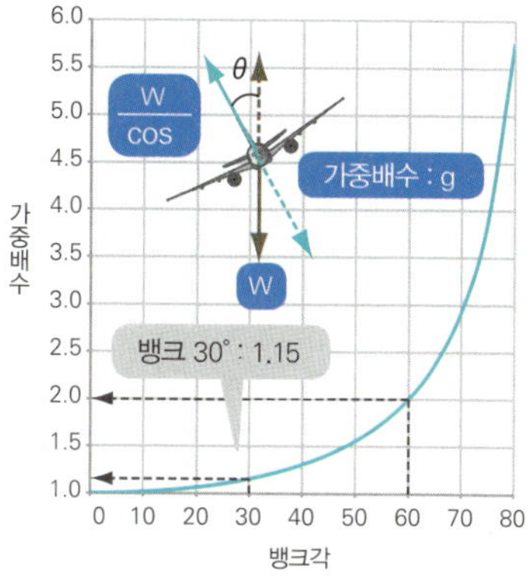

- $\dfrac{W}{\cos}$
- 가중배수: g
- W
- 뱅크 30°: 1.15

가중배수 (세로축) / 뱅크각 (가로축)

겉보기 무게 = 200/cos30° ≒ 230톤
구심력 = (겉보기 무게) × sin30° ≒ 115톤

가중배수

$$\dfrac{\text{양력(겉보기 무게)}}{\text{비행기 무게}} = \dfrac{1}{\cos\theta}$$

어느 정도의 거리로 회전하는가

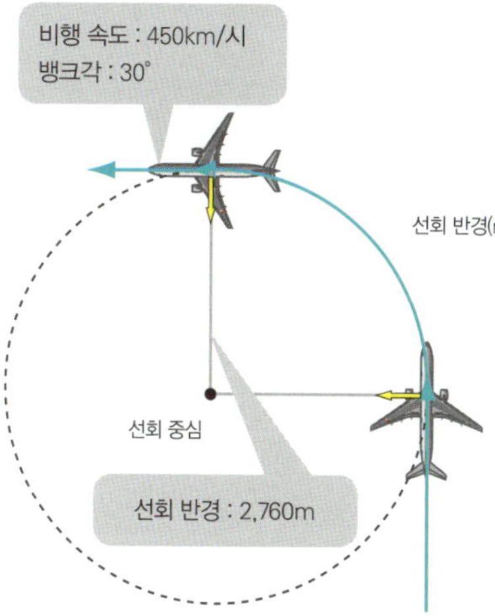

- 비행 속도: 450km/시
- 뱅크각: 30°
- 선회 중심
- 선회 반경: 2,760m

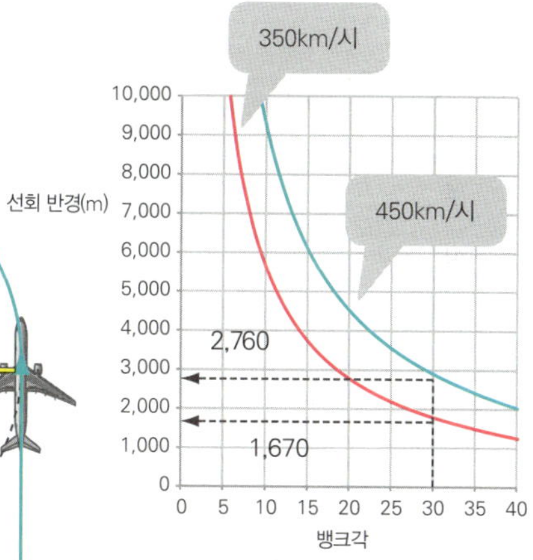

- 350km/시
- 450km/시
- 2,760
- 1,670

선회 반경(m) / 뱅크각

5-25 짙은 안개 속에서도 활주로를 알 수 있는 이유
활주로까지 전파가 만들어주는 '미끄럼틀'을 탄다

"우리 비행기는 잠시 후 착륙하겠습니다. 다시 한 번 좌석벨트를 확인해주십시오."라는 기내 방송을 들으며 창밖을 보면, 구름 속이라 아무것도 보이지 않는다. 이런 상태에서 어떻게 활주로 위치를 알 수 있을까? 간단하게 알아보자.

대형 비행기의 날개폭은 최대 60~65m, 좌우 주 바퀴 사이 거리는 10m 정도다. 반면에 활주로의 폭은 45m 또는 60m이므로, 비행기가 활주로의 적절한 위치에 얼마나 정확하게 착륙해야 하는가가 중요한 문제가 된다. 이를 위해 파일럿이 활주로와 비행기 사이의 정확한 위치 관계를 파악할 수 있도록, 활주로에는 중심선과 같은 표식과 적절한 진입각을 파일럿에게 알려주는 라이트인 정밀 진입 경로 지시등(PAPI, Precision Approach Path Indicator) 같은 것이 설치되어 있다. 하지만 바닷가나 산간에 있는 공항에 착륙할 경우, 안개나 낮은 구름이 끼어 착륙 직전까지 활주로가 보이지 않는 일이 자주 있다.

이런 상황에서는 전파가 활약한다. 계기 착륙 장치(ILS, Instrument Landing System)라 부르는 지상 원조 시설이 눈에 보이지 않는 두 종류의 전파를 활주로 부근에서 발신해서, 비행기와의 정밀한 위치 관계를 눈에 보이도록 해준다. 로컬라이저(localizer)는 활주로가 어느 방향에 있는지를 파일럿에게 알려주는 전파다. 그리고 글라이드 슬로프(glide slope)는 최적의 하강 경로(하강해가는 루트)를 알려주는 전파다. 비행기에 있는 수신 장치가 이 전파들을 수신해서 계기에 표시하면 파일럿은 적절한 방향과 각도로 비행기를 활주로에 하강 진입시킬 수 있다. 즉, 전파의 미끄럼틀을 타고 안전하고 확실하게 착륙할 수 있다.

ILS는 전파의 미끄럼틀

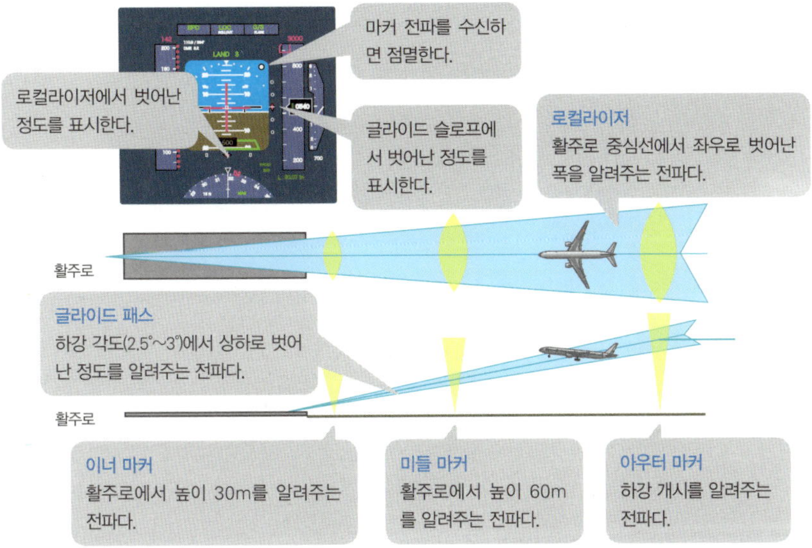

로컬라이저에서 벗어난 정도를 표시한다.

마커 전파를 수신하면 점멸한다.

글라이드 슬로프에서 벗어난 정도를 표시한다.

로컬라이저
활주로 중심선에서 좌우로 벗어난 폭을 알려주는 전파다.

활주로

글라이드 패스
하강 각도(2.5°~3°)에서 상하로 벗어난 정도를 알려주는 전파다.

활주로

이너 마커
활주로에서 높이 30m를 알려주는 전파다.

미들 마커
활주로에서 높이 60m를 알려주는 전파다.

아우터 마커
하강 개시를 알려주는 전파다.

비행기 위치와 계기

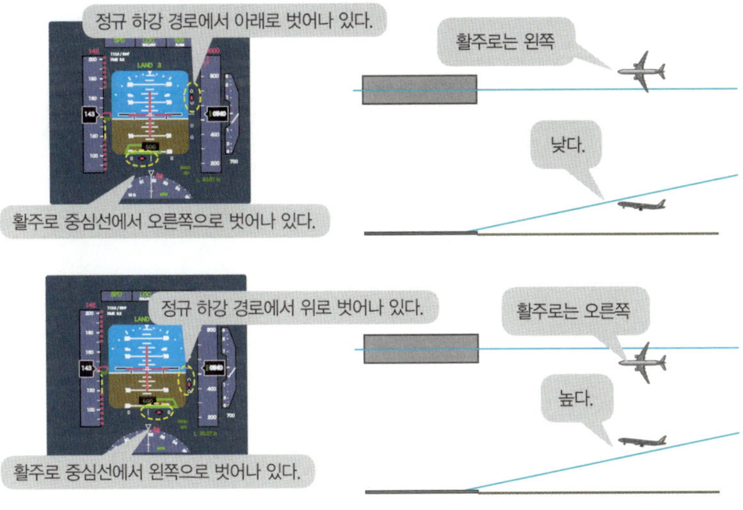

정규 하강 경로에서 아래로 벗어나 있다.

활주로는 왼쪽

낮다.

활주로 중심선에서 오른쪽으로 벗어나 있다.

정규 하강 경로에서 위로 벗어나 있다.

활주로는 오른쪽

높다.

활주로 중심선에서 왼쪽으로 벗어나 있다.

여객기의 착륙거리는 어느 정도일까?

어디서부터 어디까지가 착륙인가?

5-26

착륙거리는 활주로 끝을 15m 고도로 통과해서 접지한 후, 완전하게 정지할 때까지 이동한 수평거리를 의미한다. 접지해서 정지하려면 제동 장치(브레이크)가 필요한데, 일반적인 브레이크에는 없는 기능을 포함한다.

먼저 접지와 동시에 스피드 브레이크(스포일러)라 부르는 날개 위의 작은 판이 한꺼번에 일어선다. 이렇게 하면 공기저항이 커지고 양력이 발생하지 않아서 비행기 무게가 바퀴에 실린다. 결국 브레이크가 잘 듣게 하는 역할을 하는 것이다.

다음으로 엔진 출력을 높이는 소리가 들리는데, 이는 엔진이 역분사하는 소리다. 엔진이 아무리 아이들 상태라 해도 전진하는 힘은 제로가 아니므로, 비행기가 정지하려는 힘을 방해한다. 그래서 전방을 향해 엔진 분사를 실시하면 비행기를 멈추는 데 도움이 된다. 엔진이 고장 난 경우에는 힘이 좌우 비대칭이 되어 조작이 어려워질 가능성이 있어서, 착륙거리 산출에는 역분사가 포함되어 있지 않다. 그리고 차륜 브레이크는 미끄럼 방지(anti-skid) 장치를 통해 미끄러짐이나 바퀴가 잠기는 현상을 방지하여 최적의 브레이크 기능을 발휘한다. 이처럼 비행기는 가능한 한 짧은 거리로 정지할 수 있도록 설계되어 있다. 그리고 이륙과 마찬가지로 착륙거리에도 여유가 필요하기 때문에 실제 착륙거리를 0.6으로 나눈 거리, 즉 1.67배나 되는 거리를 착륙에 필요한 거리로 설정한다.

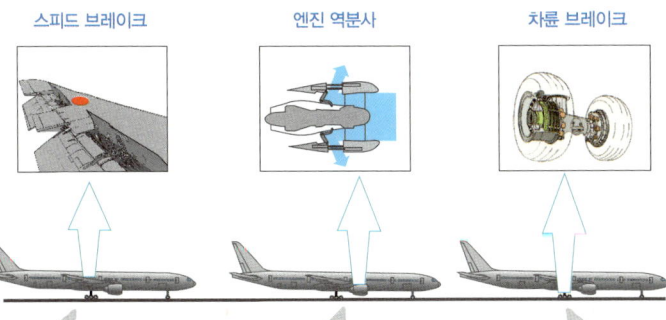

여객기의 세 가지 브레이크

스피드 브레이크

착륙하면 바로 모든 스피드 브레이크가 일어나서 양력 발생을 억제하므로, 비행기 무게 전체가 타이어에 실린다. 덕분에 차륜 브레이크가 잘 작동한다.

엔진 역분사

엔진 추력을 제로로 떨어뜨리는 것이 아니라, 전방으로 분사하여 뒤로 향하는 힘을 발생시킨다. 제동 효과를 높이는 역할인데 다만 착륙거리를 산출할 때는 역분사를 고려하지 않는다.

차륜 브레이크

고성능 디스크 브레이크로, 고속에서 완전한 정지까지 중심 역할을 하는 브레이크다.

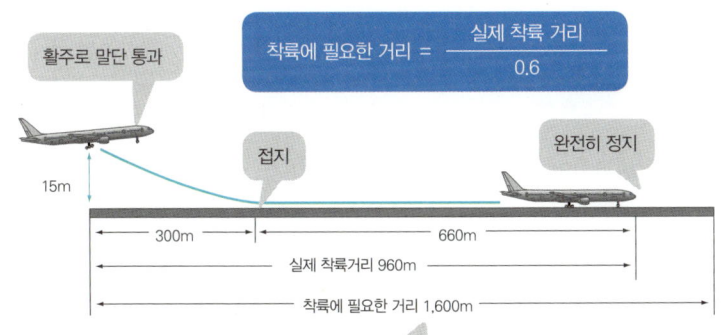

착륙에 필요한 거리란?

활주로 말단 통과

착륙에 필요한 거리 = 실제 착륙 거리 / 0.6

15m

접지 — 완전히 정지

300m — 660m

실제 착륙거리 960m

착륙에 필요한 거리 1,600m

960÷0.6=1,600
바람의 급격한 변화를 고려하여, 실제 거리보다 여유가 필요하다. 따라서 실제 거리를 0.6으로 나눈 값을 착륙에 필요한 거리로 한다. 즉, 그림의 비행기가 착륙에 필요한 거리를 카탈로그에 싣는다면 1,600m라고 기재해야 한다.

토막 상식 005

여러 종류의 브리핑이 있다

파일럿은 비행에 앞서 아래와 같은 여러 브리핑(회의, 설명, 보고)을 시행한다.

디스패치 브리핑

출발 전에 운항 관리사와 실시하는 브리핑으로 비행 계획 전반을 다룬다. 비행 고도, 경로, 연료량, 비행기 무게 등 운항과 관련한 모든 것을 결정한다.

정비사와의 브리핑

비행기 안에서 정비 상황과 연료량 등의 관련 사항을 정비사와 회의한다. 전등 교체부터 엔진 교환까지 고장 원인과 교체 이유를 포함하여 비행기 구석구석의 정비 상황을 브리핑한다.

객실 승무원과의 브리핑

비행고도와 경로, 예상되는 흔들림, 객실과 객실 장비(소화기 등) 상황, 긴급사태 발생 시 대처 방법의 확인 등이 주요 내용이다.

비행 시행에 관한 브리핑

조종 업무를 담당하는 파일럿을 PF(Pilot Flying), 그 외 업무를 담당하는 파일럿을 PM(Pilot Monitering)이라 부른다. 브리핑은 PF가 실시하고, 이착륙 전에 비행경로와 속도 등을 확인한다. 고장 발생 시 대처 방법 및 의도, 서로의 역할 분담 결정 등이 주요 내용이다. 비행 종료 후에는 운항 관리사에게 공항과 경로 상의 날씨 등을 보고하는 디브리핑(debriefing)을 실시한다.

제트 여객기의 안전 대책

비행기는 고장이나 긴급사태가 발생했을 때를 대비해서 여러 대책 방안을 설계 단계에서 준비한다. 파일럿 또한 엔진 고장과 화재 발생 같은 여러 가지 사태에 어떻게 대처할지를 고려하며 운항한다. 때문에 파일럿은 매년 안전 훈련과 심사를 반복해서 받아야 한다. 6장에서는 제트 여객기의 안전 대책을 설명한다.

휴대전화 전원은
왜 꺼야 할까?

6-01

비행기는 상정하지 못한 기내 전파에 약하다

휴대전화 전원을 켜두면 통화를 하지 않더라도 근처 무선 기지국과 휴대전화가 위치 정보를 확인하기 위해 서로 전파를 주고받는다. 그래서 전원을 켜둔 채 비행기로 장거리를 이동하면, 위치 확인을 위해 지상의 무선 기지국과 빈번하게 전파를 주고받게 된다. 결국 통화나 문자를 주고받지 않더라도 휴대전화에서는 항상 전파가 나오는 것이다. 이 때문에 비행기에 탑승할 때에는 반드시 휴대전화의 전원을 꺼야 한다.

그렇다면 왜 기내에서 전파가 발생하면 안 되는 걸까? 왜냐하면 비행기는 외부에서 오는 강력한 전파에는 강하지만, 안쪽에서 발신하는 전파에는 약하기 때문이다. 기내에서 상정하지 못한 전파가 나오면 기내의 예기치 못했던 부분이 안테나 역할을 해서 전파를 증폭시키고, 이는 비행기에 있는 장치(컴퓨터나 무선장치 등)에 영향을 줄 가능성이 있다.

이것은 번개가 치면 라디오에 잡음이 들어가는 것과 비슷한 것으로, 전자파 간섭이라 부른다. 잡음 정도라면 큰 문제가 안 되지만 디지털 신호가 영향을 받는 경우, 예를 들어 펄스 신호의 진폭이 하나만 늘어나도 완전히 다른 의미를 띠는 신호가 되므로, 장치 오작동이나 계기 오표시 등이 발생한다. 여담이지만, 비행기용 전자레인지는 가정용보다 아주 작은 양의 전파만 새어나오도록 특별하게 만들어졌다.

비행기는 지상에 있어도 파일럿은 비행기 컴퓨터에 데이터를 입력하거나 관제사와 무선으로 빈번하게 교신한다. 그러므로 이착륙 시에 전자파 간섭에 의한 계기류의 오작동이나 항공 무선 장애가 발생하면 매우 위험하다.

언제나 사용 금지(항상 전원 끔)

강한 전파를 보내는 전자기기의 대표적인 예

휴대전화　　　전자 게임(무선 대전 등)　　　컴퓨터 간의 통신

무선 마우스, 무선 헤드폰, 무선 키보드, 미아 방지 정보 통지 태그, 무선 통신 기능을 갖춘 만보계, 무선 통신 기능을 갖춘 심박 측정계, 무선 통신 기능을 갖춘 손목시계, 무선 조종 완구, 무전기, 휴대 단말기 등

이착륙 시에만 사용 금지(이착륙 시에는 전원 끔)

사용 시에 강한 전자파가 발생하는 전자기기의 대표적인 예

전자 게임　　　컴퓨터　　　MP3 플레이어　　　디지털 카메라
(무선 기능 off, 없음)　(무선 기능 off, 없음)

충전기, GPS 수신기, 프린터, 헤드폰(예: 노이즈 캔슬링 방식), 음성에 반응하는 장난감, 텔레비전, 라디오, 무선호출기, 비디오카메라, 비디오 플레이어, DVD 플레이어, 전자사전 등

언제든지 사용할 수 있는 전자기기

전자계산기　　　카세트테이프 녹음기　　　전기면도기

엔진 스타트를 중지하는 경우

다시 스타트할 수 있을까?

6-02

가솔린 엔진을 스타트할 때 점화 플러그 전극에 붙어 있는 연료 그을음 때문에 누전이 발생해서, 스타트할 수 없는 경우가 있다. 제트 엔진은 스타트할 수 없는 상황 또는 어쩔 수 없이 스타트를 중지해야 하는 경우가 있다.

대표적인 경우가 핫 스타트(hot start)라 부르는 상태다. 스타트할 때에는 서서히 연료를 늘려가지만, 연료 제어 장치의 오류로 처음부터 많은 연료를 연소시키면 이상 연소를 일으킬 위험이 있다. 그래서 파일럿은 반드시 처음 연소시키는 연료량을 감시하며 엔진 후방에서 강한 바람이 부는 것도 주의해야 한다. 충분한 회전을 얻지 못한 상태에서 공기와 연료의 혼합비가 적당하지 않으면 이상 연소를 일으킬 가능성이 있다. 따라서 바람을 마주 보고 스타트하는 편이 무난하다.

이외에도 여러 경우가 있지만, 다시 스타트할 때에 주의해야 할 점은 연료가 엔진 내부에 남아 있으면 내부 화재 가능성이 있다는 사실이다. 다시 스타트하기 전에 엔진을 충분히 공회전하여 연료를 배기구로부터 방출한다.

그런데 어떤 이유로 말미암아 공중에서 엔진이 멈춰버린 경우에는 다시 스타트할 수 있을까? 결론을 말하자면 가능하다. 엔진은 비행기가 날고 있으므로 풍차(스스로 회전한다)와 같은 상태다. 이 회전 때문에 스타터를 통하지 않아도 스타트할 수 있다. 화산재의 영향(재가 녹는 온도와 터빈 입구 온도가 같으므로)으로 모든 엔진이 정지한 상태에서 다시 스타트를 시도해 성공한 사례도 있다.

엔진 스타트를 중지할 때

명칭	현상	주된 원인
핫 스타트	배기가스 온도가 급상승하여 제한치를 초과한다.	• 연료 유입량 과다 • 강한 배풍
웨트 스타트	정해진 시간 안에 연소실의 연료가 점화되지 않는다.	• 점화 플러그(이그나이터) 불량
헝 스타트	압축기 회전 가속이 매우 느리고, 배기가스 온도의 급상승도 있다.	• 연료 유입량 과소 • 강한 배풍 • 스타터 회전 부족
엔진 스톨	큰 소리와 진동이 발생하고, 배기구에서 불꽃이 나오는 경우도 있다.	• 공기의 불규칙한 유입 • 가속 스케줄 오류

기타 : 스타터 샤프트 파손, 회전하지 않는 팬, 압축공기 불충분, 스타터 사용 제한 시간 등을 확인한다. 이런 상황을 감지하면 엔진 스타트를 중지하고 엔진 후방에서 연료를 방출하기 위해 엔진 공회전을 실시한다.

공중에서도 스타트할 수 있을까

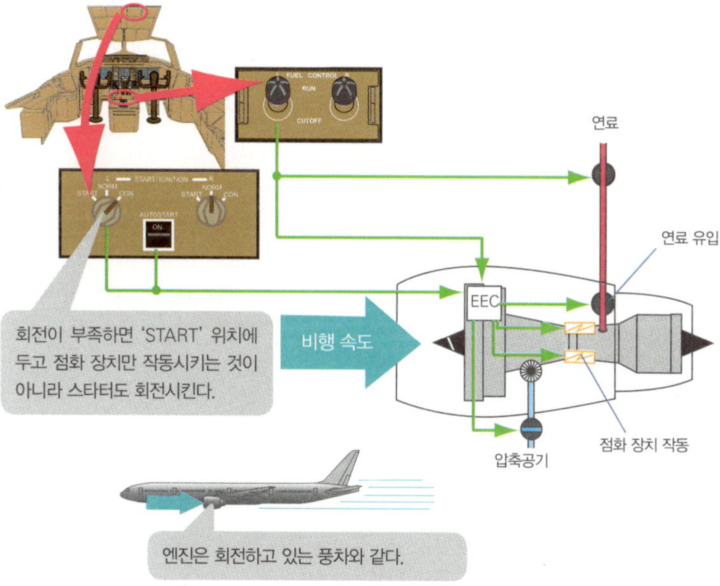

FUEL CONTROL
RUN
CUTOFF
START/IGNITION
NORM
START
CON
AUTOSTART
ON
연료
연료 유입
EEC
회전이 부족하면 'START' 위치에 두고 점화 장치만 작동시키는 것이 아니라 스타터도 회전시킨다.
비행 속도
압축공기
점화 장치 작동
엔진은 회전하고 있는 풍차와 같다.

이륙 중에 엔진이 고장 나면?

6-03

가야 할지 멈춰야 할지 결정하는 시기가 중요하다

비행기는 엔진이 고장 나도 자동차처럼 멈춰서 상태를 확인할 수가 없다. 엔진 고장은 이처럼 중대한 문제다. 이륙 중에 고장이 나면, 어떤 문제가 있을지 알아보자.

먼저 유도로를 따라 활주로를 향해 지상 주행 중인 비행기에 엔진 고장이 발생하면, 출발 게이트로 돌아가면 된다. 또한 활주로에서 다리가 떨어진 다음에 고장이 나더라도, 안전한 고도까지 상승해서 조치를 하고 되돌아가면 된다. 문제가 되는 경우는 이륙 활주를 개시하고 나서 기수를 들어 올리기 시작하는 속도 V_R에 도달하기까지다.

예를 들어 그다지 빠르지 않은 시점에 엔진 고장이 발생하면, 이륙을 중지하는 일에 별문제가 없다. 하지만 이륙을 계속하기로 하고 남은 엔진으로 계속 가속하더라도, 활주로에서 이륙할 수 있다고 보장할 수는 없다. 반대로 다리가 활주로에서 떨어지기 직전인 속도에 이른 순간에 엔진이 고장 나서 이륙 중지를 결정하더라도, 활주로에서 완전하게 멈출 수 있다고 보장할 수는 없다.

결국 이륙을 계속하기로 결정하는 속도가 빨라질수록 이륙거리는 짧아지고, 이륙 중지를 결정하는 속도가 빨라질수록 멈추기까지의 거리는 길어진다.

다행스럽게도 이륙을 계속하든 중지하든 가장 짧은 거리에서 모든 게 가능해지는 속도 지점이 존재한다. 이 속도가 V_1이며, 이 속도보다 느릴 때 엔진이 고장 나면 중지, 빠를 때 고장 나면 이륙을 결정하면 된다.

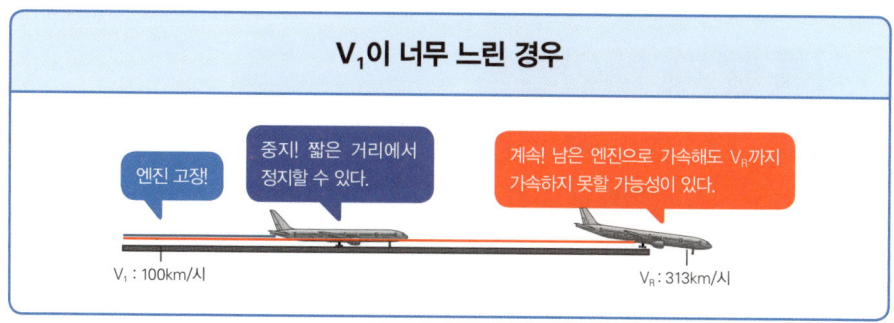
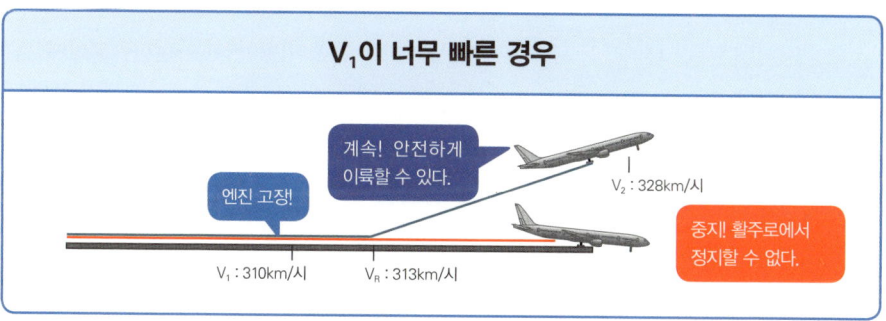
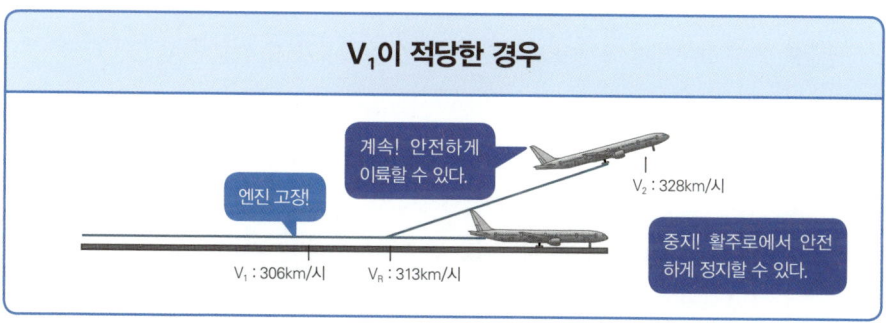
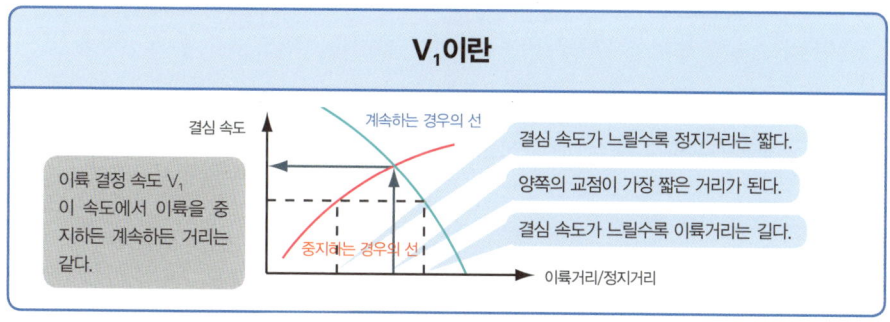

이륙할 때 테이블을 원래 위치에 돌려놓는 이유

만일의 사태를 생각해서 정한 것이다

6-04

"좌석 등받이와 테이블을 제자리로 해주십시오"라는 기내 방송을 하는데, 왜 이륙과 착륙할 때에만 테이블을 내려놓거나 등받이를 기울이면 안 되는 걸까? 그 이유는 자신과 주변 사람이 긴급하게 탈출해야 할 때 방해가 되기 때문이다. 또한 불시착하는 상황이 발생하면, 충격 방지 자세(앞으로 굽힌 자세)를 취할 수 없기 때문이기도 하다.

비행기 운항과 관련한 사항은 최악의 상황을 고려해서 결정한 것이 대부분이다. 예를 들면, 이륙 중에 엔진이 고장 날 확률이 전혀 없는 것은 아니므로 엔진 고장을 상정한 이륙 성능이 필요하다. 한편 아무리 엔진 상태가 좋더라도 새가 엔진에 빨려 들어가면 고장이 발생한다. 공기 흡입구가 큰 터보팬 엔진의 숙명이겠지만, 버드 스트라이크(bird strike)의 40% 이상이 엔진에서 발생하고, 기수 부근이나 앞 유리에서 충돌이 발생하는 경우가 약 40%, 나머지는 날개에서 발생한다.

긴급 불시착하면, 긴급 탈출용 미끄럼대(비상 탈출 슬라이드)를 사용하여 탈출한다. 모든 비상구에는 미끄럼대가 설치되어 있고, 비상구를 열면 자동으로 미끄럼대가 팽창하여 펼쳐진다. 물에 불시착하면 미끄럼대는 구명보트로도 활약한다. 구명보트로 사용해야 하는 경우에는 비행기로부터 쉽게 분리된다. 자리에 앉자마자 신발을 벗는 승객(특히 국제선에서)이 있는데, 적어도 이륙 후에 신발을 벗으라고 권하고 싶다. 비상 탈출해야 하는 상황이 발생하면, 맨발에 상처를 입을 가능성이 크기 때문이다.

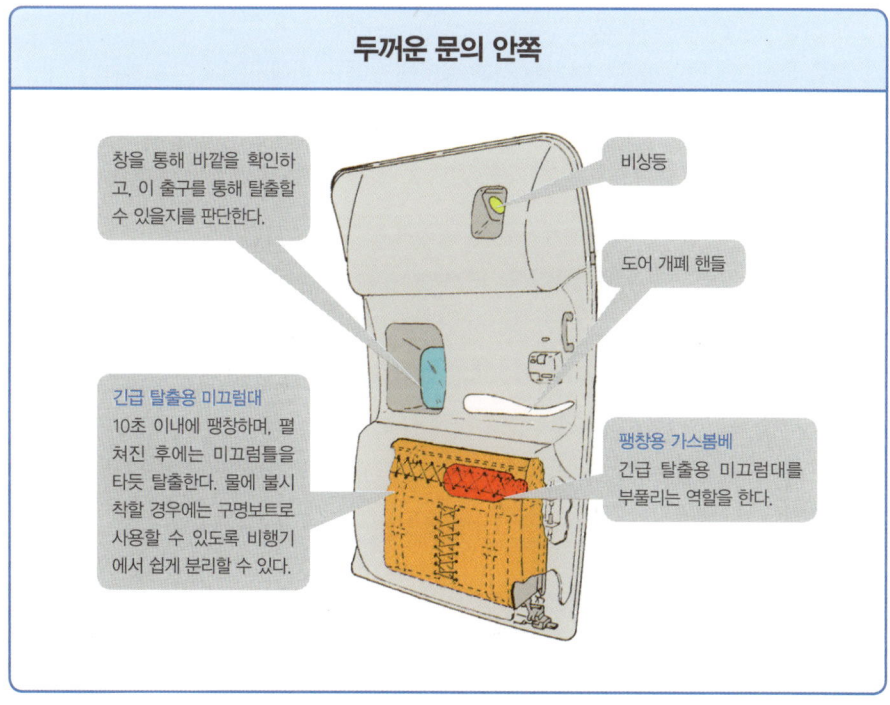

긴급 상황에는 연료를 방출하여 무게를 줄인다

6-05

이륙 시의 무게로는 착륙할 수 없다

이륙 후 어떤 문제가 발생하여 되돌아가야 하는 상황이 일어날 수 있다. 이때 바로 착륙하는 경우와 시간을 어느 정도 보낸 후 착륙하는 경우가 있다. 그 이유는 여객기가 이륙할 수 있는 무게와 착륙할 수 있는 무게가 서로 다르기 때문이다.

이륙과 착륙 시 최대 무게가 다른 이유는 비행기 강도와 관계가 있다. 비행기가 비행 단계 중에서 가장 충격을 강하게 받는 것이 착륙할 때다. 착륙 충격은 비행기 무게의 영향을 받는다. 예컨대 사람이 높은 곳에서 뛰어내릴 때 무거운 물건을 들고 있으면 발이 받는 충격은 더 커진다. 만약 비행기가 이륙할 수 있는 최대 무게를 착륙 시에 견딜 수 있게 만들려면, 다리와 기체를 필요 이상으로 강하게 만들어야 한다. 하지만 비행기 다리를 너무 강하게 만들면 비행기 전체가 무거워져, 타조처럼 지상에서 빨리 달릴 수 있을지는 몰라도 하늘을 날지 못할 수도 있다.

위와 같은 이유에서 이륙할 수 있는 최대 무게(최대 이륙 중량)보다 착륙할 수 있는 최대 무게(최대 착륙 중량)가 훨씬 가볍게 설정되어 있다. 평소처럼 착륙하면 최대 이륙 중량도 버틸 수 있지만, 심각하게 긴급한 상황이 아니라면 최대 착륙 중량 이하까지 무게를 줄인 후 착륙한다. 비행기가 공중에서 무게를 줄일 수 있는 유일한 방법은 연료를 방출하는 것이다. 연료 탱크 안에 있는 방출 전용 펌프를 작동시켜, 엔진에 빨려 들어가지 않게 날개 끝에서 방출한다. 안개 상태로 방출하기 때문에 공중에서 완전히 기화한다. 연료를 방출할 때에는 최저 고도 1,500m 이상, 위치는 바다 위 또는 들판에서만 방출하는 것으로 정해져 있다.

연료를 방출하는 장소

연료를 방출하는 이유

보잉777-300ER의 예시

최대 이륙 중량
강도와 성능 면에서 이륙 시 문제가 발생하지 않는 최대 무게

최대 착륙 중량
보통의 약 3배나 되는 하강률로 접지해도 강도에 문제가 발생하지 않는 최대 무게

최대 무연료 중량
연료가 없어도 날갯죽지 강도에 문제가 발생하지 않는 최대 무게

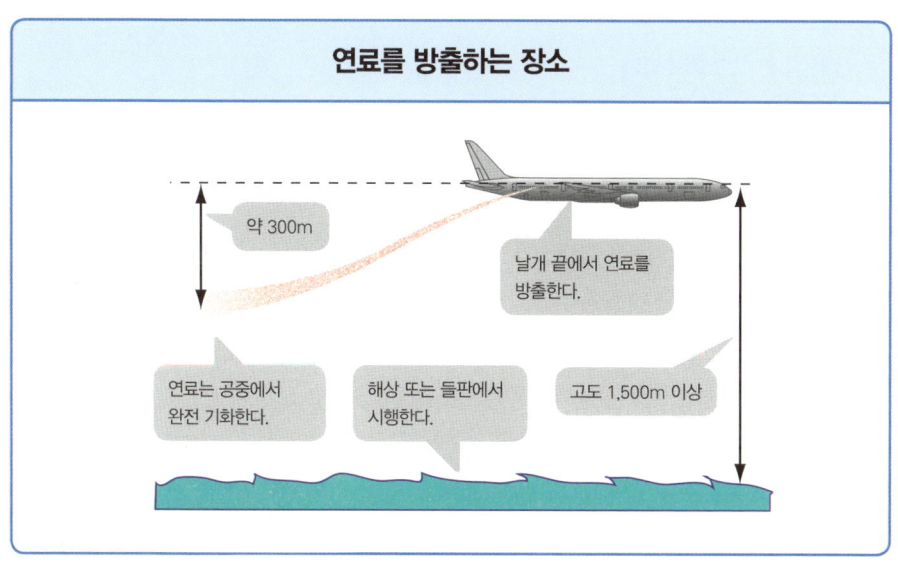

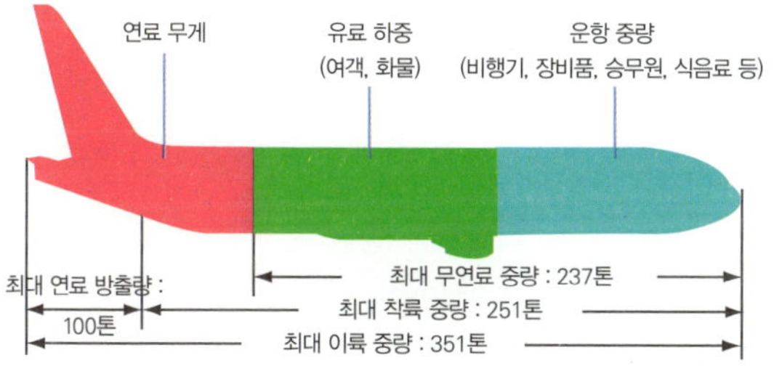

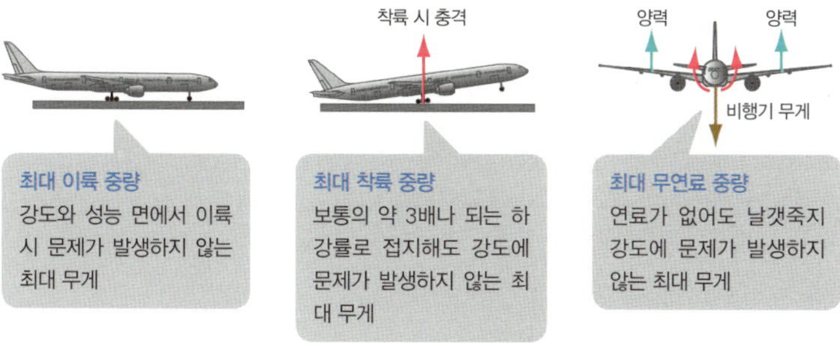

엔진 고장의 대표적인 예는?

6-06

서징, 플레임아웃, 이물에 의한 파손

서징(surging)이란 압축기 내의 공기 유량이나 압력이 주기적으로 변동하는 현상으로 압축기 실속(compressor stall)이라고도 하며, 공기가 엔진 속을 부드럽게 흐르지 못해 정체되거나 역류하는 현상이다. 서징은 엔진에 심한 손상을 줄 수 있지만, 바로 정상 상태로 돌아오는 경우도 있다. 필자가 경험한 바에 의하면, 보잉 727이 강한 옆바람을 맞으며 이륙할 때 엔진 입구에 도달하는 공기가 흩어져 서징이 발생하지만, 중앙 엔진의 공기 흡입구가 S자 모양이라 바로 정상 상태로 돌아간다.

플레임아웃(flameout)은 연속적으로 연소해야 할 연소실의 불꽃이 꺼져 엔진이 정지하는 현상이다. 플레임아웃의 원인 중 하나는 연료가 연소실에 유입되지 않아서인데, 연료 제어 장치의 불량 때문에 밸브가 일시적으로 잠겨버리는 경우가 있다. 그리고 화산재를 빨아들이면 화산재의 녹는 온도가 터빈 입구 온도와 비슷해서, 화산재가 연소실 출구 부근에서 녹은 후 굳어져 엔진이 정지하는 일도 있다. 또한 엔진 서징 탓에 발생한 불안정한 운전 상태 때문에 연료실의 불꽃이 꺼져버리는 경우도 있다.

외부 이물 손상(FOD. Foreign Object Damage)은 공기 흡입구가 큰 터보팬 엔진에게는 숙명과 같다. 가장 많이 발생하는 FOD는 버드 스트라이크다. 작은 새라도 빠른 속도 때문에 큰 에너지를 가지므로 충돌하면 팬 블레이드가 휘어질 수 있다. 또한 공기 흡입구가 착빙한 뒤 제빙하면 FOD가 되므로 반드시 사전에 방빙해야 한다.

엔진 고장과 계기

엔진 서징(압축기 실속)

회전계 : N_1
바늘이 흔들린다.

배기가스 온도계 : EGT
급상승하여 제한치를 초과하는 경우도 있다.

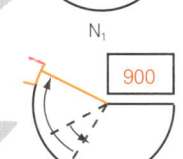

현상 : '쿵' 하는 큰 소리와 진동. 배기구에서 나오는 불꽃.
원인 : 불규칙한 공기 유입과 엔진 열화. 새와 같은 외부 이물의 진입, 가변 고정자 불량.

플레임아웃(엔진 정지)

회전계 : N_1
급격히 내려가고, 풍차 상태(자연적으로 회전하는 상태)의 회전수를 표시한다.

배기가스 온도계 : EGT
급격히 내려가고, 풍차 상태의 온도를 표시한다.

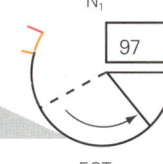

현상 : 연소실 내부의 불꽃이 꺼져버려 엔진이 정지한다.
원인 : 연료 고갈, 화산재와 같은 이물 진입. 연료 제어 장치가 불량.

FOD(외부 이물 손상)

계기 상으로는 변화가 없는 경우가 많다. 팬 진동계가 큰 값을 표시하는 경우도 있다. 상황에 따라서는 엔진 서징과 같은 표시를 하는 경우도 있다.

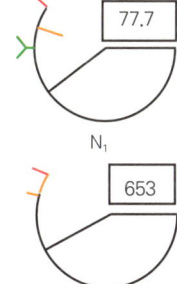

현상 : 새를 빨아들인 경우에는 냄새가 난다. 이물의 크기에 따라 엔진 서징이 발생할 가능성도 있다.
원인 : 새, 유도로나 활주로에 방치해둔 물건 같은 것을 빨아들인다. 또는 공기 흡입구 부근에 착빙한 얼음을 빨아들이는 경우도 있다.

비행기를 지키는 여러 가지 방화 대책

연기와 고온을 감지해서 경보를 울린다

비행기에도 일반 가정과 마찬가지로 연기나 온도를 감지해서 사람에게 알리는 화재경보기가 설치되어 있다. 가정용과 달리 비행기의 화재경보기는 조종석에서 원격 조작해야만 하는 곳에도 설치되어 있다. 객실에서는 객실 승무원이 보안 요원 역할을 하므로 화재가 발생하면 휴대형 소화기로 소화 활동을 한다. 하지만 비행 중인 엔진에 접근하거나 화물실에 들어갈 수는 없으므로, 화재가 발생하면 조종석에서 원격 조작으로 소화제를 분사한다.

먼저 엔진의 방화 대책을 알아보자. 엔진과 덮개 사이에는 감지 장치가 에둘러져 있다. 화재를 감지하면 경보음이 울리고, 파이어 스위치라 부르는 소화 레버 및 연료 밸브인 연료 제어 스위치가 붉게 켜진다. 파이어 스위치를 당기면서 돌리면 소화제가 분출된다. 만약 그래도 불이 꺼지지 않으면 반대 방향으로 돌린다. 그러면 두 번째 분사가 시작된다. 보조 동력 장치의 방화 대책도 엔진의 경우와 같다.

주각이 격납되는 부분에도 화재경보기가 설치된다. 왜냐하면 만약 이륙을 중지한 후 다시 이륙한 경우에는 타이어가 고온일 가능성이 있고, 주각 격납실에 있는 유압 장치 배관 등이 고온에 노출되면 화재가 발생할 가능성이 있기 때문이다. 하지만 소화제를 분사하는 설비는 없다. 만약 경보가 울리면 다리를 내려 20~30분간 차가운 외기에 노출해서 화재를 방지한다.

화물실에는 연기 탐지기 및 소화제 분사 설비가 있다. 일단 소화제를 분사하고 나서 화물실로 들어가는 공기를 차단하여 불을 끈다.

엔진의 방화 대책

"따르르르……" 경보음

소화제를 분사하면 점등

엔진 화재 패널

연료 제어 스위치

우측 엔진에서 화재가 발생하면, 파이어 스위치 문자가 붉은색으로 점등

우측 엔진에서 화재가 발생하면, 연료 제어 스위치가 붉은 색으로 점등

파이어 스위치를 당기면 다음 작업이 진행된다.
소화제 분사 준비 완료
연료 밸브 폐쇄
압축공기를 꺼내는 밸브 폐쇄
발전기 발전 정지
유압 장치 작동액 차단
유압 펌프 작동 정지

방화 대책이 준비된 장소

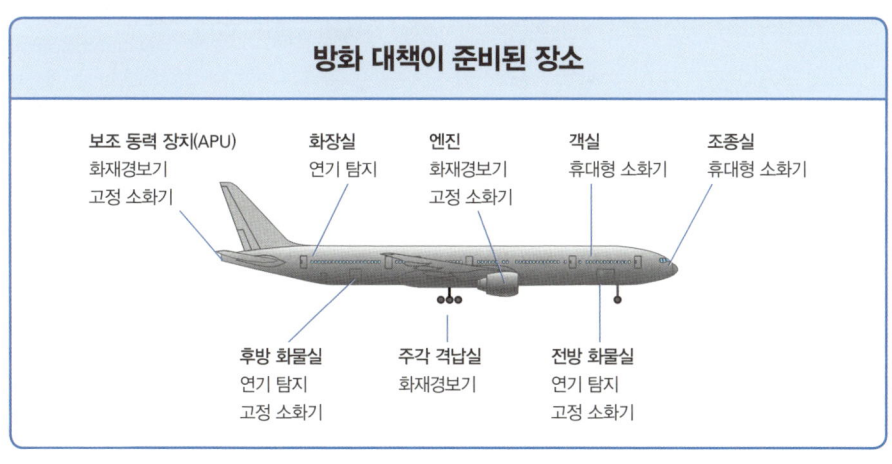

보조 동력 장치(APU)
화재경보기
고정 소화기

화장실
연기 탐지

엔진
화재경보기
고정 소화기

객실
휴대형 소화기

조종실
휴대형 소화기

후방 화물실
연기 탐지
고정 소화기

주각 격납실
화재경보기

전방 화물실
연기 탐지
고정 소화기

소홀히 할 수 없는 눈과 얼음

6-08

날개 위에 눈이 있으면 안 된다

엄동설한이 찾아온 이른 아침. 서리가 자동차를 새하얗게 덮기도 한다. 앞 유리에 내린 서리를 제거하는 일은 제법 힘들다. 도로에 눈이 쌓이면, 미끄러짐 방지를 위해 타이어에 체인을 감는 힘든 작업을 한다. 철도를 이용하는 열차도 눈이 많이 오면 여러 대책을 세워야 한다. 이처럼 눈은 교통기관에게는 큰 적이다. 물론 항공업계도 예외가 아니다.

눈이나 서리가 날개 위에 붙으면, 양력이 감소할 뿐만 아니라 항력이 커져서 비행에 큰 영향을 준다. 보조 날개와 같은 동익에 붙기라도 하면 키가 작동하지 않을 위험도 있다. 얼음비가 내린 다음 날에는 날개 전연에 투명한 얼음이 붙어 있는 경우가 있다. 잠깐 봐서는 알아차리기 어렵고, 바람 때문에 한쪽 날개에만 얼음이 붙어 있으면 이륙 후에 크게 기울어질 우려가 있으므로 매우 위험하다.

날개만 문제가 아니다. 피토관이 얼음으로 덮이면, 속도계가 올바르게 표시되지 않을 우려가 있다. 그리고 정압공이 막히면 실제보다 빠른 속도를 가리키므로 아직 이륙 속도에 도달하지 못했는데 이륙해서 실속할 위험도 있다.

지금까지 소개한 사고가 발생하지 않도록 출발 전에는 반드시 제설 작업과 제빙 작업을 실시한다. 제거 작업에만 신경 쓸 게 아니라 눈이나 얼음비가 내리는 상황에서도 출발할 수 있도록 제설과 동시에 제빙액도 비행기에 산포한다. 제빙액 덕분에 눈이 내려서 녹아도 비행기에 부착되는 일은 일어나지 않으므로 안전하게 이륙할 수 있다. 시간이 지나면 제빙액도 효과가 떨어지므로 출발 시각에 맞춰 적정한 때에 산포한다.

눈얼음과 관련한 대책 없이 이륙한 경우

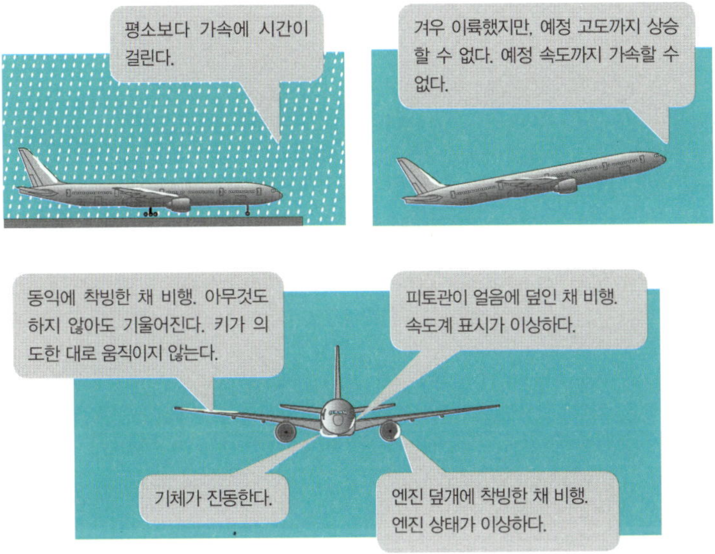

- 평소보다 가속에 시간이 걸린다.
- 겨우 이륙했지만, 예정 고도까지 상승할 수 없다. 예정 속도까지 가속할 수 없다.
- 동익에 착빙한 채 비행. 아무것도 하지 않아도 기울어진다. 키가 의도한 대로 움직이지 않는다.
- 피토관이 얼음에 덮인 채 비행. 속도계 표시가 이상하다.
- 기체가 진동한다.
- 엔진 덮개에 착빙한 채 비행. 엔진 상태가 이상하다.

적설과 얼음을 관리한다

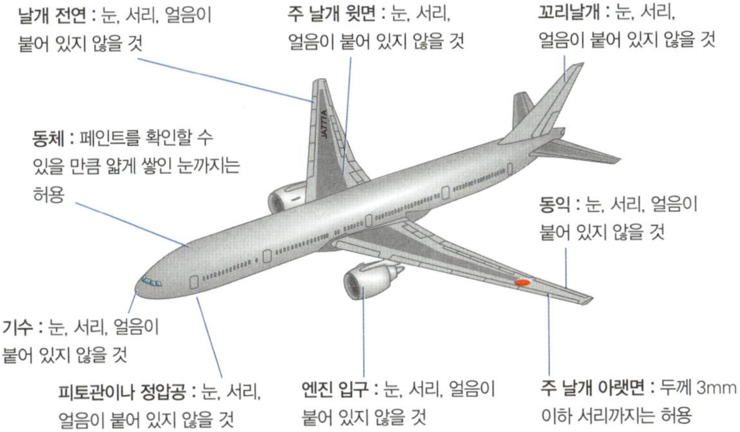

- **날개 전연**: 눈, 서리, 얼음이 붙어 있지 않을 것
- **주 날개 윗면**: 눈, 서리, 얼음이 붙어 있지 않을 것
- **꼬리날개**: 눈, 서리, 얼음이 붙어 있지 않을 것
- **동체**: 페인트를 확인할 수 있을 만큼 얇게 쌓인 눈까지는 허용
- **동익**: 눈, 서리, 얼음이 붙어 있지 않을 것
- **기수**: 눈, 서리, 얼음이 붙어 있지 않을 것
- **피토관이나 정압공**: 눈, 서리, 얼음이 붙어 있지 않을 것
- **엔진 입구**: 눈, 서리, 얼음이 붙어 있지 않을 것
- **주 날개 아랫면**: 두께 3mm 이하 서리까지는 허용

만약 급감압이 발생하면 어떻게 할까?

갑자기 공기가 빠질 때를 위한 대책

인류는 비행기에 더 많은 사람을 태우고 더 빠르게, 더 높은 고도를 비행하는 것을 추구해왔다. 높은 고도에서 비행할 때 누릴 수 있는 장점 중 하나는 날씨의 영향을 받지 않는다는 점이다.

1940년대 프로펠러 여객기가 '날씨를 극복한 비행'(flying above the weather)이 가능하다고 허세를 부려도 활발한 구름이 활약하는 고도 4,000m까지밖에 올라가지 못했다. 이 정도 고도에서는 어떤 문제가 발생해서 외기압과 객실 내 기압이 같아져도 크게 당황할 필요는 없다.

제트 여객기는 성층권보다 높은 고도를 비행하므로 프로펠러 여객기처럼 느긋하게 있을 수는 없다. 비행고도가 4,000m라면 저산소증으로 기절하기까지 1시간 정도 여유가 있지만, 비행고도가 10,000m라면 불과 60초 정도밖에 걸리지 않는다. 게다가 이 60초라는 시간은 매우 건강한 사람을 기준으로 한 것으로, 만약 알코올을 섭취한 사람이나 흡연자라면 더 짧은 시간에 저산소증에 빠질 것이다.

비행기 운항은 최악의 상황을 고려하여 많은 것을 결정한다. 180쪽에서 설명한 여압 장치에도, 어떤 이유로 말미암아 갑자기 여압을 할 수 없게 되어 급감압이 발생하는 경우에 대한 대책이 반영되어 있다. 그 대책으로 객실고도가 4,000m 이상(0.6기압 이하)이 되면 산소마스크가 승객 앞으로 내려온다. 산소마스크로 호흡하면 저산소증을 방지할 수 있다. 파일럿은 급감압이 발생하면 긴급 하강을 시작한다. 보통 때보다 4~5배나 되는 하강률로 하강하여 불과 2~3분 정도 만에 마스크가 필요 없는 안전 고도에 도달한다.

저산소증 증상

고도	기절하기까지 걸리는 시간 (유효 기능 시간)
12,000m	30초
10,000m	60초
8,000m	2~3분
6,000m	5~10분
4,000m	1시간 이내

비행고도 10,000m에서의 기압은 지상의 1/4, 기온은 -50°다. 만약 여압 장치 고장이나 창문 파손과 같은 일 때문에 급감압이 발생하면 안개나 돌풍이 발생하고, 산소량이 외기와 같아진다. 하지만 산소가 부족해져도 생명의 위협을 느낄 만큼의 자각증상은 없다고 한다.

저산소증 증상

자각증상 : 피로감, 어지러움, 머리가 무거움, 계산 능력 저하, 언어 능력 저하, 행복한 기분

남이 보는 증상 : 호흡 증가, 입술이 보라색(치아노제, Zyanose), 반응시간이 늦음, 의식상실

안전한 고도까지 긴급 하강

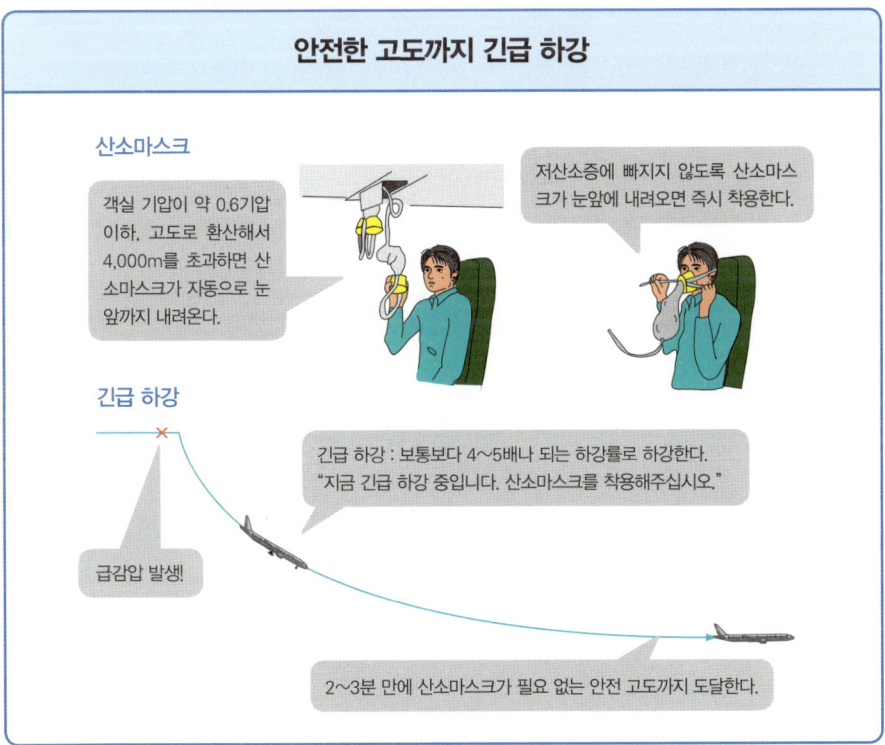

산소마스크
객실 기압이 약 0.6기압 이하, 고도로 환산해서 4,000m를 초과하면 산소마스크가 자동으로 눈앞까지 내려온다.

저산소증에 빠지지 않도록 산소마스크가 눈앞에 내려오면 즉시 착용한다.

긴급 하강

급감압 발생!

긴급 하강 : 보통보다 4~5배나 되는 하강률로 하강한다.
"지금 긴급 하강 중입니다. 산소마스크를 착용해주십시오."

2~3분 만에 산소마스크가 필요 없는 안전 고도까지 도달한다.

가야 할까 돌아가야 할까 타이밍이 중요하다

ETP란 무엇인가?

6-10

이륙할 때에 가야 할지 중지해야 할지 타이밍이 중요하다고 말한 바 있다. 그런데 비행 중에도 같은 문제가 발생한다. 국내선처럼 출발지와 목적지를 포함해 많은 공항이 있다면, 문제가 발생해도 근처 공항에 착륙할 수 있다. 하지만 태평양 한 가운데에서는 계속 가야 할지 돌아가야 할지 역시 타이밍이 중요해진다.

'목적지까지 가는 거리의 딱 절반에서 정하면 되지 않을까'라고 생각할 수도 있지만, 예를 들어 호놀룰루 노선처럼 호놀룰루에 갈 때는 배풍이고, 도쿄에 돌아갈 때는 맞바람인 경우라면, 딱 절반에서 정하면 안 된다. 그래서 계속 갈 때나 돌아갈 때도 같은 비행시간이 걸리는 ETP(Equal Time Point)라 부르는 시점에서 결정하게 되어 있다. 달리 생각해보면, 비행기가 나아가도 문제가 없는 최대 거리에서 결정해야 한다. 돌아올 때는 맞바람이라 대지속도가 늦어지므로 절반 거리보다 약간 일찍 결정해야 하지만, 실제로는 거리가 아니라 시간으로 결정한다.

왜 거리가 아니라 시간으로 결정하는가 하면 소비 연료량은 거리가 아니라 비행시간으로 산출하기 때문이다. 오른쪽 그림의 예를 통해 생각해보자. 호놀룰루까지 소요 시간은 5시간 44분이다. 바꿔 말하면 5시간 44분 동안 날 수 있다는 의미다. 그리고 도쿄에서 2시간 14분 동안 비행한 ETP 시점에서 어느 쪽을 선택하든 총 비행시간은 5시간 44분이다. 결국 도쿄로 돌아가든 호놀룰루까지 비행하든 남는 연료량은 같다. 이렇게 남은 연료량은 도쿄나 호놀룰루에 착륙할 수 없을 때 다른 공항으로 갈 수 있을 만큼의 연료다.

ETP란 무엇인가

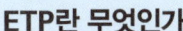

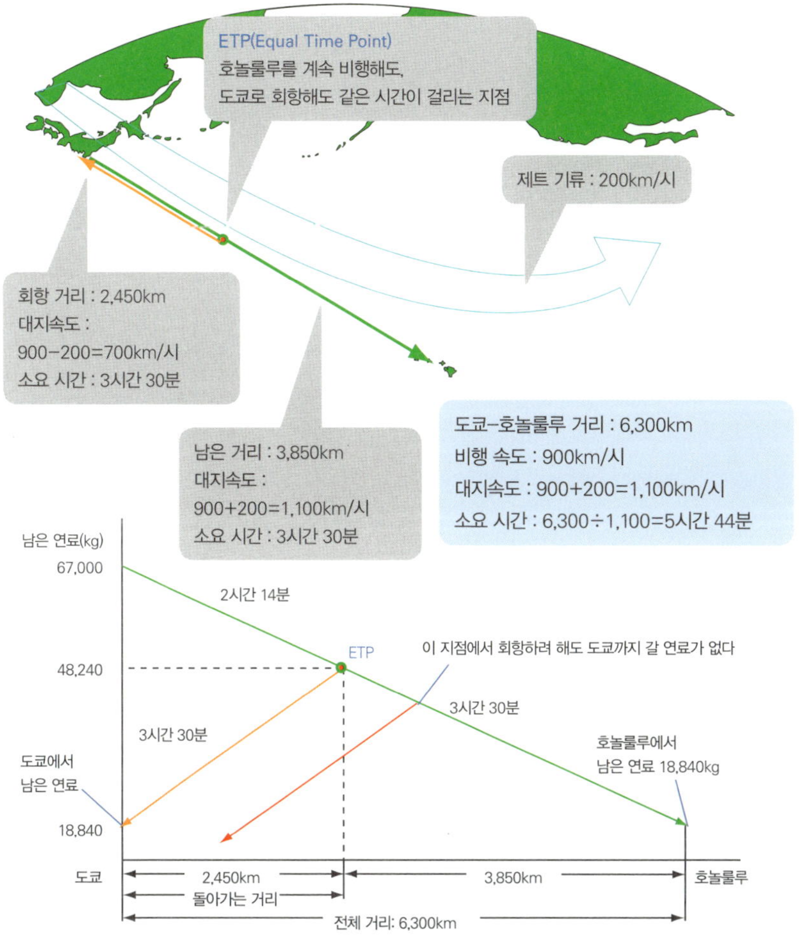

ETP(Equal Time Point)
호놀룰루를 계속 비행해도, 도쿄로 회항해도 같은 시간이 걸리는 지점

제트 기류 : 200km/시

회항 거리 : 2,450km
대지속도 :
900−200=700km/시
소요 시간 : 3시간 30분

남은 거리 : 3,850km
대지속도 :
900+200=1,100km/시
소요 시간 : 3시간 30분

도쿄−호놀룰루 거리 : 6,300km
비행 속도 : 900km/시
대지속도 : 900+200=1,100km/시
소요 시간 : 6,300÷1,100=5시간 44분

남은 연료(kg)
67,000
2시간 14분
48,240
ETP 이 지점에서 회항하려 해도 도쿄까지 갈 연료가 없다
3시간 30분
3시간 30분
도쿄에서 남은 연료
18,840
호놀룰루에서 남은 연료 18,840kg

도쿄 ← 2,450km 돌아가는 거리 → | ← 3,850km → 호놀룰루
전체 거리: 6,300km

$$(돌아가는\ 시간) = \frac{(돌아가는\ 거리)}{(돌아가는\ 대지속도)} \qquad (가는\ 시간) = \frac{(전체\ 거리) - (돌아가는\ 거리)}{(가는\ 대지속도)}$$

(돌아가는 시간) = (가는 시간)이므로

$$(돌아가는\ 거리) = \frac{(돌아가는\ 대지속도) \times (전체\ 거리)}{(돌아가는\ 대지속도) + (가는\ 대지속도)}$$

태평양 한가운데서도 헤매지 않는다

6-11

정확한 자립항법장치가 지켜준다

하늘을 안전하게 비행하기 위한 대책으로 CNS라 부르는 세계 표준이 있다. C는 대화나 정보를 주고받는 것을 의미하는 Communication, N은 항법을 의미하는 Navigation, S는 감시를 의미하는 Surveillance의 머리글자다. 예를 들어 비행기가 착륙하기 위해 공항에 진입하면 관제사가 파일럿에게 무선 음성 통신을 사용하여 방위, 고도, 속도 등과 관련한 지시를 빈번하게 보낸다. 파일럿은 지시대로 정확하게 비행해야 한다. 관제사는 감시 레이더로 비행기 위치를 파악하므로 다른 비행기와의 안전 간격을 유지할 수 있다.

문제는 감시 레이더나 VHF 무선 전파가 도달할 수 있는 범위가 좁다는 점이다. 당연히 태평양 한가운데까지는 전파가 도달하지 않는다. 이 경우에 활약하는 것이 위성이다. 태평양 위에서는 이착륙 시처럼 빈번하게 통신하지 않고, 대부분 위치 통보나 고도 변경과 같이 정해진 사항을 교신한다. 그러므로 위성 통신은 음성 통신이 아니라 데이터 통신이 대부분을 차지한다.

예전에는 비행기끼리 스쳐 지나갈 때, 오른쪽이나 왼쪽으로 약간 어긋난 채 지나갔다. 하지만 지금은 바로 위나 아래에서 스쳐 지나간다. 이는 그만큼 비행기의 자립항법장치의 항법 정밀도가 높아졌다는 증거다. 장치 자체의 정밀도가 높아진 것과 함께 전 지구 위치 파악 시스템(GPS)에서 받은 위치 정보로 자립항법장치의 오차를 수정하므로, 더 정밀해진 것이다. 바다 위에서는 감시 레이더를 대신해서 위성 통신을 이용하여 위치, 속도, 고도 등의 데이터를 관제기관에 자동으로 보낸다.

육지 위를 비행하는 경우

C : 무선 음성 통신, N : 비행기 내 자립항법장치와 무선 시설이나 위성으로부터의 정보
S : 감시 레이더를 이용한 위치 파악

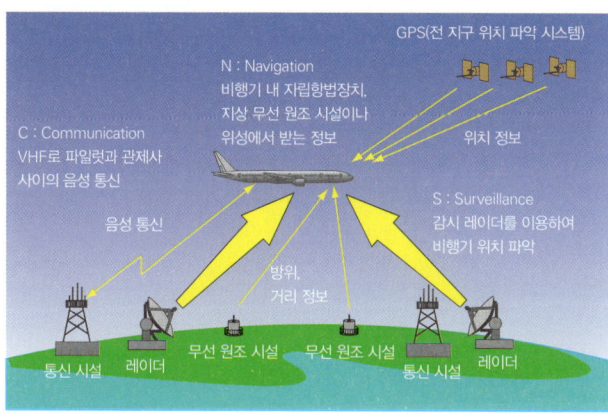

태평양 한가운데를 비행하는 경우

C : 위성 데이터 통신, N : 비행기 내 자립항법장치와 위성에게 받은 정보
S : 비행기의 위치 정보 데이터 자동 통보

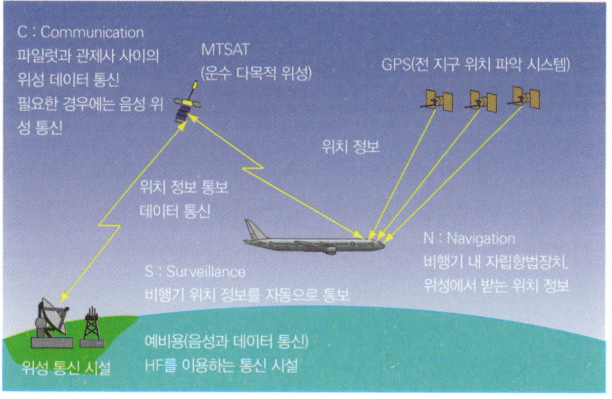

태평양 한가운데서 문제가 발생한다면?

드리프트 다운과 ETOPS/EDTO

6-12

비행기를 운항할 때는 이륙 중에 엔진이 고장 나는 상황을 고려하듯이, 태평양 한가운데서 엔진이 고장 나는 경우도 철저하게 고려해야 한다.

먼저 고도를 생각해보자. 고도가 높아지면 공기가 희박해져서 제트 엔진의 추력은 작아진다. 낮은 고도라면 엔진 고장이 발생해도 이륙할 수 있는 만큼 큰 문제가 아니지만, 높은 고도에서 추력이 작아지면 남은 엔진만으로는 현재 순항하는 고도를 유지할 수 없다. 따라서 추력을 낼 수 있는 고도까지 하강해야 하는데, 태평양 한가운데라면 가능한 한 비행 거리를 벌고 싶을 것이다.

그래서 양력과 항력의 비(양항비)가 가장 커지는 속도로 하강하면, 고도를 손해 보는 대신에 멀리 비행할 수 있다. 이처럼 최대 추력으로 양항비가 가장 커지는 속도로 하강하는 방식을 드리프트 다운이라 부른다.

쌍발기라면 ETOPS(Extended range Twin engine OPerationS)라 부르는 규정이 있었다. 1950년대 피스톤 엔진 시절, 쌍발기는 엔진 고장이 발생하면 60분 이내에 어딘가의 공항에 임시 착륙할 수 있어야 했다. 제트 엔진이 발전하면서 신뢰성이 높아진 만큼 이 규정은 120분, 180분으로 서서히 완화되었다. 전에는 3발기 또는 4발기만 태평양을 횡단할 수 있었지만, ETOPS 덕분에 쌍발기가 주류로 자리 잡았다. 현재 ETOPS 규정은 EDTO(Extended Diversion Time Operation)로 바뀌었다. 이는 항로 상 한 지점에서 ERA(Enroute Alterate Airport)까지의 디버전 시간이 국토교통부에서 정한 기준 시간을 초과했을 때 적용하는 항공기 운항 절차다.

만약 엔진이 고장 난다면

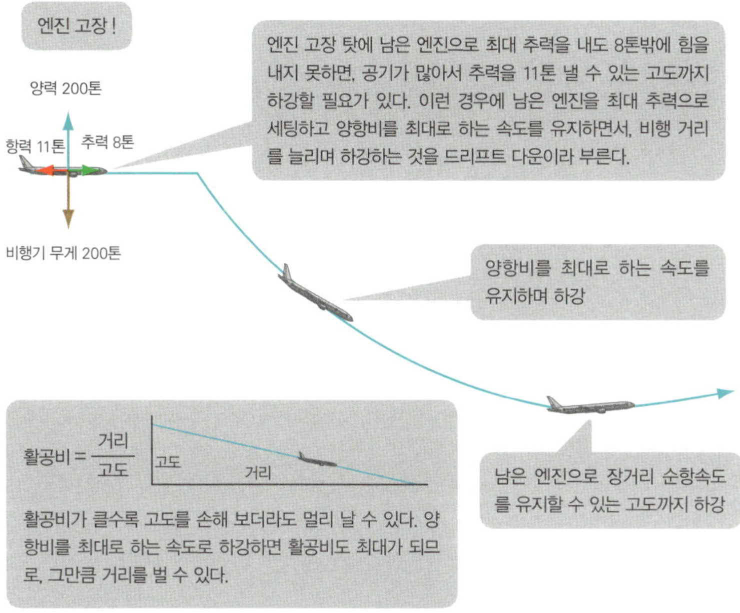

엔진 고장!

양력 200톤

항력 11톤   추력 8톤

비행기 무게 200톤

엔진 고장 탓에 남은 엔진으로 최대 추력을 내도 8톤밖에 힘을 내지 못하면, 공기가 많아서 추력을 11톤 낼 수 있는 고도까지 하강할 필요가 있다. 이런 경우에 남은 엔진을 최대 추력으로 세팅하고 양항비를 최대로 하는 속도를 유지하면서, 비행 거리를 늘리며 하강하는 것을 드리프트 다운이라 부른다.

양항비를 최대로 하는 속도를 유지하며 하강

$$활공비 = \frac{거리}{고도}$$

고도
거리

남은 엔진으로 장거리 순항속도를 유지할 수 있는 고도까지 하강

활공비가 클수록 고도를 손해 보더라도 멀리 날 수 있다. 양항비를 최대로 하는 속도로 하강하면 활공비도 최대가 되므로, 그만큼 거리를 벌 수 있다.

쌍발기의 경우

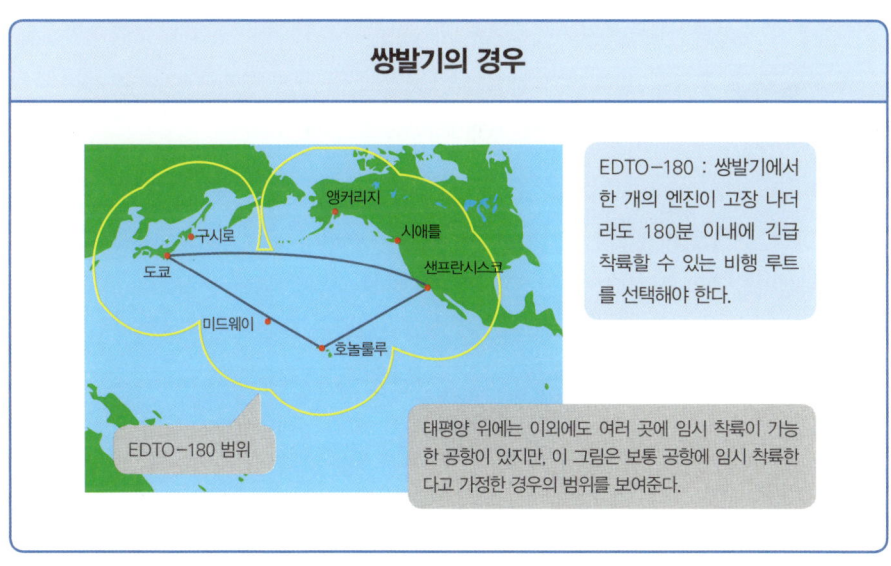

EDTO-180 : 쌍발기에서 한 개의 엔진이 고장 나더라도 180분 이내에 긴급 착륙할 수 있는 비행 루트를 선택해야 한다.

태평양 위에는 이외에도 여러 곳에 임시 착륙이 가능한 공항이 있지만, 이 그림은 보통 공항에 임시 착륙한다고 가정한 경우의 범위를 보여준다.

충돌을 방지하기 위한 대책

대지 충돌과 공중 충돌 방지

6-13

지금은 자가용차에 내비게이션을 장착하는 것이 당연해졌다. 내비게이션 화면에는 지도 위에 자신의 위치를 편의점, 주유소, 주차장 등과 함께 표시할 수 있으므로 운전자에게 도움이 되는 정보가 가득하다. 비행기도 마찬가지다. 지도를 비행기의 정확한 위치와 함께 표시하므로, 비행기 주변에 있는 높은 산이나 건물 등도 함께 보여준다. 산의 높이를 비행고도와 비교해서 비행고도가 낮으면 노란색이나 붉은색으로 산을 표시해서 충돌 가능성이 있음을 한눈에 알아볼 수 있다. 그리고 컬러 표시와 함께 음성으로 충돌 주의를 주면, 만약 주변이 안개나 구름으로 보이지 않더라도 파일럿은 장해물을 안전하게 회피할 수 있다.

이런 장치를 대지 접근 경보 장치(GPWS. Ground Proximity Warning System)라 부른다. 이 장치는 대지 접근만이 아니라, 착륙 시에 하강 경로에서 크게 벗어난 경우에도 경고하는 등 많은 기능을 갖추고 있다.

한편 공중 충돌을 방지하는 장치가 항공기 충돌 방지 장치(ACAS. Airborne Collision Avoidance System)다. TCAS라고도 부르는데, 비행기끼리 접근하면 음성과 화면 표시로 경고하는 장치다. 예를 들어 비행기가 전방에서 접근해오는 경우, 40초 전에는 비행기가 접근하고 있다는 메시지가 화면에 표시되고 음성으로도 비행기의 존재를 경고한다. 25초 전에는 충돌 회피를 위해 상승이나 하강 중 한쪽을 선택하도록 조언한다. 비행기끼리는 통신으로 정보를 교환하므로, 한쪽이 하강을 조언하면, 다른 쪽은 상승을 조언하게 되어 있다.

대지 충돌 방지

대지 접근 경보 장치의 예시

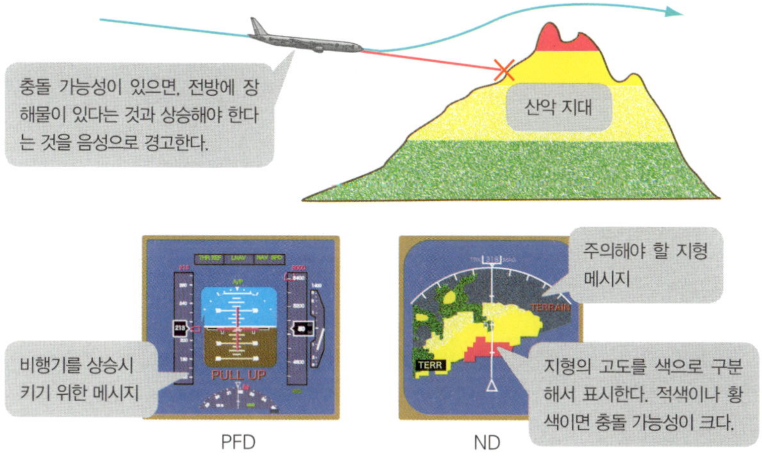
충돌 가능성이 있으면, 전방에 장해물이 있다는 것과 상승해야 한다는 것을 음성으로 경고한다.
산악 지대
주의해야 할 지형 메시지
TERRAIN
TERR
비행기를 상승시키기 위한 메시지
PULL UP
지형의 고도를 색으로 구분해서 표시한다. 적색이나 황색이면 충돌 가능성이 크다.
PFD
ND

공중 충돌 방지

항공기 충돌 방지 장치의 예시

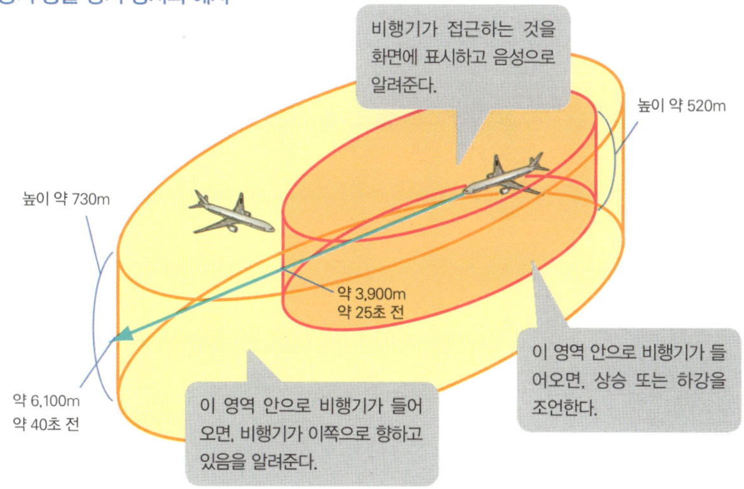
비행기가 접근하는 것을 화면에 표시하고 음성으로 알려준다.
높이 약 520m
높이 약 730m
약 3,900m
약 25초 전
약 6,100m
약 40초 전
이 영역 안으로 비행기가 들어오면, 비행기가 이쪽으로 향하고 있음을 알려준다.
이 영역 안으로 비행기가 들어오면, 상승 또는 하강을 조언한다.

착륙할지 말지에 대한 판단 기준

6-14

활주로 가시거리로 결정한다

공항 출발 로비에서 "○○공항의 시계가 나빠서 다른 공항으로 착륙하는 경우가 있습니다"라는 안내 방송이 흘러나오는 경우가 있다. 하지만 안개로 앞이 잘 보이지 않을 때 항공 업계 용어로는 시계가 아니라 파일럿이 활주로나 진입등을 눈으로 확인할 수 있는 활주로 가시거리라 부르는 거리를 기준으로 한다. 이 활주로 가시거리에 따라 착륙 여부를 결정한다.

착륙할 때는 ILS라 부르는 전파의 미끄럼틀을 탄다고 184쪽에서 설명했다. 특히 낮은 구름이나 안개가 발생한 경우에는 ILS가 아주 도움이 된다. 그런데 같은 ILS라도 발신 전파의 정밀도나 진입등과 같은 항행 안전시설에 따라 내려와도 좋은 높이가 달라진다. 항행 안전시설에 따라 ILS에는 다음과 같은 카테고리가 있다.

카테고리 I : 활주로 가시거리 550미터 이상, 결심 고도 60미터(김해 공항).
카테고리 II : 활주로 가시거리 300미터 이상, 결심 고도 30미터(제주 공항).
카테고리 III a : 활주로 가시거리 175미터 이상, 결심 고도를 설정하지 않거나 30미터 미만에서 자동 착륙하는 것을 기본으로 한다(김포 공항).
카테고리 III b : 활주로 가시거리 50미터 이상 175미터 미만, 결심 고도를 설정하지 않거나 15미터 미만에서 자동 착륙하는 것을 기본으로 한다(인천 공항).
카테고리 III c : 제한이 없다.

결심 고도란 활주로부터의 수직거리, 즉 기압 고도계가 가리키는 고도가 아니라 전파 고도계가 가리키는 높이다. 이 높이에서 활주로와 진입등이 보이면 착륙을 결정하고, 아무것도 보이지 않으면 착륙 중지를 결정한다.

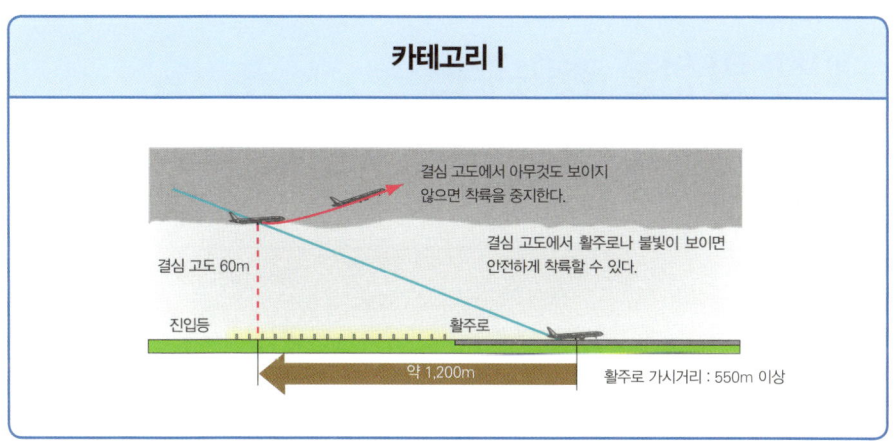

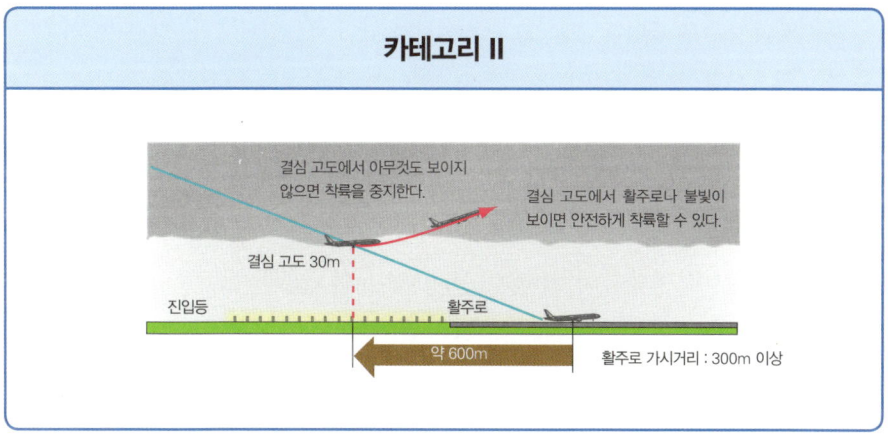

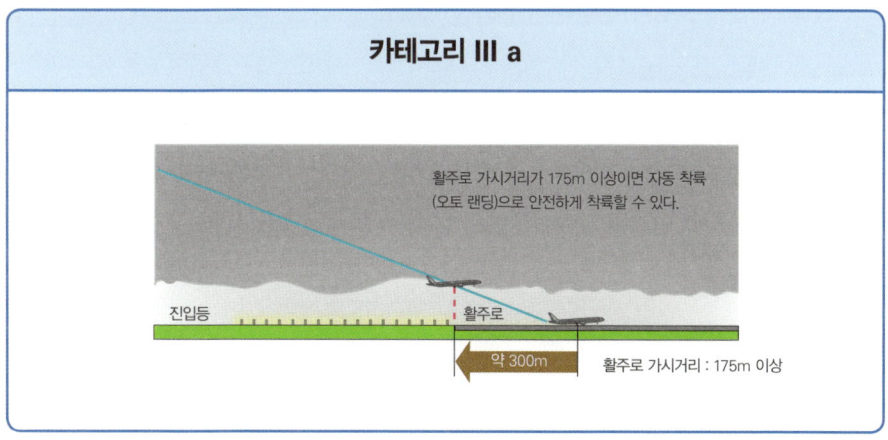

비행 안전을 높여주는 CRM

6-15

개인의 약점을 질책하기만 해서는 아무것도 변하지 않는다

비행기 사고 발생 수는 1970년대까지 급격하게 줄어들었다. 그 이유는 비행기의 발달로 엔진의 신뢰성이 높아져 고장이 줄었기 때문이다. 항법장치와 오토파일럿과 같은 장치도 발달하여 파일럿의 업무 부담이 줄고, 계기류가 발달하여 계기를 읽을 때의 오류도 줄었다. 그리고 항공 업계는 '내가 매뉴얼이다'라는 태도를 허용하지 않으므로, 표준 운항법을 정한 매뉴얼이 발달한 것도 항공 안전 향상에 크게 기여했다.

1970년 이후 사고 발생률이 더는 줄어들지 않고 일정한 수준을 유지하고 있다. 그 이유 중 하나로 사람에 의한 과실(human error)이 거론된다. 그래서 1970년대에 미국 NASA가 사람에 의한 과실을 분석하여 CRM(Crew Resource Management)이라는 개념을 내놓았다. CRM은 파일럿이 이용할 수 있는 인적·물적 자원인 리소스를 유효하게 활용하여 안전하고 효율적인 비행을 가능하게 하는 소프트웨어를 말한다.

1980년대 초반의 CRM은 Cockpit Resource Management로 개인의 약점을 개선하는 것을 목표로 하였다. 그러나 1980년대가 끝날 무렵의 CRM은 함께 비행기를 운항하는 팀의 기능을 중시하게 되었다. 이 무렵부터 CRM의 C가 Cockpit(조종실)에서 Crew(승무원)로 명칭이 바뀌었고, 주요 목표도 적절한 의사소통을 하거나 역할 분담을 명확하게 하는 것과 같이 팀 기능을 향상하는 것이 되었다.

사람에 의한 과실

에러(error)에 대한 생각

	보통의 사고법	CRM
에러	절대 있어서는 안 된다.	누구라도 할 수 있다.
원인	부주의, 누가 했는가?	왜 발생했는가?
태도	주의 환기	사람은 에러를 한다는 관점
예방	벌, 은닉	정보 공개, 정보 공유

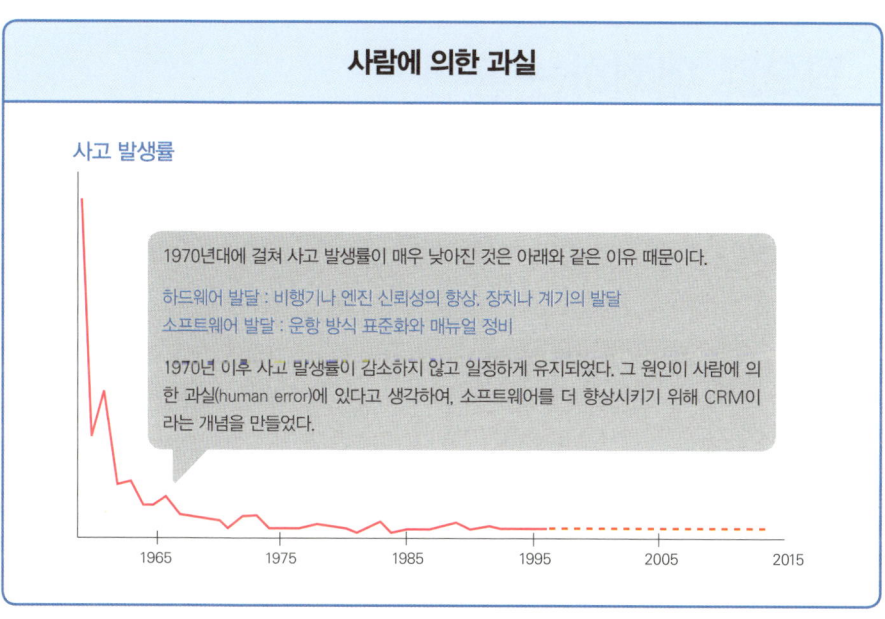

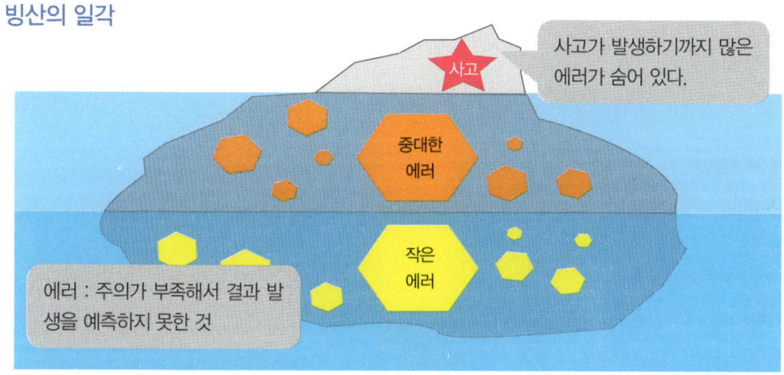

팀으로 대처하는 훈련
LOFT

6-16

정년퇴직할 때까지 매년 실시해야 하는 심사와 훈련

파일럿 자격을 취득한 후에도, 파일럿은 퇴직할 때까지 매년 심사와 훈련을 반복해서 받아야 한다. 심사의 대표적인 예를 들어보면 비행 중 엔진 고장, 급감압, 긴급 하강, 엔진 화재, 승객 긴급탈출 유도와 같은 긴급사태가 줄을 잇는다. 실제 비행기로는 이런 상황을 모두 경험하는 것이 무리지만, 시뮬레이터(모의 비행 장치)에서는 어떤 긴급사태도 경험할 수 있다. 이륙 중 엔진 고장으로 이륙을 중지하거나 이륙을 계속하는 훈련은 헤아릴 수 없을 만큼 많이 실시한다.

이와 같은 심사와 훈련은 예전부터 실시해왔지만, 사고는 발생하지 않아도 아찔한 순간이 완전히 사라진 것은 아니다. NASA는 이런 아찔한 순간을 경험한 파일럿을 인터뷰하여 아찔한 순간의 주요 원인이 파일럿의 조종 기량이 아니라는 사실을 알아냈다. 인터뷰에 응한 파일럿들은 하나같이 "생각한 것을 말로 하지 못했다" "그럴 것이라 지레짐작해버렸다" "역할 분담을 분명히 하지 않았다"와 같이 팀으로서 제대로 행동하지 못했음을 토로했다.

이런 배경 지식을 바탕으로 CRM이라는 개념이 도입된 후, 파일럿 심사와 훈련이 크게 바뀌었다. 대표적인 예로 LOFT(Line Oriented Flight Training)를 들 수 있다. LOFT란 시뮬레이터로 실제 노선을 모의 경험하면서 그 비행 중에 발생한 문제(장치 고장, 긴급 환자 발생, 악천후 등)에 팀으로서 어떻게 대처할지 훈련하는 것을 말한다. 비행 중 승무원이 행하는 모든 행동은 동영상으로 촬영되므로, 비행 후에 과실을 다시 확인하여 팀의 기능과 역할을 실제처럼 학습할 수 있다.

심사와 훈련

파일럿 자격을 취득한 후에도 매년 실시하는 심사와 훈련

정기 기능 심사
시뮬레이터를 이용해서 긴급 조작 등을 심사하고, 필기시험 또는 구술시험을 실시한다.
기장 : 연 2회(1회는 LOFT로 대체할 수 있음)
부기장 : 연 1회

정기 노선 심사
실제 노선에서 심사하고, 필기시험 또는 구술시험을 실시한다.
기장 : 연 1회
부기장 : 연 1회

정기 훈련
학과 훈련, 긴급 훈련(객실 승무원과의 합동 훈련 포함), 시뮬레이터를 이용한 훈련, LOFT 훈련
기장 : 연 1회
부기장 : 연 1회

시뮬레이터를 이용한 기능 심사의 예

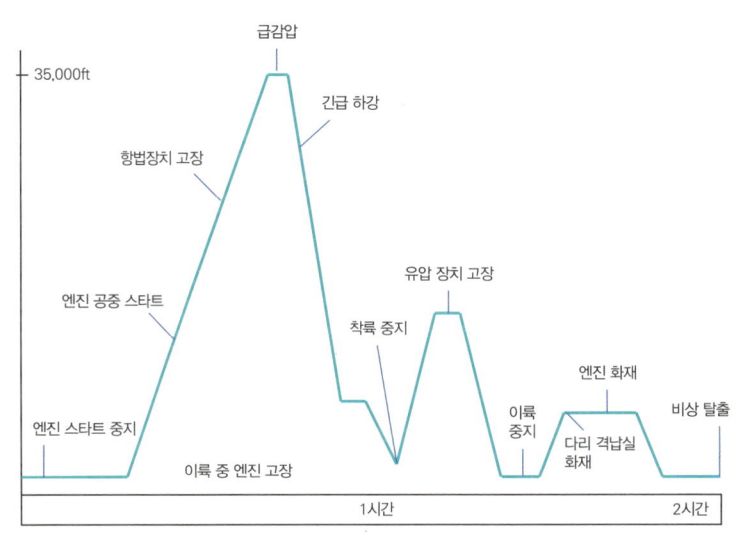

안전을 위해 빼놓을 수 없는 정기 점검

6-17

비행기의 품질을 유지하기 위해 실시한다

출발 로비에서는 비행기 주변을 점검하는 정비사의 모습을 볼 수 있다. 출발 전 점검을 하는 것인데, 이 점검은 외부 점검을 하고 연료와 엔진오일의 양을 확인하는 등 출발을 준비하기 위해 비행할 때마다 실시하는 정비다. 파일럿이 비행기에 도착하면 정비사는 비행기 정비 상황을 설명한다. 연료량 이외에도 조종석 형광등을 하나 교체했다거나 타이어를 교환한 이유와 같이 비행기 구석구석에 걸쳐 실시한 정비 작업을 설명한다. 이런 설명은 비행 중에 발생한 문제에 대처할 때 도움이 된다.

   정비하는 목적은 비행기의 신뢰성을 향상하기 위한 것이지만, 출발 전 점검 이외에도 여러 가지 정비 방식이 있다. 자동차도 6개월마다 정기 점검이나 자동차 검사를 하듯이, 비행기도 시간이 지남에 따라 정비 내용이 달라진다. 정비 방법은 알파벳 A부터 D까지 이름이 붙어 있는데 항공사마다 명칭은 다르다.

   A 정비는 350~500시간, 즉 한 달이나 두 달마다 실시하는 정비로 엔진오일이나 유압 장치 작동액 보충, 브레이크나 플랩, 도움날개처럼 비행기 내에서 가장 움직임이 많은 부분을 중점적으로 정비하는 방식이다. B 정비는 A 정비와 함께 실시하는 경우가 많지만 굳이 B 정비를 실시하지 않는 회사도 많다. C 정비는 약 2년마다 1~2주에 걸쳐 실시하는 정비로 기체 구조나 여러 계통의 품질을 확인한다. D 정비는 5년 정도마다 실시하는 정비로 중정비(HM. Heavy Maintenance)라는 명칭에서 알 수 있듯이 가장 꼼꼼하게 점검하는 방식이다.

출발 전 점검

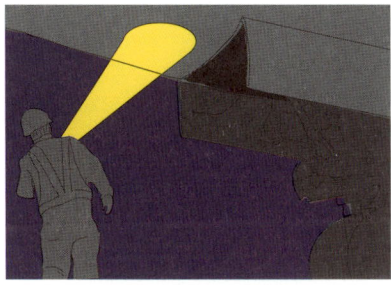

비행기가 출발하기 전에 실시하는 정비로 각 비행마다 실시한다. 외부 점검을 포함해 연료와 엔진오일의 양을 확인하고 보충하여 출발 태세를 갖춘다. 출발 전날에 불량이나 타이어 마모와 같은 상황이 있다면, 정시에 출발할 수 있도록 밤늦게까지 불량 부위를 수리하거나 타이어를 교환한다.

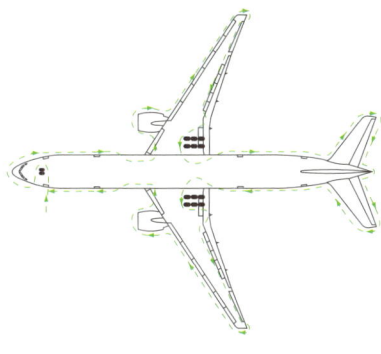

정비 방식

비행기 정비 방식	내용
A 정비	350~500시간(한 달에서 두 달)마다 실시. 엔진오일이나 유압 장치 작동액 보충, 타이어나 브레이크, 플랩이나 동익 등의 작동 부분을 중점적으로 정비하고, 불량을 처리하는 일도 함께 실시한다.
B 정비	A 정비를 할 때 B 정비를 함께 실시하지만, 실시하지 않는 항공 회사가 많다.
C 정비	6,000시간 정도(약 2년) 경과하면 기체 구조, 착륙 장치, 장비품이나 유압 계통 등 여러 계통의 배관, 배선, 엔진 등의 품질을 확인한다.
D 정비	항공 회사에 따라 HMV 또는 M 정비라고 부른다. 5년 정도 경과하면 기체 구조와 관련한 내부 점검, 검사, 기능 검사, 부식 방지 처리, 수리 등을 실시한다. 도장이나 객실 내부 재단장, 대규모 수리 작업을 실시하는 경우도 있다.

찾아보기

A~Z / 숫자

3계통 86
A 정비 222
APU 90, 94, 136
B 정비 222
C 정비 222
Cb 42
CNS 210
CRM 218, 220
D 정비 222
ECAM 64
EDTO 212
EEC 122
EGT 126, 201
EICAS 64
EPR계 128
ETOPS 212
ETP 208, 209
FMS 64
FOD 137, 200
GPS 72, 210
ILS 184, 216
LOFT 220
MFD 64
N_1계 126, 201

N_2계 126, 130, 133
ND 215
PF 188
PFD 64, 70, 77, 215
PM 188
PTT 96
QNE 168
QNH 168
V_1 56, 150, 152, 194
V_2 150, 152
VHF 96, 97
V_R 150, 152, 194

가

가변주파수 발전기 98
가스 터빈 엔진 104, 106
객실고도 88, 181, 206
견인 트랙터 139
견인차 139, 144
결심 고도 216
경제 순항 172
경향공기 44
계기 착륙 장치 184
고 어라운드 148

고도 78
고속 하강 방식 176
고압 압축기 110, 116, 130
공기 사이클 88
공중대기용 연료 142
관성항법 72
관성항법장치 72, 74
관제사·조종사 간 데이터 링크 통신 96
교차 공급 밸브 100
구명보트 196
구심력 182
국제표준대기 28
권계면 26
글라이드 슬로프 184
급수차 139
기압 고도계 168
긴급 탈출용 미끄럼대 184
긴급 하강 206, 221
꼬리날개 48

나
나눔 밸브 100
날개 조명등 146
내구성 46, 50
노즈 기어 80
높이 78
뉴매틱 스타터 94

다
대류권 26
대지 접근 경보 장치 214
대지속도 162, 164
데이터 통신 96, 210
도움날개 48
동압 34, 76, 160, 162
동체 48
드리프트 다운 212
디스크 브레이크 82
디스패처 140
디퓨저 나셀 116

라
랜딩 기어 80
램 현상 58
레이더 210
로컬라이저 184
롤링 66, 67
롤축 66, 67
리던던시 64

마
마하수 52, 166
메인 기어 80

바
바이패스비 113
반작용 32
받음각 16
방빙 92
방향키 48
방향키 페달 68

배기가스 온도계 126, 201
백사이드 174
버드 스트라이크 196
버핏 166
벨트 로더 139
보디 기어 80
보조 동력 장치 90, 94, 136
부력 14, 20
부스트 펌프 100
분출 속도 108, 112, 118, 178
브리핑 188
블로커 도어 124
블록 타임 144
블록아웃 144
블록인 144
비행 계획 140
비행 마하수 166
비행 속도 28, 50, 52, 54, 58, 76, 108, 116
비행 전 점검 136
비행고도 78, 168
비행시간 54, 142, 172, 208
빗놀이 66, 67
빗놀이 축 66, 67

소닉붐 53
소비 연료 142
소화제 분사 설비 202
수직꼬리날개 48, 49
수평꼬리날개 48, 49
순추력 118
순항고도 148, 170
슈라우드 114
스러스트 레버 60
스러스트 리버서 124
스포일러 49, 124, 186
스폿 138
스피드 브레이크 186
슬랫 49, 85
승강계 158
승강키 48, 49, 68
실속 166

아

아네로이드 78
아음속 50
안정 비행 기능 74
안티스키드 82
압축공기 86, 90, 94, 110
압축기 스톨 122
액추에이터 81, 86
양력 14, 16, 18, 22, 24, 32~38
양력 계수 34, 41
양항비 40
에이프런 130
에일러론 48
엔진 나셀 114

사

삼각익 50, 51, 54
상승 기울기 158, 160
상승률 158, 160
서징 200
선회 182
섬광등 146
성층권 26

엔진 스타트 130
엔진 스톨 193
엔진 압력비 128
엔진 압축기 94
엘리베이터 48, 68
여객 서비스차 138, 139
여객 탑승교 139
여압 88
역분사 124
연기 탐지기 202
연료 계량 장치 132
연료 제어 스위치 120
연료 제어 장치 122
연료 탱크 100
연료차 138, 139
영각 16
옆놀이 66, 67
옆놀이 축 66, 67
예비 연료 142
오수차 139
오토파일럿 74
올레오 공압식 완충 버팀대 82
외부 이물 손상 137, 200
외부 점검 136, 137
요잉 66, 67
요축 66, 67
운용상승한도 136, 137
운항 관리사 140, 188
원심력 46, 47, 182
웨트 스타트 193
위치등 146, 147
윙 기어 80
유압 장치 86

유압력 132
유체 14, 20
이륙거리 152
이륙속도 150
임계 마하수 166, 167
잉여 추력 160, 161

자

자동 비행 장치 74
자동 유도 74
자동 유도 기능 74
자동 조종 기능 74
자동 착륙 74, 216
자립항법장치 210
자북 62
자세 지시기 70
자이로스코프 70, 72, 74
작동유 82, 86
작용 32
장거리 순항 방식 172, 173
저속 하강 방식 176, 177
저압 압축기 110
전각 80
전동 과급기(슈퍼 차저) 94
전자파 간섭 190
전파 고도계 78
전파항법 72
정밀 진입 경로 지시등 184
정속 구동 장치 일체형 발전기 98
제빙액 204
제트 38
제트 엔진 94, 104~133

조종간 65, 68, 69
주 날개 48
주각 80
중항공기 44
지상 선회등 146
지상 전파 72
지상 지원 장비 138, 139
지상 활주등 146, 147
지상 활주용 연료 142
지시대기속도 76
진대기속도 162
진북 62

차

차륜 브레이크 82
착륙 복행 148
착륙 장치 80
착륙거리 186, 187
착륙등 146, 147
착빙 92, 93
천음속 50
체크리스트 134
초음속 50
초음속 여객기 54
총추력 118
최대 상승 추력 148, 149
최대 순항 추력 148, 149
최대 연속 추력 148, 149
최대 이륙 중량 198
최대 이륙 추력 148, 149
최대 착륙 중량 198
최대 항속거리 순항 방식 172, 173

최소 항력 속도 174
최적 고도 170~173
추력 60, 108, 128
추진 효율 58, 59
추진력 20, 24
충격 방지 자세 96, 196
충격파 50, 52, 53
충돌 방지등 146, 147

카

카테고리 216, 217
컨테이너 돌리 139
키놀이 66, 67
키놀이 축 66, 67

타

터그카 144
터보 샤프트 엔진 104
터보 제트 엔진 104
터보팬 엔진 104, 112
터보프롭 엔진 104
터치다운 프로텍션 82

파

파스칼의 원리 86
파워 레버 60
파이어 스위치 202
파이프라인 100
팬 블레이드 114
푸시백 144

풍력발전기　98

프로펠러　22, 50, 58~60

플라이 바이 와이어　86

플라이트 레벨　79

플라이트 타임　144

플랩　49, 84, 85, 154, 155

플레임아웃　200

피스톤 엔진　58, 104, 105

피치축　66, 67

피칭　66, 67

피토관　76, 77

필요 추력　174, 175

하

하강각　176, 177

하강률　176, 177

하이리프트 로더　138, 139

하중배수　46

핫 스타트　192, 193

항공기　44

항공기 충돌 방지 장치　214, 215

항력　16, 17, 32~41

항력 계수　34, 35, 40, 41

항법　72, 74, 75

항속률　170

헝 스타트　193

화재경보기　202, 203

활주로 가시거리　216, 217

회전 속도　59, 106, 126

회전계　126, 127, 201

후퇴익　50, 51

참고 문헌

《계기 비행에 의한 진입 방식·출발 방식 및 최저 기상 조건 설정 기준》, 국토교통성 항공국 감수(호분서림출판)

《관제 방식 기준》, 국토교통성 항공국 감수(호분서림출판)

《내공성 심사 요령》, 국토교통성 항공국 감수(호분서림출판)

《21st CENTURY JET》, KARL SBBAGH

《Aeroplane Performance, Planning & Loading for the Air Transport Pilot》, Aviation Theory Centre

《AIM-J》, 국토교통성 항공국 감수(일본조종사협회)

《Airframe & Powerplant MECHANICS》, DEPARTMENT OF TRANSPORTATION FAA

《AVIATION WEATHER》, DEPARTMENT OF TRANSPORTATION FAA

《Code of Federal Regulations 14CFR PART 25&121》, THE U.S. GOVERNMENT PRINTING OFFICE

《FUNDAMENTALS OF FLIGHT》, RICHARD S. SHEVELL

《HUMAN FACTORS IN AVIATION》, Earl L. Wiener & David C. Nagel

《OPTMIZING JET TRANSPORT EFFICIENCY》, Carlos E. Padilla

《PANAM AN AIRLINE AND ITS AIRCRAFT》, R.E.G DAVIES & MIKE MACHAT

《The NAKED PILOT》, DAVID BEATY

《UNDERSTANDING FLIGHT》, DAVID F. ANDERSON AND SCOTT EBERHARD

옮긴이 전종훈

서울대 전기공학부를 졸업 후, 일본 문부과학성 초청 장학생으로 도쿄대학교 전기공학과 대학원을 졸업하였다. 북유럽에서 디자인을 공부한 후, 현재는 산업 디자이너로 일하면서 번역 에이전시 엔터스코리아에서 출판기획 및 일본어 전문 번역가로 활동 중이다.

비행기 구조 교과서
에어버스·보잉 탑승자를 위한 항공기 구조와 작동 원리의 비밀

1판 1쇄 펴낸 날 2017년 3월 20일
1판 7쇄 펴낸 날 2024년 4월 5일

지은이 | 나카무라 간지
옮긴이 | 전종훈
감　수 | 김영남

펴낸이 | 박윤태
펴낸곳 | 보누스
등　록 | 2001년 8월 17일 제313-2002-179호
주　소 | 서울시 마포구 동교로12안길 31 보누스 4층
전　화 | 02-333-3114
팩　스 | 02-3143-3254
이메일 | bonus@bonusbook.co.kr

ISBN 978-89-6494-280-2 13550

• 책값은 뒤표지에 있습니다.